Saint-Pertersbourg
1909

Liapounoff, Alexandre

Sur les figures d'équilibre peu différentes des ellipsoides d'une masse liquide homogène douce d'un mouvement de

2e partie : figure d'équilibre dérivées des ellipsoides de Maclaurin

Tome 2

SUR LES FIGURES D'ÉQUILIBRE

PEU DIFFÉRENTES DES ELLIPSOÏDES

D'UNE MASSE LIQUIDE HOMOGÈNE

DOUÉE D'UN MOUVEMENT DE ROTATION

PAR

A. LIAPOUNOFF.

DEUXIÈME PARTIE.

FIGURES D'ÉQUILIBRE DÉRIVÉES DES ELLIPSOÏDES DE MACLAURIN.

(Mémoire présenté à l'Académie Impériale des Sciences le 17/30 septembre 1908).

ST.-PÉTERSBOURG.

IMPRIMERIE DE L'ACADÉMIE IMPÉRIALE DES SCIENCES.

Vass. Ostr., 9e ligne, № 12.

1909.

SUR LES FIGURES D'ÉQUILIBRE

PEU DIFFÉRENTES DES ELLIPSOÏDES

D'UNE MASSE LIQUIDE HOMOGÈNE

DOUÉE D'UN MOUVEMENT DE ROTATION

PAR

A. LIAPOUNOFF.

DEUXIÈME PARTIE.

FIGURES D'ÉQUILIBRE DÉRIVÉES DES ELLIPSOÏDES DE MACLAURIN.

(Mémoire présenté à l'Académie Impériale des Sciences le 30 septembre 1908).

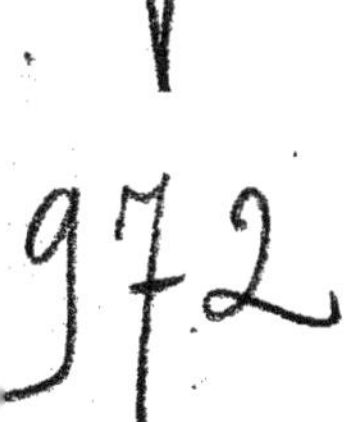

St.-PÉTERSBOURG.

IMPRIMERIE DE L'ACADÉMIE IMPÉRIALE DES SCIENCES.

Vass. Ostr., 9e ligne, № 12.

1909.

Imprimé par ordre de l'Académie Impériale des Sciences.
Mars 1909.
S. d'Oldenbourg, Secrétaire perpétuel

TABLE DES MATIÈRES

DE LA DEUXIÈME PARTIE.

INTRODUCTION.

FIGURES D'ÉQUILIBRE DÉRIVÉES DES ELLIPSOÏDES DE MACLAURIN.

ERRATA.

Page	Ligne	*Au lieu de:*	*Lisez:*
141	12 (en remontant)	$\frac{d^s\zeta_{r0}}{d^s\Omega}$	$\frac{d^s\zeta_{r0}}{d\Omega^s}$
199	7	$\Omega_{21}=\frac{\varphi_1'(u)}{\rho+u}$,	$\Omega_{21}=\frac{\varphi_1''(u)}{\rho+u}$,

INTRODUCTION.

Dans la première Partie de ce Travail, nous avons montré que, parmi les ellipsoïdes de **Maclaurin** et de **Jacobi**, il en existe une infinité qui, par une déformation infiniment petite, peuvent être changés en certaines figures d'équilibre non ellipsoïdales. Ces ellipsoïdes, qui ouvrent ainsi des séries continues de nouvelles figures d'équilibre, s'obtiennent en résolvant certaines équations transcendantes que doivent vérifier les rapports de leurs demi-axes.

En considérant un pareil ellipsoïde et en désignant ses demi-axes par

$$\sqrt{\rho+1}, \qquad \sqrt{\rho+q}, \qquad \sqrt{\rho},$$

nous avons représenté les figures d'équilibre de la série correspondante par les équations de la forme

$$x = \sqrt{\rho+\zeta+1}\,\sin\theta\,\cos\psi,$$

$$y = \sqrt{\rho+\zeta+q}\,\sin\theta\,\sin\psi,$$

$$z = \sqrt{\rho+\zeta}\,\cos\theta,$$

ζ étant une fonction des variables θ, ψ et d'un paramètre α, dont les valeurs correspondent à diverses figures de la série.

D'après le choix de la quantité que nous avons prise pour α, ce paramètre peut avoir une valeur réelle quelconque, la valeur zéro répondant à la figure ellipsoïdale, de sorte que, pour $\alpha = 0$, la fonction ζ se réduit à zéro quels que soient θ et ψ.

Nous avons vu que, pour notre choix de α, ce paramètre étant assez petit en valeur absolue, la fonction ζ est développable suivant les puissances entières et positives de α.

Cela donne le moyen de calculer cette fonction, pour de petites valeurs de α, avec une approximation voulue. Mais nous n'avons pas encore étudié les calculs qui se présentent dans cette voie. En remettant leur analyse à d'autres parties de notre travail, nous avons seulement montré qu'ils sont toujours possibles.

D'un autre côté, nous n'avons pas encore résolu certaines questions importantes relatives à la vitesse angulaire qui correspond à une valeur donnée de α. Nous avons indiqué l'équation d'où l'on pouvait tirer cette vitesse en fonction de α; mais, pour ce qui concerne la discussion, nous nous sommes bornés à quelques remarques générales et nous n'avons pas même reconnu si la vitesse angulaire dépend réellement de α.

Au lieu de cette vitesse elle-même, nous avons considéré une certaine quantité Ω proportionnelle à son carré et nous avons désigné par η l'accroissement de Ω dans le passage de la figure ellipsoïdale à une autre figure d'équilibre de la même série.

Il fallait ainsi déterminer η en fonction de α, et nous avons vu que, $|\alpha|$ étant assez petit, cela dépend d'une équation de la forme

$$A_2\alpha^2 + A_3\alpha^3 + \cdots + (B+S)\,\alpha\eta + C_3\eta^3 + C_4\eta^4 + \cdots = 0,$$

où

$$A_2,\quad A_3,\quad \ldots,\quad B,\quad C_3,\quad C_4,\quad \ldots,$$

sont des nombres indépendants de α et η, et S est une fonction de ces paramètres, s'annulant pour $\alpha=\eta=0$ et se présentant sous forme d'une série de puissances entières.

Nous avons établi que B n'est jamais nul.

A cette condition, l'équation précédente admet toujours une solution où η se présente sous forme d'une série procédant suivant les puissances entières et positives de α, et nous avons vu que c'est la seule solution qui convient à notre problème, les autres solutions répondant à des figures ellipsoïdales.

Si tous les A_i étaient égaux à zéro, la solution dont il s'agit se réduirait à $\eta=0$ et l'on se trouverait dans le cas où toutes les figures d'équilibre de la série considérée correspondent à la même vitesse angulaire que l'ellipsoïde dont elles dérivent.

Nous verrons que pour les ellipsoïdes de Maclaurin un pareil cas ne se présentera jamais, et il est bien peu probable qu'il se présente pour les ellipsoïdes de Jacobi.

Or, si parmi les A_i il en existe qui ne sont pas nuls, il est important de rechercher lequel est le premier terme non nul de la série

$$A_2, \quad A_3, \quad A_4, \quad \ldots,$$

terme que nous désignerons par A; car c'est de cela que dépendra le terme principal de l'expression de η. Si, en effet, on a

$$A = A_{\lambda+1},$$

on aura

$$\eta = -\frac{A}{B}\alpha^\lambda + \cdots,$$

les termes suivants étant des degrés supérieurs.

Surtout il est important de savoir si λ est pair ou impair, car dans le premier cas, $|\alpha|$ étant assez petit, η ne pourra avoir que des valeurs d'un signe déterminé, qui sera opposé à celui du rapport $\frac{A}{B}$, et dans le deuxième cas η sera susceptible d'un signe quelconque.

Telles sont les questions que nous avons encore à résoudre et que nous allons à présent examiner pour ce qui concerne le cas des ellipsoïdes de Maclaurin. Quant au cas des ellipsoïdes de Jacobi, nous les remettrons à la troisième Partie de ce Travail.

Nous supposerons donc ici $q = 1$ et, conformément à ce que nous avons montré dans la première Partie, nous assujettirons ρ à une équation de la forme

$$R - \frac{1}{2m+1} \mathsf{P}_{m,k} \mathsf{Q}_{m,k} = 0,$$

où

$$R = \frac{1}{3} \mathsf{P}_{1,0} \mathsf{Q}_{1,0} - \sqrt{\rho} - \rho \operatorname{arc} \cot \sqrt{\rho},$$

m est plus grand que 2 et $m + k$ est un nombre pair.

Cela étant, deux cas peuvent se présenter: celui où $k = 0$ et celui où k n'est pas nul.

Nous avons vu que dans le premier cas les figures d'équilibre dérivées de l'ellipsoïde considéré sont de révolution, tandis que, dans le deuxième, elles ne le sont pas, et nous verrons que ces deux cas se distingueront par l'analyse.

Pour chacun de ces cas, nous rechercherons la constante A dont il a été parlé plus haut, et nous examinerons ensuite les calculs que demande la recherche de la fonction ζ sous forme d'une série procédant suivant les puissances de α.

Les notations que nous emploierons seront celles de la première Partie, à quelques modifications près que nous ferons dans le but de les simplifier. Nous ne nous servirons d'ailleurs que des notations spéciales, relatives au cas de $q = 1$.

Nous savons que les produits de Lamé, tels que

$$E_{n,2l}(\mu)\, E_{n,2l}(\nu)$$

se réduisent, dans ce cas, à des expressions de la forme

$$C P_{n,l}(\cos\theta)\cos l\psi,$$

C étant une constante que l'on peut choisir arbitrairement (**1**, n° 14)*).

Pour $n = m$, $l = k$, nous poserons

$$C = \rho + 1,$$

de sorte que l'expression

$$E_{m,2k}(\mu)\, E_{m,2k}(\nu)$$

devra être remplacée, dans nos formules générales, par

$$(\rho + 1)\, P_{m,k}(\cos\theta)\cos k\psi.$$

D'après cela, et vu que dans le cas actuel

$$H = (\rho + 1)(\rho + \cos^2\theta),$$

la fonction que nous avons désignée par τ (**1**, n° 73) se réduira à

$$\tau = \frac{P_{m,k}(\cos\theta)\cos k\psi}{\rho + \cos^2\theta},$$

et α sera le coefficient du terme en

$$P_{m,k}(\cos\theta)\cos k\psi$$

dans le développement de la fonction

$$(\rho + \cos^2\theta)\,\zeta$$

suivant les fonctions sphériques élémentaires.

---

*) C'est ainsi que nous ferons les renvois aux numéros de la première Partie.

Les expressions qui, avec les notations générales, étaient désignées par $T_{n,2l}$ et $T_{n,2l-1}$ se réduiront dans le cas considéré à une seule,

$$R - \frac{1}{2n+1} \mathsf{P}_{n,l}\, \mathsf{Q}_{n,l},$$

que nous avons désignée par $T'_{n,l}$ (**1**, n° 34). Mais à présent l'accent devient inutile, et nous poserons

$$R - \frac{1}{2n+1} \mathsf{P}_{n,l}\, \mathsf{Q}_{n,l} = T_{n,l}.$$

De cette façon, l'équation que doit vérifier ρ s'écrira $T_{m,k} = 0$.

Dans le cas de $n = m$, $l = k$, nous omettrons souvent les indices en écrivant simplement

$$T, \qquad P, \qquad \mathsf{P}, \qquad \mathsf{Q},$$

au lieu de

$$T_{m,k}, \qquad P_{m,k}, \qquad \mathsf{P}_{m,k}, \qquad \mathsf{Q}_{m,k}.$$

Nous nous servirons aussi d'une notation abrégée, quel que soit n, dans le cas de $l = 0$, en omettant alors le second indice, de sorte que

$$T_n, \qquad P_n, \qquad \mathsf{P}_n, \qquad \mathsf{Q}_n$$

représenteront la même chose que

$$T_{n,0}, \qquad P_{n,0}, \qquad \mathsf{P}_{n,0}, \qquad \mathsf{Q}_{n,0}.$$

FIGURES D'ÉQUILIBRE

DÉRIVÉES DES ELLIPSOÏDES DE MACLAURIN.

I. — Discussion relative à la vitesse angulaire.

Cas des figures d'équilibre de révolution.

1. La question se ramène à la recherche du nombre A représentant le premier terme non nul de la série

$$A_2, \quad A_3, \quad A_4, \quad \ldots.$$

C'est de cette recherche que nous allons nous occuper à présent.

Nous nous arrêterons d'abord au cas de $k=0$, où l'on doit commencer par l'examen de A_2.

Reportons-nous au nº 73 de la première Partie.

L'expression que nous y avons donnée pour A_2 se réduit dans le cas dont il s'agit à

$$A_2 = \frac{\rho+1}{\gamma} \int (\tau, \tau)\, P_m(\cos\theta)\, d\sigma,$$

$P_m(\cos\theta)$ étant le polynôme de Legendre d'ordre m à l'argument $\cos\theta$. On a d'ailleurs ici

$$\tau = \frac{P_m(\cos\theta)}{\rho + \cos^2\theta},$$

$$\gamma = (\rho+1)^2 \int [P_m(\cos\theta)]^2\, d\sigma = \frac{4\pi(\rho+1)^2}{2m+1}.$$

Pour plus de simplicité, nous omettrons l'indice m dans les formules qui vont suivre. Nous aurons donc

$$A_2 = \frac{2m+1}{4\pi(\rho+1)} \int (\tau, \tau) P(\cos\theta)\, d\sigma. \tag{1}$$

Quant à la fonction désignée par (τ, τ), on a, par la définition donnée dans le numéro cité pour le symbole (ζ, ξ),

$$(\tau, \tau) = \frac{1}{4\pi} \lim \left\{ \frac{\partial}{\partial v} \int \frac{G(v)\, \tau'^2}{D(u, v)} d\sigma' + 2\tau \frac{\partial}{\partial u} \int \frac{G(v)\, \tau'}{D(u, v)} d\sigma' \right\},$$

où les intégrales doivent être calculées en supposant $u < v$, et où, après avoir effectué les différentiations, on doit remplacer v par ρ et faire tendre u vers ρ.

Comme, pour $q = 1$, $\Delta(v)$ se réduit à $(v+1)\sqrt{v}$, on a ici (**1**, n° 6)

$$G(v) = \frac{v + \cos^2\theta'}{\sqrt{v}}.$$

Par suite, en remarquant que dans la deuxième intégrale on peut remplacer v par ρ avant la différentiation, on trouve

$$\left\{ \frac{\partial}{\partial u} \int \frac{G(v)\, \tau'}{D(u, v)} d\sigma' \right\}_{v=\rho} = \frac{1}{\sqrt{\rho}} \frac{\partial}{\partial u} \int \frac{P(\cos\theta')}{D(u, \rho)} d\sigma',$$

et, d'après les formules de Liouville (**1**, n° 13), u étant inférieur à ρ, on a

$$\int \frac{P(\cos\theta')}{D(u, \rho)} d\sigma' = \frac{4\pi}{2m+1} \mathbf{P}(u)\, \mathbf{Q}(\rho)\, P(\cos\theta).$$

Il vient donc

$$(\tau, \tau) = \frac{1}{4\pi} \lim \frac{\partial}{\partial v} \left\{ \frac{1}{\sqrt{v}} \int \frac{(v + \cos^2\theta')\, [P(\cos\theta')]^2}{(\rho + \cos^2\theta')^2 D(u, v)} d\sigma' \right\} + \frac{2}{2m+1} \frac{d\mathbf{P}}{d\rho} \frac{\mathbf{Q}}{\sqrt{\rho}} \frac{[P(\cos\theta)]^2}{\rho + \cos^2\theta},$$

les notations $\mathbf{P}$ et $\mathbf{Q}$ servant à désigner $\mathbf{P}(\rho)$ et $\mathbf{Q}(\rho)$.

Multiplions cette expression par $P(\cos\theta)\, d\sigma$ et intégrons sur toute la surface de la sphère. Comme les formules de Liouville donnent

$$\int \frac{P(\cos\theta)}{D(u, v)} d\sigma = \frac{4\pi}{2m+1} \mathbf{P}(u)\, \mathbf{Q}(v)\, P(\cos\theta'),$$

nous aurons

$$\int(\tau,\tau)\,P(\cos\theta)\,d\sigma = \frac{\mathbf{P}}{2m+1}\frac{\partial}{\partial v}\left\{\frac{\mathbf{Q}(v)}{\sqrt{v}}\int\frac{(v+\cos^2\theta)[P(\cos\theta)]^3}{(\rho+\cos^2\theta)^2}\,d\sigma\right\}$$
$$+\frac{2}{2m+1}\frac{d\mathbf{P}}{d\rho}\frac{\mathbf{Q}}{\sqrt{\rho}}\int\frac{[P(\cos\theta)]^3}{\rho+\cos^2\theta}\,d\sigma,$$

où l'on doit poser $v=\rho$.

Or, dans cette supposition, la dérivée qui figure ici se réduit à

$$\frac{d}{d\rho}\left(\frac{\mathbf{Q}}{\sqrt{\rho}}\right)\int\frac{[P(\cos\theta)]^3}{\rho+\cos^2\theta}\,d\sigma+\frac{\mathbf{Q}}{\sqrt{\rho}}\int\frac{[P(\cos\theta)]^3}{(\rho+\cos^2\theta)^2}\,d\sigma,$$

ce qu'on peut écrire ainsi:

$$\frac{d}{d\rho}\left(\frac{\mathbf{Q}}{\sqrt{\rho}}\right)\int\frac{[P(\cos\theta)]^3}{\rho+\cos^2\theta}\,d\sigma-\frac{\mathbf{Q}}{\sqrt{\rho}}\frac{d}{d\rho}\int\frac{[P(\cos\theta)]^3}{\rho+\cos^2\theta}\,d\sigma.$$

D'autre part, comme pour $k=0$ le nombre m doit être pair, $P(\cos\theta)$ sera une fonction paire de $\cos\theta$, et nous aurons

$$\int\frac{[P(\cos\theta)]^3}{\rho+\cos^2\theta}\,d\sigma = 4\pi\int_0^1\frac{[P(x)]^3}{\rho+x^2}\,dx.$$

D'après cela, en posant pour abréger

$$\int_0^1\frac{[P(x)]^3}{\rho+x^2}\,dx = \mathbf{J},$$

nous obtenons

$$\int(\tau,\tau)\,P(\cos\theta)\,d\sigma = \frac{4\pi\mathbf{P}}{2m+1}\left(\mathbf{J}\frac{d}{d\rho}\frac{\mathbf{Q}}{\sqrt{\rho}}-\frac{\mathbf{Q}}{\sqrt{\rho}}\frac{d\mathbf{J}}{d\rho}\right)+\frac{8\pi}{2m+1}\frac{d\mathbf{P}}{d\rho}\frac{\mathbf{Q}}{\sqrt{\rho}}\mathbf{J}$$
$$=\frac{4\pi}{(2m+1)\mathbf{P}}\left(\mathbf{J}\frac{d}{d\rho}\frac{\mathbf{P}^2\mathbf{Q}}{\sqrt{\rho}}-\frac{\mathbf{P}^2\mathbf{Q}}{\sqrt{\rho}}\frac{d\mathbf{J}}{d\rho}\right),$$

et la formule (1) donne

$$A_2=\frac{1}{(\rho+1)\mathbf{P}}\left(\mathbf{J}\frac{d}{d\rho}\frac{\mathbf{P}^2\mathbf{Q}}{\sqrt{\rho}}-\frac{\mathbf{P}^2\mathbf{Q}}{\sqrt{\rho}}\frac{d\mathbf{J}}{d\rho}\right).$$

2. L'expression que nous venons d'obtenir pour A_2 est susceptible encore d'une simplification, car une des deux fonctions transcendantes

$$\frac{\mathbf{P}^2\mathbf{Q}}{\sqrt{\rho}}, \qquad \mathbf{J}$$

y peut être remplacée par une certaine fonction entière de ρ.

En effet, d'après la formule (**1**, n° 14)

$$\frac{\mathbf{PQ}}{\sqrt{\rho}} = (2m+1)\int_0^1 \frac{[P(x)]^2}{\rho+x^2}\,dx, \tag{2}$$

on a

$$\frac{\mathbf{P}^2\mathbf{Q}}{\sqrt{\rho}} - (-1)^{\frac{m}{2}}(2m+1)\,\mathbf{J} = (2m+1)\int_0^1 \frac{\mathbf{P}(\rho) - (-1)^{\frac{m}{2}} P(x)}{\rho+x^2}[P(x)]^2\,dx,$$

et le second membre, où

$$\mathbf{P}(\rho) = (-1)^{\frac{m}{2}} P\left(\sqrt{-\rho}\right),$$

se réduit à une fonction entière de ρ.

Donc, cette fonction entière étant désignée par $\mathbf{\Pi}$, il vient

$$\frac{\mathbf{P}^2\mathbf{Q}}{\sqrt{\rho}} = \mathbf{\Pi} + (-1)^{\frac{m}{2}}(2m+1)\,\mathbf{J}, \tag{3}$$

ce qui fait voir que l'on peut écrire

$$A_2 = \frac{1}{(\rho+1)\mathbf{P}}\left(\mathbf{J}\frac{d\mathbf{\Pi}}{d\rho} - \mathbf{\Pi}\frac{d\mathbf{J}}{d\rho}\right), \tag{4}$$

ou bien encore,

$$A_2 = \frac{(-1)^{\frac{m}{2}}}{(2m+1)(\rho+1)\mathbf{P}}\left(\frac{\mathbf{P}^2\mathbf{Q}}{\sqrt{\rho}}\frac{d\mathbf{\Pi}}{d\rho} - \mathbf{\Pi}\frac{d}{d\rho}\frac{\mathbf{P}^2\mathbf{Q}}{\sqrt{\rho}}\right). \tag{5}$$

Quant au polynôme $\mathbf{\Pi}$, on l'obtiendra en développant la fonction $\frac{\mathbf{P}^2\mathbf{Q}}{\sqrt{\rho}}$ suivant les puissances décroissantes de ρ jusqu'à ce qu'on arrive à la dernière puissance non négative. La somme des termes ainsi obtenus représentera $\mathbf{\Pi}$, comme cela résulte de la formule (3), le développement de J ne donnant lieu qu'à des puissances négatives.

Lorsqu'on a une fonction $f(\rho)$ développable, si ρ est assez grand, suivant les puissances entières décroissantes de ρ, le polynôme, obtenu en arrêtant le développement de $f(\rho)$ à la dernière puissance non négative, représentera ce que nous appellerons la partie entière de cette fonction, et ce que nous désignerons, en nous servant de la notation connue, par

$$\mathrm{E}\, f(\rho).$$

Avec cette convention, Π sera la partie entière de la fonction $\frac{\mathsf{P}^2\mathsf{Q}}{\sqrt{\rho}}$, et nous pourrons écrire

$$\Pi = \mathrm{E}\,\frac{\mathsf{P}^2\mathsf{Q}}{\sqrt{\rho}}.$$

On voit que tous les coefficients du polynôme Π sont des nombres rationnels.

3. Maintenant, en partant de la formule (4), nous allons établir que, dans le problème qui nous occupe, A_2 ne sera jamais nul.

A cet effet, nous allons montrer que la fonction

$$S = \mathsf{J}\frac{d\Pi}{d\rho} - \Pi\frac{d\mathsf{J}}{d\rho}$$

ne peut s'annuler pour la valeur de ρ que nous devons considérer ici.

Tout d'abord nous remarquons que cette fonction est de la forme

$$S = U + V\frac{\operatorname{arc\,cot}\sqrt{\rho}}{\sqrt{\rho}},$$

U et V étant des fonctions rationnelles de ρ à coefficients rationnels. On s'en assure en remarquant que l'on a

$$\mathsf{J} - (-1)^{\frac{m}{2}}\mathsf{P}^3\frac{\operatorname{arc\,cot}\sqrt{\rho}}{\sqrt{\rho}} = \int_0^1 \frac{[P(x)]^3 - (-1)^{\frac{m}{2}}\mathsf{P}^3}{\rho + x^2}\,dx,$$

et que le second membre est une fonction entière de ρ à coefficients rationnels.

On voit d'ailleurs que

$$V = (-1)^{\frac{m}{2}}\left(\mathsf{P}^3\frac{d\Pi}{d\rho} - \Pi\sqrt{\rho}\,\frac{d}{d\rho}\frac{\mathsf{P}^3}{\sqrt{\rho}}\right).$$

Quant à la valeur que nous devons attribuer à ρ, elle satisfait à l'équation $T=0$, où

$$T = R - \frac{1}{2m+1}\mathsf{PQ},$$

et nous avons vu (**1**, n° 36) que l'on a

$$T = \Phi\sqrt{\rho} - \Psi \operatorname{arc\,cot}\sqrt{\rho},$$

Φ et Ψ étant des fonctions entières de ρ dont tous les coefficients sont des nombres rationnels.

Donc, pour la valeur considérée de ρ, la fonction S est égale à cette expression rationnelle en ρ:

$$(S) = U + V\frac{\Phi}{\Psi}$$

à coefficients rationnels.

Or la valeur de ρ dont il s'agit est un nombre transcendant (**1**, n° 36); elle ne peut donc annuler (S), si cette expression n'est pas identiquement nulle, quel que soit ρ.

Ainsi tout se réduit à montrer que (S) n'est pas identiquement nulle.

Pour cela, en remarquant que l'identité

$$\frac{\Phi}{\Psi} = \frac{\operatorname{arc\,cot}\sqrt{\rho}}{\sqrt{\rho}} + \frac{T}{\Psi\sqrt{\rho}}$$

donne celle-ci

$$(S) = S + \frac{V}{\Psi}\frac{T}{\sqrt{\rho}},$$

nous allons chercher les premiers termes dans les développements des fonctions

$$S \quad \text{et} \quad \frac{V}{\Psi}\frac{T}{\sqrt{\rho}}$$

suivant les puissances décroissantes de ρ.

En considérant, dans ce qui suit, divers développements de ce genre, nous n'écrirons que leurs premiers termes.

Ainsi nous aurons

$$\mathsf{P} = \frac{1\cdot3\cdot5\cdots(2m-1)}{1\cdot2\cdot3\cdots m}\rho^{\frac{m}{2}} + \cdots, \qquad \frac{\mathsf{PQ}}{\sqrt{\rho}} = \frac{1}{\rho} + \cdots.$$

De là, en posant, pour abréger,

$$\frac{1\cdot3\cdot5\cdots(2m-1)}{1\cdot2\cdot3\cdots m} = c,$$

on déduit

$$\frac{\mathrm{P}^2\mathrm{Q}}{\sqrt{\rho}} = c\rho^{\frac{m}{2}-1} + \cdots$$

et, par suite,

$$\Pi = \mathrm{E}\,\frac{\mathrm{P}^2\mathrm{Q}}{\sqrt{\rho}} = c\rho^{\frac{m}{2}-1} + \cdots.$$

D'après cela, en remarquant que

$$\mathrm{J} = \int_0^1 [P(x)]^2\,dx \cdot \frac{1}{\rho} + \cdots,$$

on trouve

$$S = \frac{m}{2}\,c\int_0^1 [P(x)]^2\,dx\cdot\rho^{\frac{m}{2}-2} + \cdots.$$

Puis, on a

$$\frac{T}{\sqrt{\rho}} = 1 - \sqrt{\rho}\,\mathrm{arc\,cot}\sqrt{\rho} - \frac{1}{2m+1}\,\frac{\mathrm{PQ}}{\sqrt{\rho}} = \frac{2(m-1)}{3(2m+1)}\,\frac{1}{\rho} + \cdots$$

et, en se reportant à l'expression de V donnée plus haut, on obtient

$$V = -(-1)^{\frac{m}{2}}\left(m+\frac{1}{2}\right)c^4\rho^{2m-2} + \cdots.$$

Enfin, en tenant compte de l'expression de Ψ (**1**, n° 36),

$$\Psi = \rho + \mathrm{P}^2,$$

on trouve

$$\Psi = c^2\rho^m + \cdots.$$

D'après cela il vient

$$\frac{V}{\Psi}\,\frac{T}{\sqrt{\rho}} = -(-1)^{\frac{m}{2}}\,\frac{m-1}{3}\,c^2\rho^{m-3} + \cdots,$$

et l'on voit que la première puissance que l'on rencontre dans ce développement est plus élevée que celle du développement de S.

On en conclut que l'expression rationnelle (S) n'est pas identiquement nulle, et cela prouve bien que A_2 ne sera pas nul.

Nous parvenons ainsi à la conclusion que, dans le cas de $k=0$, on aura toujours

$$A = A_2.$$

4. La méthode précédente, tout en permettant d'établir que A_2 ne sera jamais nul, ne donne pas le moyen d'en déterminer le signe. Cependant il pourra être intéressant de connaître ce signe, dont dépendra le signe du rapport $\frac{\alpha}{\eta}$ pour des valeurs assez petites de η, et nous allons maintenant le chercher pour $m=4$, ce qui est la plus petite valeur de m que l'on aura à considérer dans le cas de $k=0$.

Cherchons d'abord, pour une valeur quelconque de m, l'expression rationnelle en ρ, dont A_2 est susceptible en vertu de l'équation $T=0$.

Dans ce but, nous allons introduire la fonction entière K définie par la formule

$$\mathsf{K} = \mathrm{E}\,\mathsf{P}\,\frac{\operatorname{arc\,cot}\sqrt{\rho}}{\sqrt{\rho}}.$$

Avec cette fonction, il viendra

$$\frac{\mathsf{Q}}{\sqrt{\rho}} = (2m+1)\left(\mathsf{P}\frac{\operatorname{arc\,cot}\sqrt{\rho}}{\sqrt{\rho}} - \mathsf{K}\right), \tag{6}$$

comme cela résulte immédiatement de la formule

$$\frac{\mathsf{Q}}{\sqrt{\rho}} = (2m+1)(-1)^{\frac{m}{2}}\int_0^1 \frac{P(x)\,dx}{\rho+x^2},$$

que l'on déduit de celle (2), en remarquant que

$$\int_0^1 \frac{P(x)-(-1)^{\frac{m}{2}}\mathsf{P}}{\rho+x^2}P(x)\,dx = 0.$$

En vertu de (6), on a

$$\frac{T}{\sqrt{\rho}} = 1 + \mathsf{PK} - (\rho+\mathsf{P}^2)\frac{\operatorname{arc\,cot}\sqrt{\rho}}{\sqrt{\rho}}.$$

Par suite, l'équation $T = 0$ se réduit à

$$\frac{\text{arc cot}\sqrt{\rho}}{\sqrt{\rho}} = \frac{1 + \mathsf{PK}}{\rho + \mathsf{P}^2},$$

et d'après cela il vient

$$\frac{1}{2m+1}\frac{\mathsf{Q}}{\sqrt{\rho}} = \frac{\mathsf{P} - \rho\mathsf{K}}{\rho + \mathsf{P}^2}. \tag{7}$$

Ceci posé, nous partirons de la formule (5), qui donne

$$(-1)^{\frac{m}{2}}(\rho + 1)A_2 = \frac{1}{2m+1}\left(\frac{\mathsf{PQ}}{\sqrt{\rho}}\frac{d\Pi}{d\rho} - \frac{\Pi}{\mathsf{P}}\frac{d}{d\rho}\frac{\mathsf{P}^2\mathsf{Q}}{\sqrt{\rho}}\right).$$

Nous avons

$$\frac{d}{d\rho}\frac{\mathsf{P}^2\mathsf{Q}}{\sqrt{\rho}} = \frac{\mathsf{Q}}{\mathsf{P}}\frac{d}{d\rho}\frac{\mathsf{P}^3}{\sqrt{\rho}} + \frac{\mathsf{P}^3}{\sqrt{\rho}}\frac{d}{d\rho}\frac{\mathsf{Q}}{\mathsf{P}}.$$

Or, par la définition même de la fonction Q (**1**, n° 14), on a

$$\mathsf{P}^2\frac{d}{d\rho}\frac{\mathsf{Q}}{\mathsf{P}} = -\frac{2m+1}{2}\frac{1}{(\rho+1)\sqrt{\rho}}.$$

Il vient donc

$$\frac{1}{2m+1}\frac{d}{d\rho}\frac{\mathsf{P}^2\mathsf{Q}}{\sqrt{\rho}} = \frac{1}{2m+1}\frac{\mathsf{Q}}{\mathsf{P}}\frac{d}{d\rho}\frac{\mathsf{P}^3}{\sqrt{\rho}} - \frac{\mathsf{P}}{2\rho(\rho+1)}.$$

D'après cela, en se servant de la formule (7), on trouve

$$(-1)^{\frac{m}{2}}(\rho + 1)A_2 = \frac{\mathsf{P} - \rho\mathsf{K}}{\rho + \mathsf{P}^2}\left(\mathsf{P}\frac{d\Pi}{d\rho} - \Pi\frac{\sqrt{\rho}}{\mathsf{P}^2}\frac{d}{d\rho}\frac{\mathsf{P}^3}{\sqrt{\rho}}\right) + \frac{\Pi}{2\rho(\rho+1)},$$

ce qui se réduit à

$$(-1)^{\frac{m}{2}}(\rho + 1)A_2 = \frac{\mathsf{P} - \rho\mathsf{K}}{\rho + \mathsf{P}^2}\left(\mathsf{P}\frac{d\Pi}{d\rho} - 3\Pi\frac{d\mathsf{P}}{d\rho} + \frac{\Pi\mathsf{P}}{2\rho}\right) + \frac{\Pi}{2\rho(\rho+1)}.$$

5. Appliquons la formule que nous venons d'obtenir au cas de $m = 4$. Dans ce cas on a

$$P(x) = \frac{35}{8}x^4 - \frac{15}{4}x^2 + \frac{3}{8},$$

et l'on en déduit

$$\int_0^1 [P(x)]^2 x^2 \, dx = \frac{13}{231}.$$

D'après cela, en se reportant à la formule (2) et en la développant suivant les puissances décroissantes de ρ, on tvouve

$$\frac{\mathsf{PQ}}{\sqrt{\rho}} = \frac{1}{\rho} - \frac{39}{77}\frac{1}{\rho^2} + \cdots.$$

De là, en remarquant que

$$\mathsf{P} = \frac{35}{8}\rho^2 + \frac{15}{4}\rho + \frac{3}{8},$$

on tire

$$\Pi = \mathbf{E}\left(\frac{35}{8}\rho^2 + \frac{15}{4}\rho\right)\left(\frac{1}{\rho} - \frac{39}{77}\frac{1}{\rho^2}\right) = \frac{35}{8}\rho + \frac{135}{88}.$$

Puis, en tenant compte du développement

$$\frac{\operatorname{arc\,cot}\sqrt{\rho}}{\sqrt{\rho}} = \frac{1}{\rho} - \frac{1}{3}\frac{1}{\rho^2} + \cdots,$$

on a

$$\mathsf{K} = \mathbf{E}\left(\frac{35}{8}\rho^2 + \frac{15}{4}\rho\right)\left(\frac{1}{\rho} - \frac{1}{3}\frac{1}{\rho^2}\right) = \frac{35}{8}\rho + \frac{55}{24}$$

et, par suite,

$$\mathsf{P} - \rho\mathsf{K} = \frac{35}{24}\rho + \frac{3}{8}.$$

D'après ces formules, en remarquant que

$$64\,\frac{\rho + \mathsf{P}^2}{\rho + 1} = 35^2\rho^3 + 25\cdot 35\rho^2 + 235\rho + 9$$

et en effectuant tous les calculs, on trouve

$$A_2 = \frac{N}{5632\,\rho(\rho+1)(\rho+\mathsf{P}^2)},$$

où

$$N = 1215 - 5220\rho - 3530\cdot 35\rho^2 - 356\cdot 35^2\rho^3 - 11\cdot 35^3\rho^4.$$

Voyons quel est le signe de A_2, qui est, comme on le voit, celui de N.

Dans le Mémoire *Sur la stabilité des figures ellipsoïdales d'équilibre*, nous avons calculé la valeur de $\sqrt{\rho}$ qui correspond au cas considéré*), et nous y avons trouvé:

$$\sqrt{\rho} = 0,17\ldots.$$

On a donc

$$\sqrt{\rho} < 0,2,$$

et, par suite,

$$35\rho < 1,4.$$

Or, si l'on pose

$$35\rho = r,$$

il vient

$$35\,N = 42525 - 5220\,r - 3530\,r^2 - 356\,r^3 - 11\,r^4,$$

et cette expression, pour r positif et moindre que 2, est évidemment positive.

Donc, dans le cas considéré, on a

$$A_2 > 0.$$

Remarquons que, d'après ce qui a été montré dans le Mémoire cité, l'ellipsoïde correspondant à la valeur considérée de ρ est tel que les ellipsoïdes de révolution qui sont moins aplatis représentent des figures d'équilibre stables, *si la figure du liquide est assujettie à la condition de rester toujours une figure de révolution.*

Cas des figures d'équilibre autres que celles de révolution.

6. Nous supposerons maintenant que k n'est pas nul.

Dans cette supposition, comme nous avons déjà remarqué dans la première Partie, A_2 sera nul, ainsi que tous les autres A_i à indice i pair. La question se réduira donc à chercher le premier terme non nul de la série

$$A_3, \quad A_5, \quad A_7, \quad \ldots,$$

et nous verrons que ce sera toujours A_3.

---

*) *Voir* le nº 17 de la traduction française, parue dans les *Annales de la Faculté des Sciences de l'Université de Toulouse* (2-e S., VI). La quantité qui y est désignée par λ représente ce que nous entendons ici par $\sqrt{\rho}$. Remarquons que l'original russe contenait, en cet endroit, une erreur de calcul, qui a été corrigée dans la traduction.

Commençons par chercher une expression de A_3.

D'après la formule (51) du n° 80 de la première Partie, nous avons

$$A_3 = \frac{\rho+1}{\gamma}\int [2(\tau,\tau_1) + (\tau,\tau,\tau)]\, P_{m,k}(\cos\theta)\cos k\psi\, d\sigma,$$

où

$$\gamma = (\rho+1)^2 \int [P_{m,k}(\cos\theta)]^2 \cos^2 k\psi\, d\sigma = \frac{2\pi(\rho+1)^2}{2m+1}\frac{(m+k)!}{(m-k)!},$$

$$\tau = \frac{P_{m,k}(\cos\theta)\cos k\psi}{\rho+\cos^2\theta}$$

et τ_1 est une solution de l'équation

$$R(\rho+\cos^2\theta)\tau_1 - \frac{1}{4\pi}\int \frac{(\rho+\cos^2\theta')\tau_1'}{D}\, d\sigma' = \frac{\sqrt{\rho}}{2}(\tau,\tau). \tag{1}$$

Ces formules renferment les symboles

$$(\tau,\tau), \qquad (\tau,\tau_1), \qquad (\tau,\tau,\tau),$$

dont le premier a déjà été défini au n° 1. Quant aux deux autres, on a, d'après les numéros 73 et 80 de la première Partie,

$$(\tau,\tau_1) = \frac{1}{4\pi}\lim\left\{\frac{\partial}{\partial v}\int \frac{G(v)\tau'\tau_1'}{D(u,v)}\, d\sigma' + \tau\frac{\partial}{\partial u}\int \frac{G(v)\tau_1'}{D(u,v)}\, d\sigma' + \tau_1\frac{\partial}{\partial u}\int \frac{G(v)\tau'}{D(u,v)}\, d\sigma'\right\},$$

$$(\tau,\tau,\tau) = \frac{1}{4\pi}\lim\left\{\frac{1}{3}\frac{\partial^2}{\partial v^2}\int \frac{G(v)\tau'^3}{D(u,v)}\, d\sigma' + \tau\frac{\partial^2}{\partial u\,\partial v}\int \frac{G(v)\tau'^2}{D(u,v)}\, d\sigma' + \tau^2\frac{\partial^2}{\partial u^2}\int \frac{G(v)\tau'}{D(u,v)}\, d\sigma'\right\},$$

où l'on calculera les intégrales en supposant $u < v$, et où, après avoir formé les dérivées, on remplacera v par ρ et l'on fera tendre u vers ρ par des valeurs inférieures à ρ.

Cela posé, la question se réduit à chercher ces deux intégrales:

$$\int (\tau,\tau_1)\, P_{m,k}(\cos\theta)\cos k\psi\, d\sigma = I_1,$$

$$\int (\tau,\tau,\tau)\, P_{m,k}(\cos\theta)\cos k\psi\, d\sigma = I_2,$$

après quoi l'on aura A_3 par la formule

$$A_3 = \frac{\rho + 1}{\gamma}(2I_1 + I_2). \tag{2}$$

Occupons-nous d'abord de la première intégrale.

7. En posant pour abréger

$$P_{m,k}(\cos\theta)\cos k\psi = Y,$$

développons la fonction

$$\frac{Y^2}{\rho + \cos^2\theta}$$

en une série de fonctions sphériques.

Cette série ne renfermera évidemment que des fonctions de la forme

$$P_{2n}(\cos\theta), \qquad P_{2n+2k,2k}(\cos\theta)\cos 2k\psi,$$

n étant un nombre quelconque de la suite

$$0, \quad 1, \quad 2, \quad 3, \quad \ldots,$$

et, pour abréger l'écriture, nous désignerons une quelconque de ces fonctions par Y_i. Alors, pour ledit développement, nous aurons

$$\frac{Y^2}{\rho + \cos^2\theta} = \tau Y = \sum a_i Y_i, \tag{3}$$

où

$$a_i = \frac{1}{\gamma_i}\int \frac{Y^2 Y_i}{\rho + \cos^2\theta}\,d\sigma, \qquad \gamma_i = \int (Y_i)^2\,d\sigma.$$

Nous désignerons ensuite la fonction de la forme

$$\mathsf{P}_{2n}(u) \qquad \text{ou} \qquad \mathsf{P}_{2n+2k,2k}(u),$$

qui correspond à Y_i, par $\mathsf{P}_{(i)}(u)$, et celle de la forme

$$\mathsf{Q}_{2n}(u) \qquad \text{ou} \qquad \mathsf{Q}_{2n+2k,2k}(u),$$

par $\mathbf{Q}_{(i)}(u)$. Alors, en désignant l'ordre de la fonction sphérique Y_i, qui sera toujours pair, par $2N_i$ et en employant, comme toujours, un accent pour indiquer que θ, ψ sont remplacés par θ', ψ', nous aurons, d'après les formules de Liouville (**1**, n° 13), u étant inférieur à v,

$$\int \frac{Y_i}{D(u,v)}\,d\sigma = \frac{4\pi}{4N_i+1}\,\mathbf{P}_{(i)}(u)\,\mathbf{Q}_{(i)}(v)\,Y_i'$$

et, par suite,

$$\int \frac{\tau Y}{D(u,v)}\,d\sigma = \sum \frac{4\pi}{4N_i+1}\,a_i\,\mathbf{P}_{(i)}(u)\,\mathbf{Q}_{(i)}(v)\,Y_i'. \tag{4}$$

Cela posé, reportons-nous à l'expression de (τ, τ_1).

En faisant, pour abréger,

$$\frac{1}{4\pi}\left\{\frac{\partial}{\partial v}\int \frac{G(v)\,\tau'\tau_1'}{D(u,v)}\,d\sigma'\right\}_{v=\rho} = V_1,$$

$$\frac{1}{4\pi}\left\{\frac{\partial}{\partial u}\int \frac{G(v)\,\tau_1'}{D(u,v)}\,d\sigma'\right\}_{v=\rho} = U_1,$$

$$\frac{1}{4\pi}\left\{\frac{\partial}{\partial u}\int \frac{G(v)\,\tau'}{D(u,v)}\,d\sigma'\right\}_{v=\rho} = U,$$

nous avons

$$(\tau, \tau_1) = \lim\,(V_1 + U_1\tau + U\tau_1).$$

Pour obtenir I_1, nous devons multiplier cette expression par $Y\,d\sigma$ et intégrer sur toute la surface de la sphère. Mais, d'après ce que nous avons observé au n° 63 de la première Partie, nous pouvons aussi écrire

$$I_1 = \lim\left\{\int V_1\,Y\,d\sigma + \int U_1\tau\,Y\,d\sigma + \int U\tau_1\,Y\,d\sigma\right\}.$$

Cherchons donc les trois intégrales qui figurent ici.

Tout d'abord, en remarquant que

$$G(v) = \frac{v + \cos^2\theta'}{\sqrt{v}}$$

et que, par suite,

$$G(\rho)\,\tau' = \frac{1}{\sqrt{\rho}}\,Y',$$

nous obtenons par les formules de Liouville

$$U = \frac{1}{2m+1} \frac{d\mathsf{P}_{m,k}(u)}{du} \frac{\mathsf{Q}_{m,k}(\rho)}{\sqrt{\rho}} Y.$$

Pour simplifier l'écriture, nous omettrons les indices m, k. D'ailleurs nous n'écrirons pas l'argument quand il est ρ. Nous aurons donc

$$U = \frac{1}{2m+1} \frac{d\mathsf{P}(u)}{du} \frac{\mathsf{Q}}{\sqrt{\rho}} Y.$$

D'après cela on a

$$\int U\tau_1 Y d\sigma = \frac{1}{2m+1} \frac{d\mathsf{P}(u)}{du} \frac{\mathsf{Q}}{\sqrt{\rho}} \int \tau_1 Y^2 d\sigma,$$

ou bien, en vertu de (3),

$$\int U\tau_1 Y d\sigma = \frac{1}{2m+1} \frac{d\mathsf{P}(u)}{du} \frac{\mathsf{Q}}{\sqrt{\rho}} \sum a_i \int (\rho + \mu^2)\, \tau_1 Y_i d\sigma,$$

μ étant écrit au lieu de $\cos\theta$.

On a ensuite par la formule (4)

$$\int U_1 \tau Y d\sigma = \sum \frac{a_i}{4N_i+1} \frac{d\mathsf{P}_{(i)}(u)}{du} \frac{\mathsf{Q}_{(i)}}{\sqrt{\rho}} \int (\rho + \mu^2)\, \tau_1 Y_i d\sigma.$$

Puis, en remarquant que

$$V_1 = \frac{1}{4\pi\sqrt{\rho}} \int \frac{\tau'\tau_1'}{D(u,\rho)} d\sigma' + \frac{1}{4\pi} \left\{ \frac{\partial}{\partial v} \left(\frac{1}{\sqrt{v}} \int \frac{\tau_1' Y'}{D(u,v)} d\sigma' \right) \right\}_{v=\rho},$$

on trouve

$$\int V_1 Y d\sigma = \frac{\mathsf{P}(u)}{2m+1} \left\{ \frac{\mathsf{Q}}{\sqrt{\rho}} \int \tau\tau_1 Y d\sigma + \frac{d}{d\rho}\left(\frac{\mathsf{Q}}{\sqrt{\rho}}\right) \int \tau_1 Y^2 d\sigma \right\}.$$

Or on a

$$\int \tau_1 Y^2 d\sigma = \sum a_i \int (\rho + \mu^2)\, \tau_1 Y_i d\sigma$$

et, comme l'égalité (3) donne

$$\frac{Y^2}{(\rho+\mu^2)^2} = \frac{\tau Y}{\rho+\mu^2} = -\sum \frac{da_i}{d\rho} Y_i,$$

on voit que

$$\int \tau\tau_1 Y\, d\sigma = -\sum \frac{da_i}{d\rho} \int (\rho + \mu^2)\, \tau_1 Y_i\, d\sigma.$$

Il vient donc

$$\int V_1 Y\, d\sigma = \frac{\mathbf{P}(u)}{2m+1} \sum \left(a_i \frac{d}{d\rho} \frac{\mathbf{Q}}{\sqrt{\rho}} - \frac{\mathbf{Q}}{\sqrt{\rho}} \frac{da_i}{d\rho} \right) \int (\rho + \mu^2)\, \tau_1 Y_i\, d\sigma.$$

Ainsi tout se trouve exprimé par les intégrales de la forme

$$\int (\rho + \mu^2)\, \tau_1 Y_i\, d\sigma,$$

et ces intégrales s'expriment par celles-ci

$$\int (\tau, \tau)\, Y_i\, d\sigma,$$

car, en se reportant à l'équation (1), on en déduit

$$T_{(i)} \int (\rho + \mu^2)\, \tau_1 Y_i\, d\sigma = \frac{\sqrt{\rho}}{2} \int (\tau, \tau)\, Y_i\, d\sigma,$$

où

$$T_{(i)} = R - \frac{1}{4N_i + 1} \mathbf{P}_{(i)} \mathbf{Q}_{(i)},$$

et les $T_{(i)}$ ne seront pas nuls pour la valeur que nous devons attribuer ici à ρ.

D'après cela, en ajoutant les intégrales

$$\int V_1 Y\, d\sigma, \qquad \int U_1 \tau Y\, d\sigma, \qquad \int U \tau_1 Y\, d\sigma$$

et passant à la limite pour $u = \rho$, nous obtenons

$$I_1 = \frac{\sqrt{\rho}}{2} \sum \frac{S_i}{T_{(i)}} \int (\tau, \tau)\, Y_i\, d\sigma,$$

où

$$S_i = \frac{1}{2m+1} \left(a_i \frac{d}{d\rho} \frac{\mathbf{PQ}}{\sqrt{\rho}} - \frac{\mathbf{PQ}}{\sqrt{\rho}} \frac{da_i}{d\rho} \right) + \frac{a_i}{4N_i + 1} \frac{d\mathbf{P}_{(i)}}{d\rho} \frac{\mathbf{Q}_{(i)}}{\sqrt{\rho}}. \tag{5}$$

8. Nous devons en venir maintenant à la recherche des intégrales de la forme

$$\int (\tau, \tau)\, Y_i\, d\sigma.$$

A cet effet reportons-nous à l'expression de (τ, τ) qui peut être écrite ainsi

$$(\tau, \tau) = \lim (V + 2\, U\tau),$$

U ayant la même signification que précédemment et V se déduisant de V_1 en remplaçant τ_1' par τ'.

D'après cette formule nous aurons

$$\int (\tau, \tau)\, Y_i\, d\sigma = \lim \left\{ \int V Y_i\, d\sigma + 2 \int U\tau\, Y_i\, d\sigma \right\}.$$

Or, par l'expression de U obtenue au numéro précédent, on a

$$\int U\tau\, Y_i\, d\sigma = \frac{1}{2m+1} \frac{d\mathrm{P}(u)}{du} \frac{\mathrm{Q}}{\sqrt{\rho}} \int \tau Y Y_i\, d\sigma$$

et, en partant de la formule

$$V = \frac{1}{4\pi\sqrt{\rho}} \int \frac{\tau'^2}{D(u, \rho)}\, d\sigma' + \frac{1}{4\pi} \left\{ \frac{\partial}{\partial v} \left(\frac{1}{\sqrt{v}} \int \frac{\tau' Y'}{D(u, v)}\, d\sigma' \right) \right\}_{v=\rho},$$

on trouve

$$\int V Y_i\, d\sigma = \frac{\mathrm{P}_{(i)}(u)}{4N_i+1} \left\{ \frac{\mathrm{Q}_{(i)}}{\sqrt{\rho}} \int \tau^2 Y_i\, d\sigma + \frac{d}{d\rho} \left(\frac{\mathrm{Q}_{(i)}}{\sqrt{\rho}} \right) \int \tau Y Y_i\, d\sigma \right\}.$$

Donc, comme on a évidemment

$$\int \tau Y Y_i\, d\sigma = \gamma_i a_i, \qquad \int \tau^2 Y_i\, d\sigma = -\gamma_i \frac{da_i}{d\rho},$$

il viendra

$$\int (\tau, \tau)\, Y_i\, d\sigma = \frac{\gamma_i}{4N_i+1} \left(a_i \frac{d}{d\rho} \frac{\mathrm{Q}_{(i)}}{\sqrt{\rho}} - \frac{\mathrm{Q}_{(i)}}{\sqrt{\rho}} \frac{da_i}{d\rho} \right) \mathrm{P}_{(i)} + \frac{2\gamma_i}{2m+1} \frac{d\mathrm{P}}{d\rho} \frac{\mathrm{Q}}{\sqrt{\rho}}\, a_i.$$

Cela posé, tenons compte de l'équation $T = 0$ que doit vérifier ρ.

Comme cette équation donne

$$R = \frac{1}{2m+1} \mathsf{PQ},$$

on pourra écrire

$$T_{(i)} = \frac{1}{2m+1} \mathsf{PQ} - \frac{1}{4N_i+1} \mathsf{P}_{(i)} \mathsf{Q}_{(i)},$$

et de là il vient

$$\frac{1}{2m+1} \frac{\mathsf{Q}}{\sqrt{\rho}} = \frac{T_{(i)}}{\mathsf{P}\sqrt{\rho}} + \frac{1}{4N_i+1} \frac{\mathsf{P}_{(i)}}{\mathsf{P}} \frac{\mathsf{Q}_{(i)}}{\sqrt{\rho}}.$$

Par suite, la formule ci-dessus se réduit à

$$\int (\tau, \tau)\, Y_i\, d\sigma = \frac{2}{\sqrt{\rho}} \frac{1}{\mathsf{P}} \frac{d\mathsf{P}}{d\rho} T_{(i)} \gamma_i a_i + \frac{\gamma_i}{4N_i+1} \frac{\mathsf{P}_{(i)}}{\mathsf{P}^2} \left(a_i \frac{d}{d\rho} \frac{\mathsf{P}^2 \mathsf{Q}_{(i)}}{\sqrt{\rho}} - \frac{\mathsf{P}^2 \mathsf{Q}_{(i)}}{\sqrt{\rho}} \frac{da_i}{d\rho} \right).$$

Maintenant, portons cette expression dans celle de I_1 obtenue au numéro précédent.

En posant, pour abréger,

$$a_i \frac{d}{d\rho} \frac{\mathsf{P}^2 \mathsf{Q}_{(i)}}{\sqrt{\rho}} - \frac{\mathsf{P}^2 \mathsf{Q}_{(i)}}{\sqrt{\rho}} \frac{da_i}{d\rho} = q_i, \tag{6}$$

nous aurons

$$I_1 = \frac{1}{\mathsf{P}} \frac{d\mathsf{P}}{d\rho} \sum S_i \gamma_i a_i + \frac{\sqrt{\rho}}{2\mathsf{P}^2} \sum \frac{\gamma_i}{4N_i+1} \frac{\mathsf{P}_{(i)}}{T_{(i)}} S_i q_i.$$

Or, en se reportant à l'expression de S_i, on trouve

$$\sum S_i \gamma_i a_i = \frac{1}{2m+1} \left\{ \frac{d}{d\rho} \left(\frac{\mathsf{PQ}}{\sqrt{\rho}} \right) \sum \gamma_i a_i^2 - \frac{\mathsf{PQ}}{\sqrt{\rho}} \sum \gamma_i a_i \frac{da_i}{d\rho} \right\} + \sum \frac{\gamma_i}{4N_i+1} \frac{d\mathsf{P}_{(i)}}{d\rho} \frac{\mathsf{Q}_{(i)}}{\sqrt{\rho}} a_i^2,$$

et d'après (3) on a

$$\sum \gamma_i a_i^2 = \int \frac{Y^4}{(\rho+\mu^2)^2} d\sigma = -\frac{d}{d\rho} \int \frac{Y^4}{\rho+\mu^2} d\sigma,$$

d'où il vient

$$\sum \gamma_i a_i \frac{da_i}{d\rho} = -\frac{1}{2} \frac{d^2}{d\rho^2} \int \frac{Y^4}{\rho+\mu^2} d\sigma.$$

On a d'ailleurs

$$\int \frac{Y^4}{\rho+\mu^2}\,d\sigma = \frac{3\pi}{2}\int_0^1 \frac{[P_{m,k}(x)]^4}{\rho+x^2}\,dx.$$

Donc, en posant

$$(7)\qquad \int_0^1 \frac{[P_{m,k}(x)]^4}{\rho+x^2}\,dx = \frac{(m+k)!}{(m-k)!}\,\mathsf{J},$$

on aura

$$I_1 = \frac{3\pi}{4(2m+1)}\frac{(m+k)!}{(m-k)!}\frac{1}{\mathsf{P}}\frac{d\mathsf{P}}{d\rho}\left(\frac{d^2\mathsf{J}}{d\rho^2}\frac{\mathsf{PQ}}{\sqrt{\rho}} - 2\frac{d\mathsf{J}}{d\rho}\frac{d}{d\rho}\frac{\mathsf{PQ}}{\sqrt{\rho}}\right)$$

$$+\frac{1}{\mathsf{P}}\frac{d\mathsf{P}}{d\rho}\sum\frac{\gamma_i}{4N_i+1}\frac{d\mathsf{P}_{(i)}}{d\rho}\frac{\mathsf{Q}_{(i)}}{\sqrt{\rho}}a_i^2 + \frac{\sqrt{\rho}}{2\mathsf{P}^2}\sum\frac{\gamma_i}{4N_i+1}\frac{\mathsf{P}_{(i)}}{T_{(i)}}S_i q_i.$$

9. Passons à la recherche de I_2.

En posant

$$\frac{1}{12\pi}\left\{\frac{\partial^2}{\partial v^2}\int\frac{G(v)\,\tau'^3}{D(u,v)}\,d\sigma'\right\}_{v=\rho} = W,$$

nous aurons, avec les fonctions U, V considérées précédemment,

$$(\tau,\tau,\tau) = \lim\left(W + \tau\frac{dV}{du} + \tau^2\frac{dU}{du}\right)$$

et, par suite,

$$I_2 = \lim\left\{\int WY\,d\sigma + \frac{d}{du}\int V\tau Y\,d\sigma + \frac{d}{du}\int U\tau^2 Y\,d\sigma\right\}.$$

Or on a évidemment

$$W = \frac{1}{6\pi}\left\{\frac{\partial}{\partial v}\left(\frac{1}{\sqrt{v}}\int\frac{\tau'^3}{D(u,v)}\,d\sigma'\right)\right\}_{v=\rho} + \frac{1}{12\pi}\left\{\frac{\partial^2}{\partial v^2}\left(\frac{1}{\sqrt{v}}\int\frac{\tau'^2 Y'}{D(u,v)}\,d\sigma'\right)\right\}_{v=\rho}.$$

Il vient donc

$$\int WY\,d\sigma = \frac{\mathsf{P}(u)}{3(2m+1)}\left\{2\frac{d}{d\rho}\left(\frac{\mathsf{Q}}{\sqrt{\rho}}\right)\int\tau^3 Y\,d\sigma + \frac{d^2}{d\rho^2}\left(\frac{\mathsf{Q}}{\sqrt{\rho}}\right)\int\tau^2 Y^2\,d\sigma\right\}.$$

On a ensuite, par l'expression de l'intégrale

$$\int VY_i\,d\sigma$$

trouvée au numéro précédent,

$$\int V\tau Y d\sigma = \sum a_i \int V Y_i d\sigma = \sum \frac{\gamma_i a_i}{4N_i+1}\left(a_i \frac{d}{d\rho}\frac{\mathbf{Q}_{(i)}}{\sqrt{\rho}} - \frac{\mathbf{Q}_{(i)}}{\sqrt{\rho}}\frac{da_i}{d\rho}\right)\mathbf{P}_{(i)}(u),$$

et, par l'expression de U trouvée au n° 7,

$$\int U\tau^2 Y d\sigma = \frac{1}{2m+1}\frac{d\mathbf{P}(u)}{du}\frac{\mathbf{Q}}{\sqrt{\rho}}\int \tau^2 Y^2 d\sigma.$$

D'après cela, en remarquant que

$$\int \tau^2 Y^2 d\sigma = \int \frac{Y^4}{(\rho+\mu^2)^2} d\sigma = -\frac{3\pi}{2}\frac{(m+k)!}{(m-k)!}\frac{d\mathbf{J}}{d\rho},$$

$$\int \tau^3 Y\, d\sigma = \int \frac{Y^4}{(\rho+\mu^2)^3} d\sigma = \frac{3\pi}{4}\frac{(m+k)!}{(m-k)!}\frac{d^2\mathbf{J}}{d\rho^2},$$

on parvient, tout compte fait, à cette formule:

$$I_2 = \frac{\pi}{2(2m+1)}\frac{(m+k)!}{(m-k)!}\left\{\frac{d^2\mathbf{J}}{d\rho^2}\mathbf{P}\frac{d}{d\rho}\frac{\mathbf{Q}}{\sqrt{\rho}} - \frac{d\mathbf{J}}{d\rho}\left(\mathbf{P}\frac{d^2}{d\rho^2}\frac{\mathbf{Q}}{\sqrt{\rho}} + 3\frac{d^2\mathbf{P}}{d\rho^2}\frac{\mathbf{Q}}{\sqrt{\rho}}\right)\right\}$$
$$+ \sum \frac{\gamma_i a_i}{4N_i+1}\left(a_i \frac{d}{d\rho}\frac{\mathbf{Q}_{(i)}}{\sqrt{\rho}} - \frac{\mathbf{Q}_{(i)}}{\sqrt{\rho}}\frac{da_i}{d\rho}\right)\frac{d\mathbf{P}_{(i)}}{d\rho}.$$

10. Reportons-nous maintenant à la formule (2).
Pour obtenir A_3, nous devons former la somme

$$2I_1 + I_2.$$

Or, d'après les expressions que nous venons d'obtenir pour I_1 et I_2, on trouve

$$2I_1 + I_2 = L_1\frac{d^2\mathbf{J}}{d\rho^2} - L_2\frac{d\mathbf{J}}{d\rho} + M + \frac{\sqrt{\rho}}{\mathbf{P}^2}\sum \frac{\gamma_i}{4N_i+1}\frac{\mathbf{P}_{(i)}}{T_{(i)}}S_i q_i,$$

où

$$L_1 = \frac{\pi}{2(2m+1)}\frac{(m+k)!}{(m-k)!}\left(3\frac{d\mathbf{P}}{d\rho}\frac{\mathbf{Q}}{\sqrt{\rho}} + \mathbf{P}\frac{d}{d\rho}\frac{\mathbf{Q}}{\sqrt{\rho}}\right),$$

$$L_2 = \frac{\pi}{2(2m+1)}\frac{(m+k)!}{(m-k)!}\left(\frac{6}{\mathbf{P}}\frac{d\mathbf{P}}{d\rho}\frac{d}{d\rho}\frac{\mathbf{PQ}}{\sqrt{\rho}} + \mathbf{P}\frac{d^2}{d\rho^2}\frac{\mathbf{Q}}{\sqrt{\rho}} + 3\frac{d^2\mathbf{P}}{d\rho^2}\frac{\mathbf{Q}}{\sqrt{\rho}}\right),$$

$$M = \sum \frac{\gamma_i a_i}{4N_i+1}\left(\frac{2}{\mathbf{P}}\frac{d\mathbf{P}}{d\rho}\frac{\mathbf{Q}_{(i)}}{\sqrt{\rho}}a_i + a_i\frac{d}{d\rho}\frac{\mathbf{Q}_{(i)}}{\sqrt{\rho}} - \frac{\mathbf{Q}_{(i)}}{\sqrt{\rho}}\frac{da_i}{d\rho}\right)\frac{d\mathbf{P}_{(i)}}{d\rho}.$$

On a d'ailleurs

$$3\frac{d\mathsf{P}}{d\rho}\frac{\mathsf{Q}}{\sqrt{\rho}}+\mathsf{P}\frac{d}{d\rho}\frac{\mathsf{Q}}{\sqrt{\rho}}=\frac{1}{\mathsf{P}^2}\frac{d}{d\rho}\frac{\mathsf{P}^3\mathsf{Q}}{\sqrt{\rho}}$$

et l'on voit facilement que le trinôme en parenthèses dans l'expression de L_2 se réduit à

$$\frac{1}{\mathsf{P}^2}\frac{d^2}{d\rho^2}\frac{\mathsf{P}^3\mathsf{Q}}{\sqrt{\rho}}.$$

D'autre part, on a

$$M=\frac{1}{\mathsf{P}^2}\sum\frac{\gamma_i a_i}{4N_i+1}\left(a_i\frac{d}{d\rho}\frac{\mathsf{P}^2\mathsf{Q}_{(i)}}{\sqrt{\rho}}-\frac{\mathsf{P}^2\mathsf{Q}_{(i)}}{\sqrt{\rho}}\frac{da_i}{d\rho}\right)\frac{d\mathsf{P}_{(i)}}{d\rho},$$

ce qui, avec la notation (6), prend la forme

$$M=\frac{1}{\mathsf{P}^2}\sum\frac{\gamma_i}{4N_i+1}a_i q_i\frac{d\mathsf{P}_{(i)}}{d\rho}.$$

Il vient donc

$$2I_1+I_2=\frac{\pi}{2(2m+1)}\frac{(m+k)!}{(m-k)!}\frac{1}{\mathsf{P}^2}\left(\frac{d^2\mathsf{J}}{d\rho^2}\frac{d}{d\rho}\frac{\mathsf{P}^3\mathsf{Q}}{\sqrt{\rho}}-\frac{d\mathsf{J}}{d\rho}\frac{d^2}{d\rho^2}\frac{\mathsf{P}^3\mathsf{Q}}{\sqrt{\rho}}\right)$$

$$+\frac{\sqrt{\rho}}{\mathsf{P}^2}\sum\frac{\gamma_i}{4N_i+1}\left(\mathsf{P}_{(i)}S_i+a_i\frac{T_{(i)}}{\sqrt{\rho}}\frac{d\mathsf{P}_{(i)}}{d\rho}\right)\frac{q_i}{T_{(i)}}.$$

Cela étant, nous remarquons que la formule

$$\mathsf{P}_{(i)}S_i+a_i\frac{T_{(i)}}{\sqrt{\rho}}\frac{d\mathsf{P}_{(i)}}{d\rho},$$

où

$$T_{(i)}=\frac{1}{2m+1}\mathsf{PQ}-\frac{1}{4N_i+1}\mathsf{P}_{(i)}\mathsf{Q}_{(i)}$$

et S_i représente l'expression (5), se réduit à

$$\frac{1}{2m+1}\left(a_i\mathsf{P}_{(i)}\frac{d}{d\rho}\frac{\mathsf{PQ}}{\sqrt{\rho}}-\mathsf{P}_{(i)}\frac{\mathsf{PQ}}{\sqrt{\rho}}\frac{da_i}{d\rho}+a_i\frac{\mathsf{PQ}}{\sqrt{\rho}}\frac{d\mathsf{P}_{(i)}}{d\rho}\right),$$

ce qu'on peut écrire ainsi:

$$\frac{1}{2m+1}\left(a_i\frac{d}{d\rho}\frac{\mathsf{PQP}_{(i)}}{\sqrt{\rho}}-\frac{\mathsf{PQP}_{(i)}}{\sqrt{\rho}}\frac{da_i}{d\rho}\right).$$

Par conséquent, en posant

$$(8) \qquad a_i \frac{d}{d\rho} \frac{\mathbf{PQP}_{(i)}}{\sqrt{\rho}} - \frac{\mathbf{PQP}_{(i)}}{\sqrt{\rho}} \frac{da_i}{d\rho} = p_i$$

et tenant compte de ce que

$$\frac{\gamma}{(\rho+1)^2} = \frac{2\pi}{2m+1} \frac{(m+k)!}{(m-k)!},$$

nous obtenons, d'après la formule (2),

$$(9) \quad A_3 = \frac{1}{4(\rho+1)\mathbf{P}^2} \left(\frac{d^2\mathbf{J}}{d\rho^2} \frac{d}{d\rho} \frac{\mathbf{P}^3\mathbf{Q}}{\sqrt{\rho}} - \frac{d\mathbf{J}}{d\rho} \frac{d^2}{d\rho^2} \frac{\mathbf{P}^3\mathbf{Q}}{\sqrt{\rho}} + \frac{(m-k)!}{(m+k)!} \sum \frac{2\gamma_i}{(4N_i+1)\pi} \frac{\sqrt{\rho}}{T_{(i)}} p_i q_i \right),$$

la somme s'étendant à la même suite de valeurs de i que dans la formule (3).

11. Pour aller plus loin, considérons de plus près les quantités $\mathbf{J}$, a_i dont dépend l'expression obtenue de A_3.

Tout d'abord, en nous reportant à la formule (7), où, pour plus de simplicité, nous omettrons les indices m, k, nous remarquons que l'on peut écrire

$$\frac{(m+k)!}{(m-k)!} \mathbf{J} = \int_0^1 \frac{P^2(x) - \mathbf{P}^2}{\rho + x^2} P^2(x)\, dx + \mathbf{P}^2 \int_0^1 \frac{P^2(x)}{\rho + x^2}\, dx.$$

Or le premier terme du second membre est une fonction entière de ρ, car $\mathbf{P}^2$ est une telle fonction et d'ailleurs, $m-k$ étant pair, on a

$$\mathbf{P}^2 = P^2(\sqrt{-\rho}).$$

D'autre part, d'après le nº 14 de la première Partie,

$$\int_0^1 \frac{P^2(x)}{\rho + x^2}\, dx = \frac{1}{2m+1} \frac{(m+k)!}{(m-k)!} \frac{\mathbf{PQ}}{\sqrt{\rho}}.$$

Par suite, en entendant par Π une certaine fonction entière de ρ, nous aurons

$$(10) \qquad \mathbf{J} = \frac{1}{2m+1} \left(\frac{\mathbf{P}^3\mathbf{Q}}{\sqrt{\rho}} - \Pi \right),$$

et, comme le développement de $\mathbf{J}$ suivant les puissances descendantes de ρ ne contient que des puissances négatives, la fonction Π pourra être définie, avec la convention du n° 2, par la formule

$$\Pi = \mathbf{E}\frac{\rho^3 Q}{\sqrt{\rho}}.$$

On voit que tous les coefficients de cette fonction seront des nombres rationnels.

Considérons maintenant les a_i.

En nous reportant au n° 7 et en posant comme précédemment $\cos\theta = \mu$, nous avons

$$\gamma_i a_i = \int \frac{Y^2 Y_i}{\rho + \mu^2} d\sigma,$$

où

$$Y = P_{m,k}(\mu) \cos k\psi$$

et Y_i est une fonction sphérique de l'une des deux formes

$$P_{2n}(\mu), \qquad P_{2n+2k,2k}(\mu)\cos 2k\psi.$$

Pour fixer les idées, nous supposerons que la première forme réponde à des valeurs paires de i, la seconde, à des valeurs impaires, et nous poserons

$$Y_{2n} = P_{2n}(\mu),$$

$$Y_{2n+1} = P_{2n+2k,2k}(\mu)\cos 2k\psi.$$

En même temps, lorsqu'on pourra ne pas distinguer les cas de i pair et de i impair, nous désignerons la fonction de μ figurant dans l'expression de Y_i, $P_{2n}(\mu)$ ou $P_{2n+2k,2k}(\mu)$, par $P_{(i)}(\mu)$.

Cela posé, et en remarquant que $P^2(\mu)$ et $P_{(i)}(\mu)$ sont des fonctions paires de μ, nous aurons

$$(11) \qquad \gamma_i a_i = \frac{3 + (-1)^i}{2}\pi \int_0^1 \frac{P^2(x) P_{(i)}(x)}{\rho + x^2} dx.$$

Or, n désignant $\frac{i}{2}$ ou $\frac{i-1}{2}$, suivant que i est pair ou impair, on a

$$\mathbf{P}_{(i)} = (-1)^n P_{(i)}(\sqrt{-\rho}),$$

ce qui, $\mathbf{P}_{(i)}$ étant un polynôme entier en ρ, montre que

$$\frac{P_{(i)}(x)-(-1)^n \mathbf{P}_{(i)}}{\rho+x^2}$$

est une fonction entière de ρ.

Par suite, il viendra

$$\gamma_i a_i = \frac{3+(-1)^i}{2}(-1)^n \pi \mathbf{P}_{(i)} \int_0^1 \frac{P^2(x)}{\rho+x^2}\, dx + \text{fonction entière de } \rho,$$

ou bien,

$$\gamma_i a_i = \frac{3+(-1)^i}{2} \frac{(-1)^n \pi}{2m+1} \frac{(m+k)!}{(m-k)!}\left(\frac{\mathbf{PQP}_{(i)}}{\sqrt{\rho}} - \Pi_i\right), \tag{12}$$

Π_i étant une fonction entière de ρ à coefficients rationnels, que l'on peut évidemment définir par la formule

$$\Pi_i = \mathrm{E}\,\frac{\mathbf{PQP}_{(i)}}{\sqrt{\rho}}.$$

Or on peut obtenir pour a_i encore une autre expression.

Pour y parvenir, nous remarquons que la formule (11) donne ces deux égalités:

$$\gamma_i a_i = \frac{3+(-1)^i}{2}\pi \mathbf{P}^2 \int_0^1 \frac{P_{(i)}(x)}{\rho+x^2}\, dx + \text{fonction entière de } \rho,$$

$$\gamma_i a_i = \frac{3+(-1)^i}{2}\pi \frac{\mathbf{P}^2}{(\rho+1)^k} \int_0^1 \frac{(1-x^2)^k P_{(i)}(x)}{\rho+x^2}\, dx + \text{fonction entière de } \rho,$$

dont la deuxième s'obtient en remarquant que

$$\frac{P^2(x)}{(1-x^2)^k} = \left(\frac{d^k P_m(x)}{dx^k}\right)^2$$

est une fonction entière de x^2 de degré pair $m-k$.

Nous nous servirons de la première égalité dans le cas de i pair et de la deuxième dans le cas de i impair.

Cela posé et en nous arrêtant d'abord au premier cas, nous aurons

$$\gamma_{2n} a_{2n} = 2\pi \mathbf{P}^2 \int_0^1 \frac{P_{2n}(x)}{\rho+x^2}\, dx + \text{fonction entière de } \rho.$$

Or, d'après ce que nous avons observé au n° 4, on a

$$\int_0^1 \frac{P_{2n}(x)}{\rho + x^2}\,dx = \frac{(-1)^n}{4n+1}\frac{\mathsf{Q}_{2n}}{\sqrt{\rho}} = \frac{(-1)^n \gamma_{2n}}{4\pi}\frac{\mathsf{Q}_{2n}}{\sqrt{\rho}}.$$

Donc, dans le cas de i pair, égal à $2n$, on aura

$$(13) \qquad a_i = \frac{(-1)^n}{2}\left(\frac{\mathsf{P}^2\mathsf{Q}_{(i)}}{\sqrt{\rho}} - \mathsf{K}_i\right),$$

K_i étant une fonction entière de ρ, donnée par la formule

$$\mathsf{K}_i = \mathrm{E}\,\frac{\mathsf{P}^2\mathsf{Q}_{(i)}}{\sqrt{\rho}}$$

et ayant, par suite, des coefficients rationnels.

En passant ensuite au cas de i impair et en posant $i = 2n+1$, nous allons montrer que l'on aura pour a_i la même expression.

A cet effet nous partirons de l'égalité (**1**, n° 14)

$$\int \frac{[P_{n,l}(\mu)]^2 \cos^2 l\psi}{\rho + \mu^2}\,d\sigma = \gamma_{n,l}\frac{\mathsf{P}_{n,l}\mathsf{Q}_{n,l}}{\sqrt{\rho}},$$

laquelle, dans le cas où l n'est pas nul, se réduit à

$$\int_0^1 \frac{[P_{n,l}(x)]^2}{\rho + x^2}\,dx = \frac{\gamma_{n,l}}{2\pi}\frac{\mathsf{P}_{n,l}\mathsf{Q}_{n,l}}{\sqrt{\rho}}.$$

En nous bornant au cas où $n - l$ est un nombre pair, posons

$$\left\{\frac{P_{n,l}(x)}{(\sqrt{1-x^2})^l} - (-1)^{\frac{n-l}{2}}\frac{\mathsf{P}_{n,l}}{(\sqrt{\rho+1})^l}\right\}\frac{1}{\rho + x^2} = V.$$

Alors l'égalité ci-dessus donnera

$$\frac{\gamma_{n,l}}{2\pi}\frac{\mathsf{P}_{n,l}\mathsf{Q}_{n,l}}{\sqrt{\rho}} = (-1)^{\frac{n-l}{2}}\frac{\mathsf{P}_{n,l}}{(\sqrt{\rho+1})^l}\int_0^1 \frac{(\sqrt{1-x^2})^l P_{n,l}(x)}{\rho + x^2}\,dx + \int_0^1 \left(\sqrt{1-x^2}\right)^l P_{n,l}(x)\,V\,dx.$$

Or V est une fonction entière de x^2 de degré $\frac{n-l}{2} - 1$.

Par suite, d'après une proposition connue, il viendra

$$\int_0^1 \left(\sqrt{1-x^2}\right)^l P_{n,l}(x)\, V\, dx = 0.$$

Nous aurons donc

$$\frac{\gamma_{n,l}}{2\pi}\frac{\mathbf{Q}_{n,l}}{\sqrt{\rho}} = \frac{(-1)^{\frac{n-l}{2}}}{(\sqrt{\rho+1})^l}\int_0^1 \frac{(\sqrt{1-x^2})^l P_{n,l}(x)}{\rho+x^2}\,dx.$$

Pour appliquer cette formule au cas qui nous intéresse, nous devons poser $l=2k$ et remplacer n par $2n+2k$.

Alors, avec les notations que nous avons employées précédemment, nous aurons

$$\frac{\gamma_i}{2\pi}\frac{\mathbf{Q}_{(i)}}{\sqrt{\rho}} = \frac{(-1)^n}{(\rho+1)^k}\int_0^1 \frac{(1-x^2)^k P_{(i)}(x)}{\rho+x^2}\,dx,$$

et la seconde des deux égalités signalées plus haut conduira à la formule (13), où l'on aura à présent $i=2n+1$.

Ainsi la formule (13), comme celle (12), aura lieu tant pour i pair que pour i impair, si l'on entend par n le plus grand entier contenu dans le nombre $\frac{i}{2}$.

Arrêtons-nous un moment sur cette formule.

La fonction $\mathbf{K}_i$ qui y figure est la partie entière de celle-ci

$$\frac{\mathbf{P}^2\mathbf{Q}_{(i)}}{\sqrt{\rho}}. \tag{14}$$

Or, dès que i est assez grand, le développement de cette dernière fonction suivant les puissances décroissantes de ρ ne contiendra que des puissances négatives. Donc, pour des valeurs assez grandes de i, on aura $\mathbf{K}_i=0$. Cherchons une limite inférieure pour de pareilles valeurs de i.

A cet effet voyons quel est le degré par rapport à ρ du premier terme que l'on rencontre en développant la fonction (14) suivant les puissances décroissantes de ρ.

En considérant cette fonction comme le produit de ces trois facteurs

$$\mathbf{P}^2, \qquad \frac{\mathbf{P}_{(i)}\mathbf{Q}_{(i)}}{\sqrt{\rho}}, \qquad \frac{1}{\mathbf{P}_{(i)}},$$

nous remarquons que le premier facteur est une fonction entière de ρ de degré m et que le deuxième, étant développé suivant les puissances décroissantes de ρ, a pour premier terme $\frac{1}{\rho}$. Quant au troisième facteur, son développement commencera par un terme dont le degré sera $-n$ ou $-n-k$, suivant que i est pair ou impair.

D'après cela on voit que le développement de la fonction (14) commencera par un terme de degré $m-n-1$ ou $m-n-k-1$, suivant que $i=2n$ ou $i=2n+1$.

Donc, pour que la fonction K_i se réduise identiquement à zéro, il faut et il suffit que l'on ait:

$$\text{pour } i = 2n, \qquad n \geqq m,$$

$$\text{pour } i = 2n+1, \qquad n \geqq m-k.$$

On voit par là que, dans le cas de $k=m$, la fonction K_i se réduira à zéro pour toutes les valeurs impaires de i.

Dans les conditions qui viennent d'être indiquées, on aura ainsi

$$a_i = \frac{(-1)^n}{2} \frac{P^2 Q_{(i)}}{\sqrt{\rho}}.$$

12. Revenons à la formule (9).

Comme d'après (10) on a

$$\frac{d^2 J}{d\rho^2} \frac{d}{d\rho} \frac{P^3 Q}{\sqrt{\rho}} - \frac{dJ}{d\rho} \frac{d^2}{d\rho^2} \frac{P^3 Q}{\sqrt{\rho}} = \frac{d^2 J}{d\rho^2} \frac{d\Pi}{d\rho} - \frac{dJ}{d\rho} \frac{d^2 \Pi}{d\rho^2},$$

cette formule pourra être écrite ainsi:

$$(15) \quad A_3 = \frac{1}{4(\rho+1)P^2} \left(\frac{d^2 J}{d\rho^2} \frac{d\Pi}{d\rho} - \frac{dJ}{d\rho} \frac{d^2\Pi}{d\rho^2} + \frac{(m-k)!}{(m+k)!} \sum \frac{2\gamma_i}{(4N_i+1)\pi} \frac{\sqrt{\rho}}{T_{(i)}} p_i q_i \right),$$

et les quantités p_i, q_i qui y figurent, et qui sont données par les formules (8) et (6), pourront être présentées sous la forme

$$(16) \quad \begin{cases} p_i = a_i \dfrac{d\Pi_i}{d\rho} - \Pi_i \dfrac{da_i}{d\rho}, \\[2ex] q_i = a_i \dfrac{dK_i}{d\rho} - K_i \dfrac{da_i}{d\rho}, \end{cases}$$

comme on le voit par les formules (12) et (13).

Quant aux nombres N_i, γ_i, nous aurons

$$N_{2n} = n, \qquad N_{2n+1} = n + k,$$

$$\gamma_{2n} = \frac{4\pi}{4n+1}, \qquad \gamma_{2n+1} = \frac{2\pi}{4(n+k)+1}\,\frac{(2n+4k)!}{2n!}.$$

Considérons de plus près notre expression de A_3.

Nous venons de voir que la fonction K_i, pour des valeurs assez grandes de i, se réduit à zéro, et, par les formules (16), on voit que l'on aura alors $q_i = 0$.

Par suite, *la somme dans la formule* (15) *ne contiendra qu'un nombre limité de termes.*

D'après ce que nous avons vu, K_i se réduira à zéro, toutes les fois que $i \geqq 2m$ et en outre, toutes les fois que i est un nombre impair supérieur à $2(m-k)$. On pourra donc, en calculant la somme, ne considérer que des valeurs paires de i inférieures à $2m$ et des valeurs impaires inférieures à $2(m-k)$.

D'ailleurs la valeur $i=0$ pourra être exclue, le terme correspondant étant toujours égal à zéro.

En effet, on a

$$\mathsf{P}_{(0)} = \mathsf{P}_0 = 1$$

et, par suite,

$$\Pi_0 = \mathbf{E}\,\frac{\mathsf{PQP}_{(0)}}{\sqrt{\rho}} = 0.$$

On aura donc $p_0 = 0$.

Ainsi, pour obtenir tous les termes de la somme dans notre expression de A_3, il suffira de donner à i les valeurs suivantes:

$$2, \quad 4, \quad \ldots, \quad 2m-2,$$

$$1, \quad 3, \quad \ldots, \quad 2(m-k)-1,$$

dont celles impaires n'existeront que si k n'est pas égal à m.

La formule (15) contient les quantités J, a_i que l'on peut éliminer à l'aide des formules (10), (12) et (13).

Faisons-le, en nous servant de la formule (12) pour ce qui concerne p_i et de la formule (13) pour ce qui concerne q_i. Alors, en posant pour abréger

$$\frac{\mathsf{PQP}_{(i)}}{\sqrt{\rho}}\,\frac{d\Pi_i}{d\rho} - \Pi_i\,\frac{d}{d\rho}\,\frac{\mathsf{PQP}_{(i)}}{\sqrt{\rho}} = \bar{p}_i,$$

$$\frac{\mathsf{P}^2\mathsf{Q}_{(i)}}{\sqrt{\rho}}\,\frac{d\mathsf{K}_i}{d\rho} - \mathsf{K}_i\,\frac{d}{d\rho}\,\frac{\mathsf{P}^2\mathsf{Q}_{(i)}}{\sqrt{\rho}} = \bar{q}_i,$$

nous parviendrons à cette formule

$$(17) \quad A_3 = \frac{1}{4(2m+1)(\rho+1)\mathrm{P}^2}\left(\frac{d\Pi}{d\rho}\frac{d^2}{d\rho^2}\frac{\mathrm{P}^3\mathrm{Q}}{\sqrt{\rho}} - \frac{d^2\Pi}{d\rho^2}\frac{d}{d\rho}\frac{\mathrm{P}^3\mathrm{Q}}{\sqrt{\rho}} + \sum \frac{3+(-1)^i}{2(4N_i+1)}\frac{\sqrt{\rho}}{T_{(i)}}\bar{p}_i\bar{q}_i\right),$$

qui est immédiatement applicable, s'il s'agit du calcul de A_3 dans tel ou tel cas particulier.

Mais, pour la recherche générale dont nous allons nous occuper dans les numéros suivants, la formule (15), avec les expressions (16) de p_i, q_i, sera préférable, et c'est à elle que nous nous arrêterons.

13. Dans le cas de $m=k=2$, par lequel on passe des ellipsoïdes de Maclaurin aux ellipsoïdes de Jacobi, la constante A_3 est différente de zéro, et l'on s'assure facilement que la même chose a lieu dans le cas de $m=k=3$.

Mais cette circonstance se présentera-t-elle toujours? Et ne pourra-t-on pas rencontrer des couples (m, k), telles que A_3 se réduise à zéro?

C'est de cette question que nous devons nous occuper maintenant, et nous allons chercher à la résoudre par une méthode toute semblable à celle dont nous avons fait usage au n° 3 en traitant une question analogue.

Nous remarquons tout d'abord que, la somme dans notre expression de A_3 ne contenant qu'un nombre limité de termes, cette expression sera rationnelle par rapport à ρ et $\frac{\operatorname{arc\,cot}\sqrt{\rho}}{\sqrt{\rho}}$. On voit d'ailleurs par la formule (17) que tous les coefficients de cette expression seront rationnels. Si donc on se sert de l'équation $T=0$, qui définit la valeur que nous devons attribuer ici à ρ et qui donne pour $\frac{\operatorname{arc\,cot}\sqrt{\rho}}{\sqrt{\rho}}$ une expression rationnelle en ρ à coefficients rationnels, on pourra obtenir pour A_3 une expression rationnelle par rapport à ρ, où tous les coefficients seront des nombres rationnels.

Soit (A_3) cette expression rationnelle.

Comme la valeur considérée de ρ est un nombre transcendant, (A_3) ne pourra être nulle, ρ ayant cette valeur, que si l'on a

$$(18) \qquad (A_3) = 0$$

quel que soit ρ.

La question se réduit donc à reconnaître s'il existe des cas où l'égalité (18) devienne une identité par rapport à ρ, et pour cela il suffit d'examiner (A_3) pour de grandes valeurs de ρ, quand on pourra développer cette expression suivant les puissances décroissantes de ρ.

Cela posé, nous commencerons par chercher le premier terme du développement de cette espèce de (A_3), en laissant m et k indéterminés. Nous rechercherons ensuite toutes les couples de valeurs de m et k qui annulent le coefficient de ce terme. Enfin, nous examinerons si les couples (m, k) ainsi obtenues peuvent annuler les coefficients des autres termes du développement de (A_3).

14. En considérant une expression X rationnelle par rapport à ρ et $\frac{\operatorname{arc\,cot}\sqrt{\rho}}{\sqrt{\rho}}$, nous désignerons, d'une manière générale, par (X) l'expression rationnelle en ρ que l'on en déduit en éliminant $\frac{\operatorname{arc\,cot}\sqrt{\rho}}{\sqrt{\rho}}$ à l'aide de l'équation $T=0$.

Cela étant, nous obtiendrons (A_3) en remplaçant dans la formule (15) les quantités

$$\frac{d^2 J}{d\rho^2}, \quad \frac{dJ}{d\rho}, \quad p_i, \quad q_i, \quad \frac{T_{(i)}}{\sqrt{\rho}}$$

par celles-ci

$$\left(\frac{d^2 J}{d\rho^2}\right), \quad \left(\frac{dJ}{d\rho}\right), \quad (p_i), \quad (q_i), \quad \left(\frac{T_{(i)}}{\sqrt{\rho}}\right).$$

Cherchons donc ces dernières quantités.

En nous reportant à la formule (10) et en remarquant que

$$\frac{PQ}{\sqrt{\rho}} = (2m+1)\frac{(m-k)!}{(m+k)!}P^2\frac{\operatorname{arc\,cot}\sqrt{\rho}}{\sqrt{\rho}} + \text{fonction entière de } \rho,$$

nous obtenons

$$J = \frac{(m-k)!}{(m+k)!}P^4\frac{\operatorname{arc\,cot}\sqrt{\rho}}{\sqrt{\rho}} + \text{fonction entière de } \rho,$$

et de là il vient

$$\frac{dJ}{d\rho} = \frac{(m-k)!}{(m+k)!}\operatorname{arc\,cot}\sqrt{\rho}\,\frac{d}{d\rho}\frac{P^4}{\sqrt{\rho}} + \text{fonction rationnelle de } \rho,$$

$$\frac{d^2 J}{d\rho^2} = \frac{(m-k)!}{(m+k)!}\operatorname{arc\,cot}\sqrt{\rho}\,\frac{d^2}{d\rho^2}\frac{P^4}{\sqrt{\rho}} + \text{fonction rationnelle de } \rho.$$

Or on a

$$T = \Phi\sqrt{\rho} - \Psi \operatorname{arc\,cot}\sqrt{\rho},$$

Φ et Ψ étant des fonctions entières de ρ.

On obtiendra donc les quantités $\left(\frac{dJ}{d\rho}\right)$, $\left(\frac{d^2J}{d\rho^2}\right)$, en remplaçant, dans les formules précédentes, $\operatorname{arc}\cot\sqrt{\rho}$ par $\frac{\Phi}{\Psi}\sqrt{\rho}$, et d'après cela on voit que l'on aura ces identités:

$$(19)\quad \begin{cases} \left(\frac{dJ}{d\rho}\right) = \frac{dJ}{d\rho} + \frac{(m-k)!}{(m+k)!}\frac{T}{\Psi}\frac{d}{d\rho}\frac{P^4}{\sqrt{\rho}}, \\ \left(\frac{d^2J}{d\rho^2}\right) = \frac{d^2J}{d\rho^2} + \frac{(m-k)!}{(m+k)!}\frac{T}{\Psi}\frac{d^2}{d\rho^2}\frac{P^4}{\sqrt{\rho}}. \end{cases}$$

Quant à la fonction Ψ qui figure ici, elle s'obtient par la formule (**1**, n° 36)

$$(20)\quad \Psi = \rho + \frac{(m-k)!}{(m+k)!}P^2.$$

En nous reportant ensuite aux formules (16), nous avons

$$(21)\quad \begin{cases} (p_i) = (a_i)\frac{d\Pi_i}{d\rho} - \Pi_i\left(\frac{da_i}{d\rho}\right), \\ (q_i) = (a_i)\frac{dK_i}{d\rho} - K_i\left(\frac{da_i}{d\rho}\right), \end{cases}$$

et, comme la formule (12) donne

$$\gamma_i a_i = \frac{3+(-1)^i}{2}(-1)^n\pi P^2 P_{(i)}\frac{\operatorname{arc}\cot\sqrt{\rho}}{\sqrt{\rho}} + \text{fonction entière de } \rho,$$

d'où il vient

$$\gamma_i\frac{da_i}{d\rho} = \frac{3+(-1)^i}{2}(-1)^n\pi\operatorname{arc}\cot\sqrt{\rho}\,\frac{d}{d\rho}\frac{P^2P_{(i)}}{\sqrt{\rho}} + \text{fonction rationnelle de } \rho,$$

nous obtenons, d'une manière toute semblable à la précédente,

$$(22)\quad \begin{cases} (a_i) = a_i + \frac{3+(-1)^i}{2}\frac{(-1)^n\pi}{\gamma_i}\frac{T}{\sqrt{\rho}}\frac{P^2P_{(i)}}{\Psi}, \\ \left(\frac{da_i}{d\rho}\right) = \frac{da_i}{d\rho} + \frac{3+(-1)^i}{2}\frac{(-1)^n\pi}{\gamma_i}\frac{T}{\Psi}\frac{d}{d\rho}\frac{P^2P_{(i)}}{\sqrt{\rho}}, \end{cases}$$

égalités ayant lieu quel que soit ρ.

Enfin, comme

$$T_{(i)} = \Phi_{(i)}\sqrt{\rho} - \Psi_{(i)} \operatorname{arc\,cot}\sqrt{\rho},$$

$\Phi_{(i)}$ et $\Psi_{(i)}$ étant des fonctions entières de ρ, nous obtenons

$$\left(\frac{T_{(i)}}{\sqrt{\rho}}\right) = \Phi_{(i)} - \Psi_{(i)}\frac{\Phi}{\Psi}.$$

Nous aurons donc cette identité:

$$(23) \qquad \left(\frac{T_{(i)}}{\sqrt{\rho}}\right) = \frac{T_{(i)}}{\sqrt{\rho}} - \frac{T}{\sqrt{\rho}}\,\frac{\Psi_{(i)}}{\Psi},$$

où la fonction $\Psi_{(i)}$ sera donnée par les formules (**1**, n° 36)

$$(24) \qquad \begin{cases} \Psi_{(2n)} = \rho + (\mathsf{P}_{2n})^2, \\ \Psi_{(2n+1)} = \rho + \dfrac{(2n)!}{(2n+4k)!}(\mathsf{P}_{2n+2k,2k})^2. \end{cases}$$

Cela posé et en entendant par ρ un nombre assez grand, nous allons développer les expressions obtenues suivant les puissances décroissantes de ρ. Il nous suffira d'ailleurs d'avoir, pour chacun développement, les deux premiers termes.

15. Tout d'abord, en nous reportant aux formules qui servent de définition pour les fonctions $\mathsf{P}_{n,s}$, $\mathsf{Q}_{n,s}$ (**1**, n° 14), savoir

$$\mathsf{P}_{n,s} = \frac{(\sqrt{\rho+1})^s}{2\cdot 4\cdots 2n}\left\{\frac{d^{n+s}(x^2+1)^n}{dx^{n+s}}\right\}_{x=\sqrt{\rho}},$$

$$\mathsf{Q}_{n,s} = \frac{2n+1}{2}\mathsf{P}_{n,s}\int_{\rho}^{\infty}\frac{du}{[\mathsf{P}_{n,s}(u)]^2(u+1)\sqrt{u}},$$

nous obtenons ces développements:

$$\mathsf{P}_{n,s} = \frac{1\cdot 3\cdots(2n-1)}{(n-s)!}\left[\rho^{\frac{n}{2}} + \frac{n(n-1)+s^2}{2(2n-1)}\rho^{\frac{n}{2}-1} + \cdots\right],$$

$$\frac{\mathsf{Q}_{n,s}}{\sqrt{\rho}} = \frac{(n-s)!}{1\cdot 3\cdots(2n-1)}\left[\rho^{-\frac{n}{2}-1} - \frac{(n+1)(n+2)+s^2}{2(2n+3)}\rho^{-\frac{n}{2}-2} + \cdots\right],$$

dont le second pourrait d'ailleurs être déduit du premier, en remarquant que $\mathsf{P}_{n,s}$ et $\mathsf{Q}_{n,s}$ sont des solutions de la même équation différentielle

$$4(\rho+1)\sqrt{\rho}\,\frac{d}{d\rho}\left[(\rho+1)\sqrt{\rho}\,\frac{dy}{d\rho}\right]-[n(n+1)(\rho+1)-s^2]y=0,$$

qui ne change pas quand on remplace n par $-n-1$, et tenant compte de ce que le produit $\mathsf{P}_{n,s}\mathsf{Q}_{n,s}\sqrt{\rho}$ doit tendre, pour $\rho=\infty$, vers 1.

Cela étant, nous aurons les développements des fonctions

$$\mathsf{P},\qquad \mathsf{P}_{(2n)},\qquad \mathsf{P}_{(2n+1)},$$
$$\frac{\mathsf{Q}}{\sqrt{\rho}},\qquad \frac{\mathsf{Q}_{(2n)}}{\sqrt{\rho}},\qquad \frac{\mathsf{Q}_{(2n+1)}}{\sqrt{\rho}}$$

en remplaçant n et s respectivement par

$$m \text{ et } k,\qquad 2n \text{ et } 0,\qquad 2n+2k \text{ et } 2k.$$

De cette manière, en introduisant, pour abréger l'écriture, les notations

$$C=\frac{1\cdot 3\cdots(2m-1)}{(m-k)!},$$
$$\lambda=\frac{m(m-1)+k^2}{2(2m-1)},$$
$$\varkappa=\frac{(m+1)(m+2)+k^2}{2(2m+3)},$$
$$C_{2n}=\frac{1\cdot 3\cdots(4n-1)}{(2n)!},$$
$$\lambda_{2n}=\frac{n(2n-1)}{4n-1},$$
$$\varkappa_{2n}=\frac{(n+1)(2n+1)}{4n+3},$$
$$C_{2n+1}=\frac{1\cdot 3\cdots(4n+4k-1)}{(2n)!},$$
$$\lambda_{2n+1}=\frac{(n+k)(2n+2k-1)+2k^2}{4n+4k-1},$$
$$\varkappa_{2n+1}=\frac{(n+k+1)(2n+2k+1)+2k^2}{4n+4k+3},$$

nous aurons

$$\mathsf{P} = C\left(\rho^{\frac{m}{2}} + \lambda\rho^{\frac{m}{2}-1} + \ldots\right),$$

$$\frac{\mathsf{Q}}{\sqrt{\rho}} = \frac{1}{C}\left(\rho^{-\frac{m}{2}-1} - \varkappa\rho^{-\frac{m}{2}-2} + \ldots\right),$$

$$\mathsf{P}_{(i)} = C_i\left(\rho^{N_i} + \lambda_i\rho^{N_i-1} + \ldots\right),$$

$$\frac{\mathsf{Q}_{(i)}}{\sqrt{\rho}} = \frac{1}{C_i}\left(\rho^{-N_i-1} - \varkappa_i\rho^{-N_i-2} + \ldots\right),$$

N_i ayant la même signification que dans la formule (15), de sorte que

$$N_{2n} = n, \qquad N_{2n+1} = n + k.$$

De là, d'après les formules

$$\Pi = \mathbf{E}\frac{\mathsf{P}^3\mathsf{Q}}{\sqrt{\rho}}, \qquad \Pi_i = \mathbf{E}\frac{\mathsf{P}\mathsf{Q}\mathsf{P}_{(i)}}{\sqrt{\rho}}, \qquad \mathsf{K}_i = \mathbf{E}\frac{\mathsf{P}^2\mathsf{Q}_{(i)}}{\sqrt{\rho}},$$

on déduit

$$\Pi = C^2\left[\rho^{m-1} + (3\lambda - \varkappa)\rho^{m-2} + \ldots\right],$$

$$\Pi_i = C_i\left[\rho^{N_i-1} + (\lambda_i + \lambda - \varkappa)\rho^{N_i-2} + \ldots\right],$$

$$\mathsf{K}_i = \frac{C^2}{C_i}\left[\rho^{m-N_i-1} + (2\lambda - \varkappa_i)\rho^{m-N_i-2} + \ldots\right],$$

à condition, bien entendu, de rejeter tout terme dont le degré est négatif, de sorte que, par exemple, on aura

$$\text{pour } N_i = 1, \qquad \Pi_i = C_i,$$

$$\text{pour } N_i = m - 1, \qquad \mathsf{K}_i = \frac{C^2}{C_i}.$$

Ceci posé, revenons aux formules du numéro précédent.

16. En nous reportant aux formules (19) et tenant compte de ce que le développement de J ne donne lieu qu'à des puissances négatives de ρ, nous pouvons conclure que les développements des fonctions

$$\left(\frac{d\mathsf{J}}{d\rho}\right), \qquad \left(\frac{d^2\mathsf{J}}{d\rho^2}\right)$$

suivant les puissances descendantes de ρ, aux termes près inclusivement en ρ^{-1}, pour la première fonction, et en ρ^{-2}, pour la deuxième, seront donnés par les développements des fonctions

$$\frac{(m-k)!}{(m+k)!}\frac{T}{\Psi}\frac{d}{d\rho}\frac{\mathrm{P}^4}{\sqrt{\rho}}, \qquad \frac{(m-k)!}{(m+k)!}\frac{T}{\Psi}\frac{d^2}{d\rho^2}\frac{\mathrm{P}^4}{\sqrt{\rho}}.$$

Il en résulte que le développement de l'expression

$$\left(\frac{d^2 \mathrm{J}}{d\rho^2}\right)\frac{d\Pi}{d\rho}-\left(\frac{d\mathrm{J}}{d\rho}\right)\frac{d^2\Pi}{d\rho^2}, \tag{25}$$

où Π est un polynôme de degré $m-1$ en ρ, coïncidera avec celui de l'expression

$$\frac{(m-k)!}{(m+k)!}\frac{T}{\Psi}\left[\frac{d\Pi}{d\rho}\frac{d^2}{d\rho^2}\frac{\mathrm{P}^4}{\sqrt{\rho}}-\frac{d^2\Pi}{d\rho^2}\frac{d}{d\rho}\frac{\mathrm{P}^4}{\sqrt{\rho}}\right] \tag{26}$$

au terme près en ρ^{m-4} inclusivement.

Or, eu égard à la formule (20) et tenant compte de ce que le développement de $\frac{T}{\sqrt{\rho}}$ commence par un terme en ρ^{-1}, il est aisé de voir que le développement de l'expression (26) commencera par un terme en ρ^{2m-5}.

Donc, en supposant, comme on le doit, $m \geqq 3$, ce qui donne $2m-7 \geqq m-4$, nous arrivons à la conclusion que les trois premiers termes du développement de l'expression (26), ceux en ρ^{2m-5}, en ρ^{2m-6}, en ρ^{2m-7}, coïncideront avec les trois premiers termes du développement de l'expression (25).

Dans ce qui suit, nous n'aurons à considérer que les deux premiers termes de ce développement, et alors on peut remplacer la fonction Ψ par

$$\frac{(m-k)!}{(m+k)!}\mathrm{P}^2, \tag{27}$$

car par la formule (20) on voit que les deux premiers termes dans les développements de ces deux fonctions sont les mêmes.

Ainsi les deux premiers termes du développement de l'expression (25), ceux en ρ^{2m-5} et en ρ^{2m-6}, s'obtiendront en cherchant les deux premiers termes du développement de

$$\frac{T}{\mathrm{P}^2}\left[\frac{d\Pi}{d\rho}\frac{d^2}{d\rho^2}\frac{\mathrm{P}^4}{\sqrt{\rho}}-\frac{d^2\Pi}{d\rho^2}\frac{d}{d\rho}\frac{\mathrm{P}^4}{\sqrt{\rho}}\right].$$

Examinons maintenant les expressions de (p_i) et de (q_i) qui s'obtiennent par les formules (21) et (22).

D'après ce que nous avons observé au n° 12, nous pouvons supposer que i ne soit pas nul, et alors le nombre N_i représentant le degré de la fonction entière $\mathsf{P}_{(i)}$ sera au moins égal à 1.

Cela posé, reportons-nous aux formules (22).

Comme le développement de a_i ne contient que des puissances négatives, on voit par ces formules que le développement de (a_i), qui commencera par un terme de degré $N_i - 1$, sera donné, au terme près en ρ^0 inclusivement, par le développement de l'expression

$$\frac{3+(-1)^i}{2}\frac{(-1)^n\pi}{\gamma_i}\frac{T}{\sqrt{\rho}}\frac{\mathsf{P}^2\mathsf{P}_{(i)}}{\Psi},$$

et que le développement de $\left(\frac{da_i}{d\rho}\right)$, qui commencera par un terme de degré $N_i - 2$, sera donné, au terme près en ρ^{-1} inclusivement, par le développement de

$$\frac{3+(-1)^i}{2}\frac{(-1)^n\pi}{\gamma_i}\frac{T}{\Psi}\frac{d}{d\rho}\frac{\mathsf{P}^2\mathsf{P}_{(i)}}{\sqrt{\rho}}.$$

D'après cela, Π_i et K_i étant respectivement des degrés $N_i - 1$ et $m - N_i - 1$, il est facile de conclure que les développements de (p_i) et (q_i) commenceront par des termes respectivement des degrés $2N_i - 3$ et $m - 3$, et que ces développements seront donnés, le premier, au terme de degré $N_i - 2$ inclusivement près, par le développement de l'expression

$$\frac{3+(-1)^i}{2}\frac{(-1)^n\pi}{\gamma_i}\frac{T}{\Psi}\left[\frac{\mathsf{P}^2\mathsf{P}_{(i)}}{\sqrt{\rho}}\frac{d\Pi_i}{d\rho} - \Pi_i\frac{d}{d\rho}\frac{\mathsf{P}^2\mathsf{P}_{(i)}}{\sqrt{\rho}}\right],$$

le second, au terme de degré $m - N_i - 2$ inclusivement près, par le développement de l'expression

$$\frac{3+(-1)^i}{2}\frac{(-1)^n\pi}{\gamma_i}\frac{T}{\Psi}\left[\frac{\mathsf{P}^2\mathsf{P}_{(i)}}{\sqrt{\rho}}\frac{d\mathsf{K}_i}{d\rho} - \mathsf{K}_i\frac{d}{d\rho}\frac{\mathsf{P}^2\mathsf{P}_{(i)}}{\sqrt{\rho}}\right].$$

Par suite, le développement du produit $(p_i)(q_i)$ commencera par un terme de degré $m + 2N_i - 6$ et, au terme de degré $m + N_i - 5$ inclusivement près, coïncidera avec le développement du produit des deux expressions ci-dessus, lequel produit peut être écrit ainsi:

$$\frac{[3+(-1)^i]^2}{4}\frac{\pi^2}{\gamma_i^2}\frac{T^2\mathsf{P}^4\mathsf{P}_{(i)}^2}{\rho\Psi^2}\Pi_i\mathsf{K}_i\frac{d}{d\rho}\log\frac{\Pi_i\sqrt{\rho}}{\mathsf{P}^2\mathsf{P}_{(i)}}\cdot\frac{d}{d\rho}\log\frac{\mathsf{K}_i\sqrt{\rho}}{\mathsf{P}^2\mathsf{P}_{(i)}}.$$

Donc, dans le cas de $N_i > 1$, cette dernière expression donnera toujours les deux premiers termes du développement de $(p_i)(q_i)$, ceux des degrés $m + 2N_i - 6$ et

$m+2N_i-7$. Quant au cas de $N_i=1$, elle ne donnera que le premier terme. Mais alors ce terme seul nous sera nécessaire.

Or, en arrêtant le développement, pour $N_i=1$, au premier terme et, pour $N_i>1$, au deuxième, on peut remplacer dans l'expression précédente Ψ par la fonction (27). D'ailleurs on peut remplacer $\mathsf{P}^2_{(i)}$ par la fonction

$$\frac{4N_i+1}{3+(-1)^i}\frac{\gamma_i}{\pi}\Psi_{(i)}. \tag{28}$$

En effet, les expressions de γ_i données au n° 12 sont comprises dans la formule

$$\gamma_i=\frac{3+(-1)^i}{4N_i+1}\pi\varepsilon,$$

où, pour i pair, ε est égal à 1 et, pour i impair représenté par $2n+1$, ε est égal à $\frac{(2n+4k)!}{(2n)!}$.

Par suite, les formules (24) sont embrassées par celle-ci

$$\Psi_{(i)}=\rho+\frac{3+(-1)^i}{4N_i+1}\frac{\pi}{\gamma_i}\mathsf{P}^2_{(i)},$$

d'où l'on voit que les deux premiers termes de la fonction $\mathsf{P}^2_{(i)}$, ordonnée suivant les puissances descendantes de ρ, seront les mêmes que dans la fonction (28), toutes les fois que $N_i>1$, et que le premier terme pour ces deux fonctions sera le même, toutes les fois que $N_i>0$.

Nous pouvons ainsi conclure que le premier terme dans le développement de l'expression

$$\frac{(m-k)!}{(m+k)!}\frac{2\gamma_i}{(4N_i+1)\pi}(p_i)(q_i)$$

(i n'étant pas nul) sera toujours le même que dans le développement de l'expression

$$\frac{3+(-1)^i}{2}\frac{T^2\mathsf{P}^2\Psi_{(i)}}{\rho\Psi}\Pi_i\mathsf{K}_i\frac{d}{d\rho}\log\frac{\Pi_i\sqrt{\rho}}{\mathsf{P}^2\mathsf{P}_{(i)}}\cdot\frac{d}{d\rho}\log\frac{\mathsf{K}_i\sqrt{\rho}}{\mathsf{P}^2\mathsf{P}_{(i)}},$$

et que les deuxièmes termes de ces deux développements seront les mêmes, toutes les fois que $N_i>1$.

Il nous reste encore à examiner l'expression $\left(\frac{\sqrt{\rho}}{T_{(i)}}\right)$ donnée par la formule (23).

En faisant, pour abréger,

$$\frac{T_{(i)}}{T}\frac{\Psi}{\Psi_{(i)}} = t_i,$$

nous aurons d'après cette formule

$$\left(\frac{\sqrt{\rho}}{T_{(i)}}\right) = \frac{\sqrt{\rho}}{T}\frac{\Psi}{\Psi_{(i)}}\frac{1}{t_i - 1}.$$

Cela posé, nous remarquons que le développement de t_i suivant les puissances décroissantes de ρ commencera par un terme de degré $m - 2N_i$.

Par suite, si l'on a $2N_i > m + 1$, les deux premiers termes du développement de la fonction

$$\left(\frac{\sqrt{\rho}}{T_{(i)}}\right) \tag{29}$$

se trouveront en développant l'expression

$$-\frac{\sqrt{\rho}}{T}\frac{\Psi}{\Psi_{(i)}},$$

et le premier terme sera ainsi de degré $m - 2N_i + 1$.

La même chose aura lieu, pour ce qui concerne le premier terme, dans le cas de $2N_i = m + 1$. Mais le deuxième terme ne s'obtiendra plus de cette manière, et, pour pouvoir l'exprimer, on devra introduire le coefficient du premier terme du développement de t_i.

Soit α_i ce coefficient, de sorte qu'on ait

$$t_i = \alpha_i \rho^{m-2N_i} + \cdots.$$

Pour $2N_i = m + 1$, il viendra

$$\frac{1}{t_i - 1} = -1 - \frac{\alpha_i}{\rho} + \cdots,$$

et l'on voit que les deux premiers termes du développement de la fonction (29) seront donnés par le développement de l'expression

$$-\frac{\sqrt{\rho}}{T}\frac{\Psi}{\Psi_{(i)}}\left(1 + \frac{\alpha_i}{\rho}\right).$$

Quant aux cas où $2N_i < m+1$, nous n'aurons à considérer que le premier terme de la fonction (29).

Pour $2N_i = m$, ce terme coïncidera avec le premier terme du développement de l'expression

$$\frac{\sqrt{\rho}}{T}\frac{\Psi}{\Psi_{(i)}}\frac{1}{\alpha_i - 1},$$

car nous verrons tout de suite que α_i ne sera pas alors égal à 1; et, pour $2N_i < m$, il ne sera autre chose que le premier terme du développement de la fonction $\frac{\sqrt{\rho}}{T_{(i)}}$, laquelle fonction peut d'ailleurs être remplacée par celle-ci:

$$\frac{\sqrt{\rho}}{T}\frac{\Psi}{\Psi_{(i)}}\frac{1}{\alpha_i \rho^{m-2N_i}}.$$

En résumé, φ étant défini par les conditions suivantes:

$$\text{pour } 2N_i > m+1, \qquad \varphi = 1,$$

$$\text{pour } 2N_i = m+1, \qquad \varphi = 1 + \frac{\alpha_i}{\rho},$$

$$\text{pour } 2N_i = m, \qquad \varphi = \frac{1}{1-\alpha_i},$$

$$\text{pour } 2N_i < m, \qquad \varphi = -\frac{1}{\alpha_i \rho^{m-2N_i}},$$

l'expression

$$-\frac{\sqrt{\rho}}{T}\frac{\Psi}{\Psi_{(i)}}\varphi$$

donnera, dans tous les cas, le premier terme du développement de la fonction (29), lequel terme sera de degré

$$m - 2N_i + 1, \qquad \text{si } 2N_i \geqq m,$$

$$1 \quad , \qquad \text{si } 2N_i \leqq m.$$

De plus, si $2N_i > m$, cette expression donnera encore le deuxième terme du développement en question.

En rapprochant ce résultat de ce que nous avons obtenu plus haut, nous parvenons ainsi à la conclusion que, si, pour le développement de l'expression

$$\frac{(m-k)!}{(m+k)!}\frac{2\gamma_i}{(4N_i+1)\pi}\left(\frac{\sqrt{\rho}}{T_{(i)}}\right)(p_i)(q_i),$$

on veut obtenir, dans le cas de $2N_i > m$, les deux premiers termes et, dans le cas de $2N_i \leq m$, le premier terme seul, on peut remplacer cette expression par celle-ci:

$$-\frac{3+(-1)^i}{2}\frac{T}{\sqrt{\rho}}\mathsf{P}^2\varphi\Pi_i\mathsf{K}_i\frac{d}{d\rho}\log\frac{\Pi_i\sqrt{\rho}}{\mathsf{P}^2\mathsf{P}_{(i)}}\cdot\frac{d}{d\rho}\log\frac{\mathsf{K}_i\sqrt{\rho}}{\mathsf{P}^2\mathsf{P}_{(i)}}.$$

On voit que le degré du premier terme sera:

$$2m-5, \qquad \text{si } 2N_i \geq m,$$

$$m+2N_i-5, \qquad \text{si } 2N_i \leq m.$$

17. Nous avons dit plus haut que, dans le cas de $2N_i = m$, le nombre α_i n'est jamais égal à 1.

Pour le justifier, cherchons ce nombre, dont la valeur nous sera d'ailleurs nécessaire plus loin.

Nous avons

$$\frac{T}{\sqrt{\rho}} = \frac{1}{3}\frac{\mathsf{P}_{1,0}\mathsf{Q}_{1,0}}{\sqrt{\rho}} - \frac{1}{2m+1}\frac{\mathsf{PQ}}{\sqrt{\rho}} = \frac{2(m-1)}{3(2m+1)}\frac{1}{\rho}+\dots,$$

$$\frac{T_{(i)}}{\sqrt{\rho}} = \frac{1}{3}\frac{\mathsf{P}_{1,0}\mathsf{Q}_{1,0}}{\sqrt{\rho}} - \frac{1}{4N_i+1}\frac{\mathsf{P}_{(i)}\mathsf{Q}_{(i)}}{\sqrt{\rho}} = \frac{2(2N_i-1)}{3(4N_i+1)}\frac{1}{\rho}+\dots$$

et, d'après (20),

$$\Psi = \frac{(m-k)!}{(m+k)!}C^2\rho^m+\dots.$$

D'autre part, si nous entendons par ε, comme plus haut, le nombre défini par les conditions:

$$\text{pour } i=2n, \qquad \varepsilon=1,$$

$$\text{pour } i=2n+1, \qquad \varepsilon=\frac{(2n+4k)!}{(2n)!},$$

nous aurons, d'après (24),

$$\Psi_{(i)} = \rho+\frac{1}{\varepsilon}\mathsf{P}^2_{(i)} = \frac{1}{\varepsilon}C_i^2\rho^{2N_i}+\dots.$$

Par suite, le nombre α_i, qui est le coefficient du premier terme dans le développement de la fonction

$$\frac{T_{(i)}}{T}\frac{\Psi}{\Psi_{(i)}},$$

sera donné par la formule

$$\alpha_i = \frac{2m+1}{m-1}\,\frac{2N_i-1}{4N_i+1}\,\frac{(m-k)!}{(m+k)!}\,\frac{C^2}{C_i^2}\,\varepsilon.$$

Or, d'après les notations du n° 15,

$$C = \frac{1\cdot 3\cdots(2m-1)}{(m-k)!}, \qquad C_i = \frac{1\cdot 3\cdots(4N_i-1)}{(2n)!},$$

n étant le plus grand entier contenu dans le nombre $\frac{i}{2}$.

Nous aurons donc

$$\alpha_i = \frac{2m+1}{m-1}\,\frac{2N_i-1}{4N_i+1}\left\{\frac{1\cdot 3\cdots(2m-1)}{1\cdot 3\cdots(4N_i-1)}\right\}^2\frac{[(2n)!]^2\varepsilon}{(m-k)!\,(m+k)!}.$$

Si $2N_i = m$, cette expression se réduit à

$$\alpha_i = \frac{[(2n)!]^2\varepsilon}{(m-k)!\,(m+k)!},$$

et, comme N_i est égal à n ou à $n+k$, suivant que i est pair ou impair, nous parvenons, eu égard à la signification de ε, à ces formules:

$$\text{pour } m \text{ pair,}\quad \begin{cases} \alpha_m = \dfrac{(m!)^2}{(m-k)!\,(m+k)!}, \\[2ex] \alpha_{m-2k+1} = \dfrac{(m-2k)!\,(m+2k)!}{(m-k)!\,(m+k)!}, \end{cases}$$

dont la seconde suppose $2k \leq m$.

Telles sont les valeurs de α_i dans la supposition $2N_i = m$, et l'on voit qu'elles vérifient les inégalités:

$$i \text{ étant pair,} \qquad \alpha_i = \alpha_m < 1,$$

$$i \text{ étant impair,} \qquad \alpha_i = \alpha_{m-2k+1} > 1.$$

Dans ce qui suit, nous aurons encore à considérer, si m est impair, les valeurs de α_i correspondant aux égalités

$$2N_i = m + 1 \quad \text{et} \quad 2N_i = m - 1,$$

mais seulement, dans le cas de i pair.

Comme dans ce cas $2N_i = 2n = i$, ce seront les valeurs de α_{m+1} et de α_{m-1}, et, par la formule générale signalée plus haut, on aura:

$$\text{pour } m \text{ impair,} \quad \begin{cases} \alpha_{m+1} = \dfrac{m(m+1)^2}{(m-1)(2m+1)(2m+3)} \dfrac{(m!)^2}{(m-k)!\,(m+k)!}, \\[2ex] \alpha_{m-1} = \dfrac{(m-2)(2m-1)(2m+1)}{(m-1)m^2} \dfrac{(m!)^2}{(m-k)!\,(m+k)!}. \end{cases}$$

Les autres valeurs de α_i ne nous seront pas nécessaires.

18. Nous venons de voir que le développement de l'expression

$$\left(\frac{d^2 J}{d\rho^2}\right)\frac{d\Pi}{d\rho} - \left(\frac{dJ}{d\rho}\right)\frac{d^2\Pi}{d\rho^2}$$

commence par un terme de degré $2m-5$ et que le développement de

$$\left(\frac{\sqrt{\rho}}{T_{(i)}}\right)(p_i)(q_i)$$

ne contient pas de puissances à l'exposant dépassant $2m-5$.

D'après cela, en nous reportant à la formule (15), nous pouvons conclure que le développement de (A_3) suivant les puissances décroissantes de ρ commencera par un terme de degré au plus égal à $m-6$.

Au lieu de ce développement, nous allons considérer dans la suite celui de l'expression

$$\frac{8}{2m+1}\frac{\sqrt{\rho}}{T}\frac{\rho+1}{\rho^2}(A_3),$$

qui sera plus simple, du moins dans ses premiers termes que nous allons chercher.

Comme ce nouveau développement commencera par un terme de degré au plus égal à -4, nous poserons

$$\frac{8}{2m+1}\frac{\sqrt{\rho}}{T}\frac{\rho+1}{\rho^2}(A_3) = \frac{L}{\rho^4} + \frac{L'}{\rho^5} + \cdots.$$

Alors, si nous posons de même

$$\frac{2}{2m+1}\frac{\sqrt{\rho}}{T}\frac{1}{\mathrm{P}^4}\left\{\left(\frac{d^2\mathrm{J}}{d\rho^2}\right)\frac{d\Pi}{d\rho}-\left(\frac{d\mathrm{J}}{d\rho}\right)\frac{d^2\Pi}{d\rho^2}\right\}=\frac{g}{\rho^4}+\frac{g'}{\rho^5}+\ldots,$$

$$\frac{2}{2m+1}\frac{(m-k)!}{(m+k)!}\frac{2\gamma_i}{(4N_i+1)\pi}\frac{\sqrt{\rho}}{T}\left(\frac{\sqrt{\rho}}{T_{(i)}}\right)\frac{(p_i)(q_i)}{\mathrm{P}^4}=\frac{h_i}{\rho^4}+\frac{h_i'}{\rho^5}+\ldots,$$

il viendra, d'après la formule (15),

$$L=g+\sum h_i,\qquad L'=g'+\sum h_i', \tag{30}$$

les sommes étant étendues à la suite de valeurs de i indiquée au n° 12.

En nous bornant à la considération de deux coefficients, L et L', nous devons donc en venir maintenant à la recherche des nombres g, g', h_i, h_i'.

19. En commençant par la recherche de g et g', nous remarquons que, d'après le n° 16, ces nombres se trouveront comme les coefficients des deux premiers termes du développement suivant les puissances descendantes de ρ de la fonction

$$\frac{2}{2m+1}\frac{\sqrt{\rho}}{\mathrm{P}^6}\left\{\frac{d\Pi}{d\rho}\frac{d^2}{d\rho^2}\frac{\mathrm{P}^4}{\sqrt{\rho}}-\frac{d^2\Pi}{d\rho^2}\frac{d}{d\rho}\frac{\mathrm{P}^4}{\sqrt{\rho}}\right\}.$$

Or, par les formules du n° 15 on trouve

$$\frac{1}{\mathrm{P}^2}\frac{d\Pi}{d\rho}=\frac{m-1}{\rho^2}+\frac{(m-4)\lambda-(m-2)\varkappa}{\rho^3}+\ldots,$$

$$\frac{\sqrt{\rho}}{\mathrm{P}^4}\frac{d^2}{d\rho^2}\frac{\mathrm{P}^4}{\sqrt{\rho}}=\frac{\left(2m-\frac{1}{2}\right)\left(2m-\frac{3}{2}\right)}{\rho^2}-\frac{4(4m-3)\lambda}{\rho^3}+\ldots,$$

$$\frac{1}{\mathrm{P}^2}\frac{d^2\Pi}{d\rho^2}=\frac{(m-1)(m-2)}{\rho^3}+\frac{(m-2)[(m-7)\lambda-(m-3)\varkappa]}{\rho^4}+\ldots,$$

$$\frac{\sqrt{\rho}}{\mathrm{P}^4}\frac{d}{d\rho}\frac{\mathrm{P}^4}{\sqrt{\rho}}=\frac{2m-\frac{1}{2}}{\rho}-\frac{4\lambda}{\rho^2}+\ldots.$$

On a donc tout d'abord

$$\frac{2m+1}{2}g=(m-1)\left(2m-\frac{1}{2}\right)\left(2m-\frac{3}{2}\right)-(m-1)(m-2)\left(2m-\frac{1}{2}\right),$$

d'où il vient

$$g=(m-1)\left(2m-\frac{1}{2}\right). \tag{31}$$

Puis on trouve

$$\frac{2m+1}{2} g' = \left(2m-\frac{1}{2}\right)\left(2m-\frac{3}{2}\right)[(m-4)\lambda-(m-2)\varkappa] - 4(m-1)(4m-3)\lambda$$
$$-\left(2m-\frac{1}{2}\right)(m-2)[(m-7)\lambda-(m-3)\varkappa] + 4(m-1)(m-2)\lambda,$$

où le second membre se réduit à

$$\left(2m-\frac{1}{2}\right)(m-2)\left[\left(m-\frac{1}{2}\right)\lambda-\left(m+\frac{3}{2}\right)\varkappa\right]-\left(m+\frac{1}{2}\right)(8m-1)\lambda.$$

Or, d'après les expressions de λ et $\varkappa$ données au n° 15, on a

$$\left(m-\frac{1}{2}\right)\lambda-\left(m+\frac{3}{2}\right)\varkappa = \frac{m(m-1)}{4} - \frac{(m+1)(m+2)}{4} = -m-\frac{1}{2}.$$

Il vient donc

$$g' = -(m-2)\left(2m-\frac{1}{2}\right)-(8m-1)\lambda. \tag{32}$$

Passons ensuite à la recherche des h_i et des h'_i.

20. En tenant compte de ce que nous avons dit à la fin du n° 16, nous pouvons conclure que h_i et h'_i seront les coefficients de ρ^{-4} et de ρ^{-5} dans le développement de l'expression

$$-\frac{3+(-1)^i}{2m+1}\,\varphi\,\frac{\Pi_i K_i}{P^2}\,\frac{d}{d\rho}\log\frac{\Pi_i\sqrt{\rho}}{P^2 P_{(i)}}\cdot\frac{d}{d\rho}\log\frac{K_i\sqrt{\rho}}{P^2 P_{(i)}}, \tag{33}$$

en excluant toutefois, pour ce qui concerne h'_i, le cas de $2N_i = m$, où ce nombre ne s'obtiendra plus par la considération de l'expression indiquée. Mais cela peu importe, car, d'après ce qu'on verra plus loin, les valeurs des h'_i ne nous seront nécessaires que si m est un nombre impair, et alors il n'y aura pas à parler du cas dont il s'agit.

Conformément à ce que nous avons vu au n° 12, nous supposerons que N_i soit un nombre de la suite

$$1, \quad 2, \quad \ldots, \quad m-1$$

et nous allons d'abord considérer le cas où N_i n'est égal ni à 1, ni à $m-1$.

Cela étant, les formules du n° 15 donneront

$$\frac{\Pi_i K_i}{P^2} = \frac{1}{\rho^2} + \frac{\lambda - \varkappa + \lambda_i - \varkappa_i}{\rho^3} + \cdots,$$

$$\frac{C^2 \Pi_i}{P^2 P_{(i)}} = \rho^{-m-1} - (\lambda + \varkappa)\rho^{-m-2} + \cdots,$$

$$\frac{C_i^2 K_i}{P^2 P_{(i)}} = \rho^{-2N_i-1} - (\lambda_i + \varkappa_i)\rho^{-2N_i-2} + \cdots.$$

De là il vient

$$\frac{d}{d\rho}\log\frac{\Pi_i\sqrt{\rho}}{P^2 P_{(i)}} = -\frac{m+\frac{1}{2}}{\rho} + \frac{\lambda+\varkappa}{\rho^2} + \cdots,$$

$$\frac{d}{d\rho}\log\frac{K_i\sqrt{\rho}}{P^2 P_{(i)}} = -\frac{2N_i+\frac{1}{2}}{\rho} + \frac{\lambda_i+\varkappa_i}{\rho^2} + \cdots,$$

et ensuite,

$$\frac{\Pi_i K_i}{P^2}\frac{d}{d\rho}\log\frac{\Pi_i\sqrt{\rho}}{P^2 P_{(i)}}\cdot\frac{d}{d\rho}\log\frac{K_i\sqrt{\rho}}{P^2 P_{(i)}} = \frac{\left(m+\frac{1}{2}\right)\left(2N_i+\frac{1}{2}\right)}{\rho^4} + \frac{l_i}{\rho^5} + \cdots,$$

où

$$l_i = \left(m+\tfrac{1}{2}\right)\left(2N_i+\tfrac{1}{2}\right)(\lambda - \varkappa + \lambda_i - \varkappa_i) - \left(2N_i+\tfrac{1}{2}\right)(\lambda+\varkappa) - \left(m+\tfrac{1}{2}\right)(\lambda_i+\varkappa_i)$$

$$= \left(2N_i+\tfrac{1}{2}\right)\left[\left(m-\tfrac{1}{2}\right)\lambda - \left(m+\tfrac{3}{2}\right)\varkappa\right] + \left(m+\tfrac{1}{2}\right)\left[\left(2N_i-\tfrac{1}{2}\right)\lambda_i - \left(2N_i+\tfrac{3}{2}\right)\varkappa_i\right].$$

Or, comme nous l'avons remarqué plus haut, on a

$$\left(m-\tfrac{1}{2}\right)\lambda - \left(m+\tfrac{3}{2}\right)\varkappa = -m-\tfrac{1}{2},$$

et il est facile de voir que l'on aura

$$\left(2N_i-\tfrac{1}{2}\right)\lambda_i - \left(2N_i+\tfrac{3}{2}\right)\varkappa_i = -2N_i-\tfrac{1}{2},$$

tant pour i pair que pour i impair.

On aura donc

$$l_i = -2\left(m+\tfrac{1}{2}\right)\left(2N_i+\tfrac{1}{2}\right).$$

Cela suppose que l'on ne se trouve pas dans les cas de $N_i = 1$ et de $N_i = m-1$.

Quant à ces deux cas, nous aurons encore un développement de la forme précédente; seulement l_i ne sera plus donné par la formule que nous venons d'écrire.

Dans ce qui suit, nous n'aurons pas à considérer l_i pour $N_i = 1$, et nous nous bornerons à en chercher la valeur pour $N_i = m - 1$.

En nous plaçant dans ce cas, où K_i se réduit à une constante, celle $\frac{C^2}{C_i}$, nous aurons

$$\frac{\Pi_i \mathsf{K}_i}{\mathsf{P}^2} = \frac{1}{\rho^2} + \frac{\lambda_i - \lambda - \varkappa}{\rho^3} + \cdots,$$

$$\frac{C_i^2 \mathsf{K}_i}{\mathsf{P}^2 \mathsf{P}_{(i)}} = \rho^{-2m+1} - (\lambda_i + 2\lambda)\rho^{-2m} + \cdots,$$

et dans ces développements les coefficients des seconds termes se déduisent de ceux des développements considérés plus haut en remplaçant $\varkappa_i$ par 2λ.

Par suite, d'après ce que nous venons de voir, nous pouvons écrire immédiatement

$$l_i = -2\left(m + \frac{1}{2}\right)\left(2N_i + \frac{1}{2}\right) + \left(m + \frac{1}{2}\right)\left(2N_i + \frac{3}{2}\right)(\varkappa_i - 2\lambda),$$

où l'on devra poser $N_i = m - 1$.

Or, par les expressions de $\varkappa_i$ données au n° 15, on trouve

$$\left(2N_i + \frac{3}{2}\right)\varkappa_i = (N_i + 1)\left(N_i + \frac{1}{2}\right) + \frac{1 - (-1)^i}{2} k^2,$$

et d'après cela, en remplaçant N_i et λ par leurs valeurs, il vient

$$\left(2N_i + \frac{3}{2}\right)(\varkappa_i - 2\lambda) = \frac{m^2 - k^2}{2(2m-1)} - \frac{1 + (-1)^i}{2} k^2.$$

Donc, dans le cas de $N_i = m - 1$, nous aurons

$$l_i = -\left(m + \frac{1}{2}\right)\left[4m - 3 - \frac{m^2 - k^2}{2(2m-1)} + \frac{1 + (-1)^i}{2} k^2\right].$$

En résumé, dans tous les cas où $N_i > 1$, l_i sera donné par la formule

$$l_i = -\left(m + \frac{1}{2}\right)(4N_i + 1 + \delta_i),$$

δ_i étant un nombre défini par les conditions:

$$\text{pour } N_i < m-1, \qquad \delta_i = 0,$$

$$\text{pour } N_i = m-1, \qquad \delta_i = \frac{1+(-1)^i}{2}k^2 - \frac{m^2-k^2}{2(2m-1)}.$$

Cela posé, pour obtenir h_i et h'_i, nous pouvons remplacer l'expression (33) par celle-ci

$$-\frac{3+(-1)^i}{2m+1}\left[\frac{\left(m+\frac{1}{2}\right)\left(2N_i+\frac{1}{2}\right)}{\rho^4} + \frac{l_i}{\rho^5}\right]\varphi,$$

qui se réduit à

$$-\frac{3+(-1)^i}{4}\left[\frac{4N_i+1}{\rho^4} - \frac{2(4N_i+1+\delta_i)}{\rho^5}\right]\varphi,$$

si N_i n'est pas égal à 1.

Cette expression étant ordonnée suivant les puissances de ρ, le coefficient de ρ^{-4} représentera, dans tous les cas, h_i, et le coefficient de ρ^{-5} représentera h'_i, toutes les fois que $2N_i$ n'est pas égal à m.

D'après cela, en nous reportant au tableau des valeurs de φ (n° 16), nous arrivons à ces valeurs des h_i:

$$\text{pour } 2N_i < m, \qquad h_i = 0,$$

$$\text{pour } 2N_i = m, \qquad h_i = -\frac{3+(-1)^i}{4}\frac{2m+1}{1-\alpha_i},$$

$$\text{pour } 2N_i > m, \qquad h_i = -\frac{3+(-1)^i}{4}(4N_i+1)$$

et, en supposant $m > 3$, à ces valeurs des h'_i:

$$\text{pour } 2N_i < m-1, \qquad h'_i = 0,$$

$$\text{pour } 2N_i = m-1, \qquad h'_i = \frac{3+(-1)^i}{4}\frac{2m-1}{\alpha_i},$$

$$\text{pour } 2N_i = m+1, \qquad h'_i = \frac{3+(-1)^i}{4}(2m+3)(2-\alpha_i),$$

$$\text{pour } 2N_i > m+1, \qquad h'_i = \frac{3+(-1)^i}{2}(4N_i+1+\delta_i).$$

Quant au cas de $m = 3$, il n'y aura à considérer que deux valeurs de N_i, celles $N_i = 1$ et $N_i = 2$, et l'on formera facilement les valeurs correspondantes des h'_i; mais il est inutile de les écrire, puisque ces valeurs ne nous seront pas nécessaires.

21. Reportons-nous maintenant au n° 18.

Pour que (A_3) soit identiquement nul, on doit avoir cette suite indéfinie d'égalités:

$$L = 0, \qquad L' = 0, \qquad \ldots .$$

Nous devons donc commencer par calculer L et rechercher tout d'abord s'il existe des cas où l'on aurait $L = 0$.

Par les formules (30) et (31) nous avons

$$L = (m-1)\left(2m - \tfrac{1}{2}\right) + \sum h_i, \tag{34}$$

et tout revient ainsi à calculer la somme qui figure ici.

D'après le n° 12, si $k < m$, cette somme sera constituée de deux sommes partielles, s'étendant, l'une, à ces valeurs paires de i:

$$2, \quad 4, \quad \ldots, \quad 2m-2,$$

l'autre, à ces valeurs impaires:

$$1, \quad 3, \quad \ldots, \quad 2(m-k)-1,$$

et, si $k = m$, elle se réduira à la première somme partielle.

En calculant ces sommes nous allons considérer h_i comme une fonction du nombre N_i égal à $\frac{i}{2}$ ou à $\frac{i-1}{2} + k$, suivant que i est pair ou impair. Nous devrons donc étendre la somme où i est pair à

$$N_i = 1, \ 2, \ \ldots, \ m-1$$

et celle où i est impair, à

$$N_i = k, \ k+1, \ \ldots, \ m-1.$$

Or, nous avons vu au numéro précédent que h_i se réduit à zéro, dès que $N_i < \frac{m}{2}$. Par suite, la plus petite valeur de N_i que l'on aura à considérer dans la première somme partielle sera $\frac{m}{2}$ ou $\frac{m+1}{2}$, suivant que m est pair ou impair. Quant à la deuxième somme partielle, la plus petite valeur de N_i sera égal, pour $k > \frac{m}{2}$, à k et, pour $k \leqq \frac{m}{2}$, à $\frac{m}{2}$ ou à $\frac{m+1}{2}$.

Cela posé, nous devons distinguer les quatre cas suivants:

(I)	m et k pairs,	$m \geqq 2k$;
(II)	m et k pairs,	$m < 2k$;
(III)	m et k impairs,	$m > 2k$;
(IV)	m et k impairs,	$m < 2k$.

Dans le premier cas les deux sommes partielles s'étendront, chacune, à

$$N_i = \frac{m}{2}, \ \frac{m}{2} + 1, \ \ldots, \ m - 1,$$

et, d'après les valeurs des h_i données au numéro précédent, la somme relative à des valeurs paires de i sera égale à

$$-\frac{2m+1}{1-\alpha_i} - \sum_{n=\frac{m}{2}+1}^{m-1} (4n+1),$$

tandis que celle relative à des valeurs impaires de i sera égale à

$$-\frac{1}{2}\frac{2m+1}{1-\alpha_i} - \frac{1}{2}\sum_{n=\frac{m}{2}+1}^{m-1} (4n+1),$$

α_i correspondant, dans chacune des deux formules, à la supposition $2N_i = m$.

Or, dans cette supposition, i est égal à m ou à $m - 2k + 1$, suivant que c'est un nombre pair ou impair. Par suite, en remarquant que

$$\sum_{n=\frac{m}{2}+1}^{m-1} (4n+1) = \frac{1}{2}(m-2)(3m+1),$$

nous aurons, pour ce qui concerne le premier cas,

$$\sum h_i = -\frac{3}{4}(m-2)(3m+1) - \frac{2m+1}{1-\alpha_m} - \frac{1}{2}\,\frac{2m+1}{1-\alpha_{m-2k+1}},$$

α_m et α_{m-2k+1} ayant les valeurs signalées au n° 17.

En passant ensuite au deuxième cas, nous aurons, pour la somme relative à des valeurs paires de i, la même expression que précédemment, savoir

$$-\frac{2m+1}{1-\alpha_m} - \frac{1}{2}(m-2)(3m+1),$$

et, pour celle où i est impair, l'expression suivante:

$$-\frac{1}{2}\sum_{n=k}^{m-1}(4n+1)=-\frac{1}{2}(2m+2k-1)(m-k).$$

Donc dans ce cas il viendra

$$\sum h_i=-\frac{1}{2}(m-2)(3m+1)-\left(m+k-\frac{1}{2}\right)(m-k)-\frac{2m+1}{1-\alpha_m}.$$

Dans le troisième cas nous aurons évidemment

$$\sum h_i=-\frac{3}{2}\sum_{n=\frac{m+1}{2}}^{m-1}(4n+1)=-\frac{9}{4}m(m-1).$$

Enfin, dans le quatrième cas, il viendra

$$\sum h_i=-\sum_{n=\frac{m+1}{2}}^{m-1}(4n+1)-\frac{1}{2}\sum_{n=k}^{m-1}(4n+1)$$

$$=-\frac{3}{2}m(m-1)-\left(m+k-\frac{1}{2}\right)(m-k).$$

D'après cela, en nous reportant à la formule (34), nous obtenons:

pour le cas (I),

$$L=-\frac{1}{4}(m-1)(m+4)-\frac{(2m+1)\alpha_m}{1-\alpha_m}+\frac{1}{2}\,\frac{2m+1}{\alpha_{m-2k+1}-1};$$

pour le cas (II),

$$L=-\frac{1}{2}m(m-1)+k^2-\frac{1}{2}k+\frac{3}{2}-\frac{2m+1}{1-\alpha_m};$$

pour le cas (III),

$$L=-\frac{1}{4}(m-1)(m+2);$$

pour le cas (IV),

$$L=k^2-\frac{1}{2}k+\frac{1}{2}-\frac{1}{2}m(m+1).$$

Voyons maintenant, quand et de quelle manière on pourra satisfaire à l'égalité $L = 0$, m étant non inférieur à 3.

22. On voit d'abord immédiatement que dans le cas (III) L ne s'annulera jamais.

Puis, on s'assure aisément que dans le cas (I) l'égalité $L = 0$ ne sera pas non plus possible.

En effet, les expressions de α_m et de α_{m-2k+1} données au nº 17 se réduisent à

$$\alpha_m = \frac{(m-k+1)(m-k+2)\cdots m}{(m+1)(m+2)\cdots(m+k)},$$

$$\alpha_{m-2k+1} = \frac{(m+k+1)(m+k+2)\cdots(m+2k)}{(m-2k+1)(m-2k+2)\cdots(m-k)},$$

et ces formules font voir que

$$\alpha_{m-2k+1} > \frac{1}{\alpha_m}.$$

Donc, α_m étant plus petit que 1, il vient

$$\frac{1}{\alpha_{m-2k+1}-1} < \frac{\alpha_m}{1-\alpha_m},$$

ce qui montre que, dans le cas (I),

$$L < -\frac{1}{4}(m-1)(m+4) - \frac{(2m+1)\alpha_m}{2(1-\alpha_m)},$$

où le second membre est négatif.

Ainsi il ne reste à examiner que les cas (II) et (IV), et nous allons montrer que c'est seulement dans le dernier cas que l'on pourra avoir $L = 0$.

Montrons d'abord que dans le cas (II) l'égalité $L = 0$ est impossible.

Dans ce cas, m et k sont des nombres pairs satisfaisant à l'inégalité $2k > m$ et l'on a

$$L = -\frac{1}{2}m(m-1) + k^2 - \frac{1}{2}k + \frac{3}{2} - \frac{2m+1}{1-\alpha_m}.$$

Donc L ne pourra s'annuler que si

$$\frac{1}{2} - \frac{2m+1}{1-\alpha_m} = \text{nombre entier},$$

où bien, ce qui revient au même,

(35) $$\frac{1}{2} - \frac{(2m+1)\alpha_m}{1-\alpha_m} = \text{nombre entier.}$$

Or il est facile de s'assurer que dans le cas considéré on aura

(36) $$\frac{(2m+1)\alpha_m}{1-\alpha_m} < \frac{1}{2},$$

dès que $m \geqq 12$.

Pour le montrer, nous remarquons que α_m décroît quand k croît.

Donc, si nous posons

$$f(m) = \frac{\frac{m}{2}\left(\frac{m}{2}+1\right)\cdots m}{(m+1)(m+2)\cdots\left(\frac{3m}{2}+1\right)},$$

ce qui est la valeur de α_m pour $k = \frac{m}{2}+1$, $f(m)$ représentera une limite supérieure de α_m sous la condition $2k > m$, et nous aurons

$$\frac{(2m+1)\alpha_m}{1-\alpha_m} \leqq \frac{(2m+1)f(m)}{1-f(m)}.$$

On peut d'ailleurs montrer que le second membre décroît quand m, tout en restant pair, croît à partir de la valeur $m=4$, la plus petite que nous avons à considérer.

En effet, pour qu'il en soit ainsi, il suffit que $mf(m)$ décroisse quand m croît à partir de $m=4$, et cela résulte de la formule

$$\frac{(m+2)f(m+2)}{mf(m)} = \frac{16(m+1)^2(m+2)^2}{3m^2(3m+4)(3m+8)},$$

où le second membre, que l'on peut écrire

$$\frac{16}{27}\left(\frac{m+1}{m}\right)^2 \frac{9m^2+36m+36}{9m^2+36m+32},$$

décroît quand m croît et, par suite, pour $m>4$, est inférieur à sa valeur pour $m=4$, qui est $\frac{15}{16}$.

Cela posé, nous remarquons que

$$f(12) = \frac{6\cdot7\cdot8\cdot9\cdot10\cdot11\cdot12}{13\cdot14\cdot15\cdot16\cdot17\cdot18\cdot19} = \frac{66}{4199},$$

d'où il vient

$$\frac{25 f(12)}{1-f(12)} = \frac{25\cdot66}{4133} < \frac{1}{2}.$$

On aura donc

$$\frac{(2m+1) f(m)}{1-f(m)} < \frac{1}{2},$$

dès que $m \geqq 12$, et, par suite, pour les mêmes valeurs de m, l'inégalité (36) sera remplie.

De là on voit que pour $m \geqq 12$ l'égalité (35) sera impossible, et l'on n'a ainsi qu'à examiner ce qui arrive dans les huit suppositions suivantes:

$m = 4,\quad k = 4;$

$m = 6,\quad k = 4;\qquad m = 6,\quad k = 6;$

$m = 8,\quad k = 6;\qquad m = 8,\quad k = 8;$

$m = 10,\quad k = 6;\qquad m = 10,\quad k = 8;\qquad m = 10,\quad k = 10;$

les seules qui restent quand m est inférieur à 12.

En le faisant, on pourra se convaincre que l'égalité (35) n'est jamais remplie, et pour cela il n'est pas même nécessaire de calculer les valeurs de α_m qui correspondent aux suppositions indiquées.

En effet, d'après ce que nous venons de montrer, il vient

$$\frac{(2m+1)\alpha_m}{1-\alpha_m} < \frac{9 f(4)}{1-f(4)},$$

et le second membre, qui se réduit à $\frac{36}{31}$, est inférieur à $\frac{3}{2}$.

Par suite, l'égalité (35) ne peut avoir lieu que si l'on a

$$\frac{(2m+1)\alpha_m}{1-\alpha_m} = \frac{1}{2},$$

ce qui donne

$$(4m+3)\alpha_m = 1.$$

On doit donc avoir

$$(4m+3)\cdot(m-k+1)(m-k+2)\cdots m = (m+1)(m+2)\cdots(m+k),$$

et l'impossibilité de cette égalité dans les huit suppositions que nous avons à examiner est évidente; car, pour la constater, il suffit, par exemple, de faire attention à la circonstance que, dans les suppositions où m est égal à 4 ou à 6, le second membre contient le facteur premier 7 qui ne se trouve pas au premier membre, et que, dans celles où m est égal à 8 ou à 10, le second membre contient le facteur premier 11 qui ne figure pas dans le premier membre.

En résumé, nous parvenons ainsi à la conclusion que dans le cas (II) L ne s'annulera jamais.

23. Passons enfin au cas (IV), où m et k sont des nombres impairs satisfaisant à l'inégalité $m < 2k$, et où l'on a

$$L = k^2 - \frac{1}{2}k + \frac{1}{2} - \frac{1}{2}m(m+1).$$

En posant alors $L=0$, nous parvenons à cette équation du second degré en m et k:

$$(37) \qquad m(m+1) = 2k^2 - k + 1.$$

Nous devons donc décider si cette équation est possible et, si c'est le cas, en rechercher toutes les solutions qui satisfont aux conditions indiquées ci-dessus.

Pour résoudre de pareils problèmes, on a, comme on sait, des méthodes générales, dues à Euler et à Lagrange. Mais, dans le cas particulier de notre équation, il n'est pas nécessaire d'y recourir, et nous allons procéder comme il suit.

Tout d'abord remarquons que nous n'avons pas à nous préoccuper des conditions

$$m < 2k, \qquad m \geq k$$

que doivent remplir les nombres m et k, car l'équation (37) peut être présentée sous ces deux formes:

$$(2k-m)(m+2k+1) = 2k^2 + 3k - 1,$$

$$(38) \qquad (m-k)(m+k+1) = (k-1)^2,$$

d'où l'on voit que les conditions précédentes seront satisfaites d'elles-mêmes, toutes les fois que m et k sont des entiers positifs vérifiant notre équation. On voit d'ailleurs que m ne sera pas égal à k, car en posant $k = m$ on aura $m = k = 1$, et nous devons supposer ici $m \geqq 3$.

Nous pouvons donc, en traitant notre équation, nous borner à la supposition que m et k soient des nombres impairs plus grands que 1.

Cela posé, soit

$$k = 2q + 1,$$

q étant un entier positif.

Alors le second membre de l'égalité (38) sera divisible par 4, ce qui, $m + k + 1$ étant impair, exige que $m - k$ soit divisible par 4.

Nous pouvons donc poser

$$m - k = 4p,$$

p étant encore un entier positif.

D'après cela, l'équation (38) se réduira à

$$p(4p + 4q + 3) = q^2,$$

et l'on pourra la présenter sous la forme

$$(q - 2p)^2 = 8p^2 + 3p,$$

où $q - 2p$ sera évidemment un nombre positif.

Or, quel que soit le nombre p, on aura

$$p = ax^2,$$

où a et x sont des entiers positifs qui peuvent se réduire à 1, le nombre a étant assujetti à la condition de n'avoir pour diviseur aucun nombre carré autre que 1.

Cela étant, on voit que $q - 2p$ sera nécessairement divisible par ax. On aura donc, y représentant le quotient,

$$q - 2p = axy.$$

Par suite, notre équation sera

$$a^2x^2y^2 = 8a^2x^4 + 3ax^2$$

et, en la divisant par a^2x^2, on aura

$$y^2 = 8x^2 + \frac{3}{a}.$$

De là on voit que $\frac{3}{a}$ doit être un nombre entier, et cela exige qu'on ait $a=1$ ou $a=3$.

Or la première hypothèse doit être rejetée, car elle donnerait

$$y^2 = 8x^2 + 3,$$

égalité impossible, le carré de tout nombre impair étant de la forme $8n+1$.

Nous devons donc poser $a=3$, ce qui donne

$$y^2 = 8x^2 + 1, \tag{39}$$

et c'est là un cas particulier de l'équation dite de Pell, qui admet, comme on sait, une infinité de solutions.

Ainsi tout se ramène à résoudre l'équation (39), après quoi l'on aura m et k par les formules

$$m = 24x^2 + 6xy + 1,$$

$$k = 12x^2 + 6xy + 1.$$

De cette façon, en remarquant par exemple que l'équation (39) est satisfaite en posant

$$x = 1, \qquad y = 3,$$

nous aurons pour m et k les valeurs

$$m = 43, \qquad k = 31,$$

et ce seront, dans les conditions où nous nous sommes placé, les plus petites valeurs possibles, car elles correspondent à la moindre valeur possible de x.

Ajoutons que les valeurs de $m-k$ et de $2k-m$ qui y correspondent, et qui sont

$$m - k = 12, \qquad 2k - m = 19,$$

seront encore les plus petites possibles, puisque les nombres $m-k$ et $2k-m$, qui sont donnés par les formules

$$m - k = 12x^2, \qquad 2k - m = 6xy + 1,$$

croissent quand x croît.

Ainsi, pour les valeurs de m et de k qui annulent L, m étant impair et plus grand que 1, on aura

$$m \geqq 43, \qquad k \geqq 31, \qquad m-k \geqq 12, \qquad 2k-m \geqq 19.$$

Cette conclusion nous suffira pleinement. Mais, comme pour achever l'étude de notre équation il n'y a qu'à ajouter quelques mots, nous allons en donner une solution complète.

Nous observons d'abord que l'équation (39) peut être mise sous la forme

$$(3y-8x)^2 = 8(3x-y)^2+1.$$

De là on voit que, si les nombres x et y satisfont à cette équation, les nombres

$$(40) \qquad x' = 3x - y, \qquad y' = 3y - 8x$$

y satisferont encore.

D'autre part, ne considérant, comme on le doit, que des valeurs positives des entiers x et y, l'équation (39) donnera

$$3y > 8x, \qquad y \leqq 3x,$$

où le signe d'égalité n'a lieu que si $x=1$.

Donc, tant que l'on n'a pas $x=1$ auquel cas on aurait $x'=0$, $y'=1$, x' et y' verifieront les inégalités

$$0 < x' < \frac{1}{3}x,$$

$$0 < y' < \frac{1}{8}y.$$

On a d'ailleurs, en résolvant les équations (40) par rapport à x et y,

$$x = 3x' + y', \qquad y = 3y' + 8x'.$$

D'après tout cela, des considérations fort simples font voir que toutes les valeurs positives des entiers x et y vérifiant l'équation (39) seront données par les équations aux différences finies

$$x_{n+1} = 3x_n + y_n,$$

$$y_{n+1} = 8x_n + 3y_n,$$

que l'on intégrera en supposant

$$x_0 = 0, \qquad y_0 = 1.$$

De cette manière on obtient

$$x = \frac{(\sqrt{2}+1)^{2n} - (\sqrt{2}-1)^{2n}}{4\sqrt{2}},$$

$$y = \frac{(\sqrt{2}+1)^{2n} + (\sqrt{2}-1)^{2n}}{2},$$

où n est un entier positif arbitraire.

En faisant successivement

$$n = 1, \qquad n = 2, \qquad n = 3, \qquad \ldots,$$

on aura ainsi

$$x = 1, \qquad y = 3;$$

$$x = 6, \qquad y = 17;$$

$$x = 35, \qquad y = 99;$$

$$\ldots\ldots\ldots\ldots\ldots\ldots,$$

et de là on déduira

$$m = 43, \qquad k = 31;$$

$$m = 1477, \qquad k = 1045;$$

$$m = 50191, \qquad k = 35491;$$

$$\ldots\ldots\ldots\ldots\ldots\ldots$$

Telles sont les couples (m, k) pour lesquelles on aura $L = 0$, et, sous la condition $m > 1$, ce sont les seules possibles.

24. Ayant montré l'existence d'une infinité de couples (m, k) annulant L, nous devons maintenant examiner si les couples de cette espèce peuvent annuler L'.

Calculons donc L', en nous bornant aux valeurs de m et de k qui constituent ces couples, et en supposant, par suite, que m et k soient des nombres impairs satisfaisant à l'équation (37). Nous n'aurons ainsi à considérer que les valeurs de m

et k vérifiant les inégalités

$$m > 3, \quad k > \frac{m+1}{2}.$$

Cela posé, reportons-nous à la deuxième des formules (30), savoir

$$L' = g' + \sum h'_i,$$

et calculons la somme qui y figure.

Cette somme sera formée de deux sommes partielles, dont l'une s'étendra à des valeurs paires de i pour lesquelles

$$N_i = 1, 2, \ldots, m-1,$$

l'autre, à des valeurs impaires de i pour lesquelles

$$N_i = k, \ k+1, \ \ldots, \ m-1.$$

Or, par les expressions des h'_i données au n° 20, on voit que l'on aura $h'_i = 0$, tant que $2N_i < m-1$.

Donc, dans la première somme partielles, où $i = 2N_i$, on pourra ne donner à N_i que les valeurs

$$\frac{m-1}{2}, \quad \frac{m+1}{2}, \quad \ldots, \quad m-1.$$

D'après cela, en substituant les expressions des h'_i et tenant compte de l'inégalité $k > \frac{m+1}{2}$, nous obtenons

$$\sum h'_i = \frac{2m-1}{\alpha_{m-1}} - (2m+3)\alpha_{m+1} + 2\sum_{n=\frac{m+1}{2}}^{m-1}(4n+1) + \sum_{n=k}^{m-1}(4n+1) + \sum \frac{3+(-1)^i}{2}\delta_i.$$

On a ici

$$\sum_{n=\frac{m+1}{2}}^{m-1}(4n+1) = \frac{3}{2}m(m-1), \quad \sum_{n=k}^{m-1}(4n+1) = (2m+2k-1)(m-k).$$

Quant à la troisième somme, rappelons que, d'après le n° 20, δ_i n'est égal à zéro que si $N_i = m-1$, et que pour cette valeur de N_i, qui correspond à deux valeurs de i, l'une paire, l'autre impaire, δ_i s'obtient par la formule

$$\delta_i = \frac{1+(-1)^i}{2}k^2 - \frac{m^2-k^2}{2(2m-1)}.$$

9

On en conclut que

$$\sum \frac{3+(-1)^i}{2}\delta_i = 2k^2 - \frac{3(m^2-k^2)}{2(2m-1)}.$$

Or le second membre peut être écrit ainsi:

$$(8m-1)\frac{m(m-1)+k^2}{2(2m-1)} - m\left(2m-\frac{1}{2}\right).$$

On a donc, avec une notation employée précédemment (n° 15),

$$\sum \frac{3+(-1)^i}{2}\delta_i = (8m-1)\lambda - m\left(2m-\frac{1}{2}\right).$$

D'après cela, pour l'expression

$$2\sum_{n=\frac{m+1}{2}}^{m-1}(4n+1) + \sum_{n=k}^{m-1}(4n+1) + \sum \frac{3+(-1)^i}{2}\delta_i,$$

on obtient

$$(8m-1)\lambda + m\left(m-\frac{5}{2}\right) + (2m+2k-1)(m-k),$$

ce qu'on peut d'ailleurs simplifier en se servant de l'équation (37) et en remarquant que cette équation donne

$$m\left(m-\frac{5}{2}\right) + (2m+2k-1)(m-k) = (m-2)\left(2m-\frac{1}{2}\right).$$

De cette manière on trouve

$$\sum h'_i = \frac{2m-1}{\alpha_{m-1}} - (2m+3)\alpha_{m+1} + (8m-1)\lambda + (m-2)\left(2m-\frac{1}{2}\right).$$

Reprenons maintenant notre expression de L'.

En y portant la valeur ci-dessus de la somme $\Sigma h'_i$ et tenant compte de la formule (32), d'après laquelle

$$g' + (m-2)\left(2m-\frac{1}{2}\right) + (8m-1)\lambda = 0,$$

nous obtenons

$$L' = \frac{2m-1}{\alpha_{m-1}} - (2m+3)\alpha_{m+1},$$

et il ne reste qu'à porter ici les valeurs de α_{m-1} et de α_{m+1} qui ont été données au numéro 17.

Ceci posé, nous remarquons que

$$\alpha_{m-1}\alpha_{m+1} = \frac{2m-1}{2m+3}\frac{m-2}{m}\left[\frac{m+1}{m-1}\frac{(m!)^2}{(m-k)!(m+k)!}\right]^2.$$

Il vient donc

$$\frac{\alpha_{m-1}}{2m-1}L' = 1 - \frac{m-2}{m}\left[\frac{m+1}{m-1}\frac{(m!)^2}{(m-k)!(m+k)!}\right]^2,$$

et comme, dans les conditions considérées, le nombre

$$\frac{m+1}{m-1}\frac{(m!)^2}{(m-k)!(m+k)!} = \frac{m-k+1}{m-1}\frac{(m-k+2)(m-k+3)\cdots m}{(m+2)(m+3)\cdots(m+k)}$$

est plus petit que 1, cette formule nous apprend que L' n'est pas nul.

25. Après cette longue recherche, revenons à la formule

$$\frac{8}{2m+1}\frac{\sqrt{\rho}}{T}\frac{\rho+1}{\rho^2}(A_3) = \frac{L}{\rho^4} + \frac{L'}{\rho^5} + \cdots$$

du numéro 18.

Nous venons de voir que, pour les valeurs de m et k qui annulent L, le coefficient L' ne s'annule jamais.

Nous devons donc conclure qu'il n'existe point de valeurs de ces nombres, telles que (A_3) se réduise à zéro quel que soit ρ; et de là il résulte que A_3 ne sera jamais nul pour la valeur que nous devons attribuer à ρ dans notre problème (n° 13).

Ainsi le but principal de notre recherche est atteint, et nous pouvons maintenant affirmer que dans tous les cas où k n'est pas égal à zéro on aura

$$A = A_3.$$

Mais il reste encore à savoir, quel sera le signe de A.

Les recherches précédentes n'ont rien contribué à cette question, et cependant elle a de l'importance, vu que, dans les cas dont il s'agit, le passage à des figures d'équilibre non ellipsoïdales et assez peu différentes des ellipsoïdes n'est possible que si la vitesse angulaire reçoit un accroissement d'un signe déterminé qui dépend du signe de A.

Malheureusement, l'expression de A_3 étant très compliquée, nous ne pouvons rien dire à ce sujet tant que les nombres m et k restent arbitraires, et nous sommes obligé de nous contenter de ce que, dans chaque cas particulier, on pourra reconnaître le signe de A_3 après un calcul plus ou moins long.

Toutefois il y a un cas où l'on y parvient sans aucun calcul. C'est le cas de $m = k = 3$.

Pour le montrer, arrêtons-nous d'abord au cas général de $k = m$ et considérons de plus près notre expression de A_3, qui devient alors beaucoup plus simple que dans les cas où $k < m$.

26. Reportons-nous à la formule (15) du n° 12 et posons $k = m$.

Alors la somme ne contiendra que les termes correspondant à des valeurs paires de i, et, si l'on pose $i = 2n$, on devra l'étendre à

$$n = 1,\ 2,\ \ldots,\ m - 1.$$

Par suite, en remarquant que

$$N_{2n} = n, \qquad \gamma_{2n} = \frac{4n}{4n+1}$$

et en faisant, pour abréger,

$$\frac{d^2 I}{d\rho^2}\frac{d\Pi}{d\rho} - \frac{dI}{d\rho}\frac{d^2\Pi}{d\rho^2} = S,$$

nous aurons

$$\text{(41)} \qquad A_3 = \frac{1}{4(\rho+1)\rho^2}\left(S + \frac{1}{(2m)!}\sum_{n=1}^{m-1}\frac{8}{(4n+1)^2}\frac{\sqrt{\rho}}{T_{2n}}p_{2n}q_{2n}\right),$$

où T_{2n} est écrit au lieu de $T_{2n,0}$.

Cela posé, voyons ce qu'on peut dire au sujet de cette expression.

En nous arrêtant d'abord à la quantité S, nous remarquons que la fonction Π, qui est un polynôme entier en ρ donné par la formule

$$\Pi = \mathbf{E}\frac{P^3 Q}{\sqrt{\rho}},$$

aura, dans le cas considéré, tous ses coefficients positifs, et cela non seulement si l'on ordonne ce polynôme suivant les puissances de ρ, mais encore, si on l'ordonne suivant les puissances de $\rho+1$.

En effet, la formule

$$\frac{PQ}{\sqrt{\rho}} = (2m+1)\frac{(m-k)!}{(m+k)!}\int_0^1 \frac{P^2(x)}{\rho+x^2}dx,$$

dont nous nous sommes déjà servi maintes fois, fait voir que la fonction $\frac{\mathrm{PQ}}{\sqrt{\rho}}$ est développable suivant les puissances décroissantes de $\rho+1$ et que la série qui en provient a tous ses coefficients positifs.

Par suite, comme dans le cas actuel on a

$$\mathrm{P} = \mathrm{P}_{m,m} = 1\cdot 3\cdot 5\cdots(2m-1)(\rho+1)^{\frac{m}{2}},$$

la fonction $\frac{\mathrm{P}^3\mathrm{Q}}{\sqrt{\rho}}$, développée suivant les puissances décroissantes de $\rho+1$, aura encore tous ses coefficients positifs, et de là il résulte bien ce que nous avons dit au sujet de Π.

Ainsi l'on voit que les dérivées

$$\frac{d\Pi}{d\rho} \quad \text{et} \quad \frac{d^2\Pi}{d\rho^2}$$

auront des valeurs positives, et, d'autre part, en se reportant à la formule (7) on en conclut que

$$\frac{d\mathrm{J}}{d\rho} < 0, \quad \frac{d^2\mathrm{J}}{d\rho^2} > 0.$$

On voit donc que, dans le cas considéré, la quantité S sera toujours positive.

Passons ensuite à d'autres termes de la formule (41).

Nous allons montrer que q_{2n} aura toujours le signe de $(-1)^n$, et qu'il en sera de même de p_{2n}, si T_{2n} est positif.

D'après les formules (16),

$$p_{2n} = a_{2n}\frac{d\Pi_{2n}}{d\rho} - \Pi_{2n}\frac{da_{2n}}{d\rho},$$

$$q_{2n} = a_{2n}\frac{d\mathrm{K}_{2n}}{d\rho} - \mathrm{K}_{2n}\frac{da_{2n}}{d\rho},$$

où Π_{2n} et K_{2n} sont des fonctions entières de ρ que l'on obtient par les formules

$$\Pi_{2n} = \mathrm{E}\frac{\mathrm{PQP}_{2n}}{\sqrt{\rho}}, \qquad \mathrm{K}_{2n} = \mathrm{E}\frac{\mathrm{P}^2\mathrm{Q}_{2n}}{\sqrt{\rho}}.$$

Quant à a_{2n}, on a, d'après (11),

$$a_{2n} = \frac{4n+1}{2}\int_0^1 \frac{P^2(x)\,P_{2n}(x)}{\rho+x^2}\,dx,$$

ou bien, en remplaçant $P(x)$ par son expression relative au cas considéré,

$$a_{2n} = [1\cdot 3\cdots(2m-1)]^2 \frac{4n+1}{2}\int_0^1 \frac{(1-x^2)^m P_{2n}(x)}{\rho+x^2}\,dx.$$

Commençons par montrer que le développement de $(-1)^n a_{2n}$ suivant les puissances décroissantes de $\rho+1$ aura tous ses coefficients positifs.

En posant

$$\int_0^1 (1-x^2)^l P_{2n}(x)\,dx = h_l,$$

nous avons ce développement

$$a_{2n} = [1\cdot 3\cdots(2m-1)]^2 \frac{4n+1}{2}\sum \frac{h_{m+i}}{(\rho+1)^{i+1}}.$$

Or il est facile de calculer les h_l.

On voit d'abord immédiatement que, pour $l<n$, il vient $h_l=0$.

Pour $l=n$, on obtient h_l en remplaçant $P_{2n}(x)$ par son expression

$$\frac{1}{2\cdot 4\cdots 4n}\frac{d^{2n}(x^2-1)^{2n}}{dx^{2n}}$$

et en intégrant ensuite par parties $2n$ fois, ce qui donne

$$h_n = \frac{(-1)^n}{2^{2n}}\int_0^1 (1-x^2)^{2n}\,dx = (-1)^n\frac{1\cdot 2\cdot 3\cdots 2n}{3\cdot 5\cdot 7\cdots(4n+1)}.$$

Enfin, pour $l>n$, on obtient les h_l en partant de l'équation différentielle

$$\frac{d}{dx}\left[(x^2-1)\frac{dy}{dx}\right] = 2n(2n+1)y$$

que vérifie la fonction $P_{2n}(x)$.

D'après cette équation, on a

$$2n(2n+1)h_l = \int_0^1 (1-x^2)^l \frac{d}{dx}[(x^2-1)P'_{2n}(x)]\,dx,$$

et le second membre, où $P'_{2n}(x)$ désigne la dérivée de la fonction $P_{2n}(x)$, se réduit à

$$2l(2l+1)h_l - 4l^2 h_{l-1}.$$

De cette façon on trouve

$$(l-n)(2n+2l+1)h_l = 2l^2 h_{l-1},$$

ce qui, h_n étant connu, permet de calculer tous les h_l pour lesquels $l > n$.

On voit que tous ces h_l auront le même signe que h_n et, par suite, celui de $(-1)^n$.

Donc notre assertion au sujet du développement de $(-1)^n a_{2n}$ est justifiée, et nous pouvons conclure ces inégalités

$$(-1)^n a_{2n} > 0, \qquad (-1)^n \frac{da_{2n}}{d\rho} < 0. \tag{42}$$

On peut ensuite montrer que les coefficients du polynôme K_{2n}, ordonné suivant les puissances de ρ ou de $\rho+1$, seront tous positifs.

A cet effet, on partira de la formule

$$\frac{Q_{2n}}{\sqrt{\rho}} = (4n+1)(-1)^n \int_0^1 \frac{P_{2n}(x)}{\rho+x^2}\,dx,$$

dont nous nous sommes déjà servi aux n°s 4 et 11.

En développant le second membre suivant les puissances décroissantes de $\rho+1$, on aura

$$\frac{Q_{2n}}{\sqrt{\rho}} = (4n+1)\sum \frac{(-1)^n h_l}{(\rho+1)^{l+1}},$$

et de là, eu égard à ce que nous venons d'établir au sujet des h_l, il résulte que le développement de la fonction $\frac{Q_{2n}}{\sqrt{\rho}}$ suivant les puissances descendantes de $\rho+1$ aura tous ses coefficients positifs.

Donc la fonction

$$\frac{\rho^m Q_{2n}}{\sqrt{\rho}} = [1\cdot 3\cdot 5\cdots(2m-1)]^2 (\rho+1)^m \frac{Q_{2n}}{\sqrt{\rho}}$$

et, par suite, aussi le polynôme K_{2n} seront dans le même cas.

Cela posé, nous aurons

$$K_{2n} > 0, \qquad \frac{dK_{2n}}{d\rho} \geq 0,$$

ce qui, avec les inégalités (42), fait voir que la quantité $(-1)^n q_{2n}$ sera toujours positive.

Si l'on pouvait être certain que les coefficients du polynôme Π_{2n} sont positifs, on en conclurait de même que la quantité $(-1)^n p_{2n}$ est positive.

Dans des cas particuliers simples, tels que $n=1$, $n=2$, $n=3$, il en sera bien ainsi, comme on peut s'en convaincre en calculant le polynôme Π_{2n}: on aura, par exemple,

$$\Pi_2 = \frac{3}{2}, \quad \Pi_4 = \frac{35}{8}\rho + \frac{5}{8}\frac{12m+11}{2m+3}.$$

Mais il semble qu'il serait difficile de le démontrer en général.

Cependant on peut établir, et cela nous suffira, que la quantité $(-1)^n p_{2n}$ sera positive, toutes les fois que T_{2n} est positif.

Pour le montrer, nous partirons des expressions de p_i et de q_i données par les formules (8) et (6).

D'après ces expressions, en nous bornant au cas de i pair, nous obtenons

$$\begin{aligned} \mathsf{P}\mathsf{Q}_{2n} p_{2n} - \mathsf{Q}\mathsf{P}_{2n} q_{2n} &= a_{2n}\left(\mathsf{P}\mathsf{Q}_{2n}\frac{d}{d\rho}\frac{\mathsf{P}\mathsf{Q}\mathsf{P}_{2n}}{\sqrt{\rho}} - \mathsf{Q}\mathsf{P}_{2n}\frac{d}{d\rho}\frac{\mathsf{P}^2\mathsf{Q}_{2n}}{\sqrt{\rho}}\right) \\ &= a_{2n}\frac{\mathsf{P}}{\sqrt{\rho}}\left(\mathsf{P}\mathsf{Q}_{2n}\frac{d\mathsf{Q}\mathsf{P}_{2n}}{d\rho} - \mathsf{Q}\mathsf{P}_{2n}\frac{d\mathsf{P}\mathsf{Q}_{2n}}{d\rho}\right). \end{aligned}$$

Or l'expression

$$\mathsf{P}\mathsf{Q}_{2n}\frac{d\mathsf{Q}\mathsf{P}_{2n}}{d\rho} - \mathsf{Q}\mathsf{P}_{2n}\frac{d\mathsf{P}\mathsf{Q}_{2n}}{d\rho}$$

peut être écrite ainsi:

$$\mathsf{P}\mathsf{Q}\left(\mathsf{Q}_{2n}\frac{d\mathsf{P}_{2n}}{d\rho} - \mathsf{P}_{2n}\frac{d\mathsf{Q}_{2n}}{d\rho}\right) - \mathsf{P}_{2n}\mathsf{Q}_{2n}\left(\mathsf{Q}\frac{d\mathsf{P}}{d\rho} - \mathsf{P}\frac{d\mathsf{Q}}{d\rho}\right).$$

Par suite, en remarquant que, d'après la définition de la fonction $\mathsf{Q}_{n,l}$ (1, n° 14), on a

$$\mathsf{Q}_{2n}\frac{d\mathsf{P}_{2n}}{d\rho} - \mathsf{P}_{2n}\frac{d\mathsf{Q}_{2n}}{d\rho} = \frac{4n+1}{2(\rho+1)\sqrt{\rho}},$$

$$\mathsf{Q}\frac{d\mathsf{P}}{d\rho} - \mathsf{P}\frac{d\mathsf{Q}}{d\rho} = \frac{2m+1}{2(\rho+1)\sqrt{\rho}},$$

on trouve

$$\mathsf{P}\mathsf{Q}_{2n} p_{2n} - \mathsf{Q}\mathsf{P}_{2n} q_{2n} = \frac{\mathsf{P}a_{2n}}{2\rho(\rho+1)}\left[(4n+1)\mathsf{P}\mathsf{Q} - (2m+1)\mathsf{P}_{2n}\mathsf{Q}_{2n}\right],$$

et cela, eu égard à l'équation $T=0$, se réduit à

$$\mathrm{P}\mathrm{Q}_{2n}p_{2n} - \mathrm{Q}\mathrm{P}_{2n}q_{2n} = \frac{(4n+1)(2m+1)}{2\rho(\rho+1)}\mathrm{P}a_{2n}T_{2n}.$$

Par cette égalité, en tenant compte de ce que les quantités $(-1)^n q_{2n}$ et $(-1)^n a_{2n}$ sont positives, on voit que $(-1)^n p_{2n}$ sera dans le même cas, toutes les fois que $T_{2n}>0$.

Nous parvenons ainsi à la conclusion que, si T_{2n} est positif, le produit $p_{2n}q_{2n}$ le sera encore.

27. D'après ce qu'il vient d'être montré, on voit que, dans la formule (41), le terme, qui se trouve hors du signe de la somme, sera toujours positif.

Quant à d'autres termes, ils peuvent être tant positifs que négatifs; mais il est certain que ceux, pour lesquels $T_{2n}>0$, seront positifs.

Si donc tous les T_{2n} qui figurent dans notre formule sont positifs, on pourra conclure immédiatement que A_3 est positifs.

Voyons quand un pareil cas se présentera.

Les T_{2n} que contient la formule (41) sont

$$T_2, \quad T_4, \quad \ldots, \quad T_{2(m-1)},$$

ou bien, avec la notation complète,

$$T_{2,0}, \quad T_{4,0}, \quad \ldots, \quad T_{2(m-1),0}. \tag{43}$$

Or, dans la première Partie (n° 37), nous avons cherché à ranger tous les $T_{n,l}$, qui sont susceptibles de s'annuler, suivant les grandeurs des valeurs de ρ qui les annulent, et nous sommes arrivés à cette série

$$T_{2,2}, \quad T_{3,3}, \quad T_{2,0}, \quad T_{4,4}, \quad \ldots,$$

où les termes consécutifs s'annulent pour les valeurs de ρ formant une suite décroissante.

Si l'on donne à ρ une de ces valeurs, tous les termes qui se trouvent à droite du terme qui s'annule seront positifs et tous ceux qui se trouvent à gauche seront négatifs.

Donc, si l'on a $T_{m,m}=0$, il n'y aura que deux cas où les quantités (43) seront toutes positives: ceux de $m=2$ et de $m=3$.

Dans ces deux cas, dont le second seul peut nous intéresser, tous les termes de l'expression (41) seront positifs et nous aurons, par suite,

$$A_8 > 0.$$

Quant à d'autres cas, on ne pourra rien conclure sans un examen spécial, car dans tous ces cas $T_{2,0}$ sera négatif et le terme qui correspond à $n=1$ le sera encore, puisque le produit $p_2 q_2$ est toujours positif.

Conclusions.

28. Les recherches précédentes conduisent aux conclusions suivantes:

Dans le cas de $k=0$, qui est celui où l'on passe des ellipsoïdes de révolution à certaines autres figures d'équilibre de révolution, on aura, en développant η suivant les puissances de α, une expression de la forme

$$\eta = \eta_1 \alpha + \eta_2 \alpha^2 + \eta_3 \alpha^3 + \dots,$$

où le coefficient η_1 ne sera pas nul. Dans les autres cas, où les nouvelles figures d'équilibre ne seront pas de révolution, on aura pour η une série ne contenant que des puissances paires de α,

$$\eta = \eta_2 \alpha^2 + \eta_4 \alpha^4 + \eta_6 \alpha^6 + \dots,$$

où le coefficient η_2 ne sera jamais nul.

En se reportant à l'expression de la fonction ζ qui définit le passage des ellipsoïdes à de nouvelles figures d'équilibre, et en exprimant α en fonction de η, on en conclut que, pour les figures d'équilibre de révolution, la fonction ζ sera développable suivant les puissances entières et positives de η, tandis que, pour les autres figures d'équilibre, elle se développera suivant les puissances entières et positives de $\sqrt{\eta}$.

Dans le premier cas, à une valeur donnée de η, il ne correspondra qu'une seule valeur de ζ.

Dans le second cas, on aura deux valeurs de ζ, dont l'une se déduira de l'autre en remplaçant $\sqrt{\eta}$ par $-\sqrt{\eta}$; mais ces deux valeurs conduiront à une seule et même figure d'équilibre, puisque le changement du signe de $\sqrt{\eta}$ sera équivalent à une certaine rotation autour de l'axe des z (**1**, n°s 69 et 79).

De cette façon, à une valeur donnée de η, il ne pourra jamais correspondre qu'une seule figure d'équilibre distincte d'un ellipsoïde de révolution. Mais, dans le cas de $k=0$, cette figure existera quel que soit le signe de η, tandis que, dans les autres cas, elle n'existera que si η a un signe déterminé.

Ainsi, dans le cas de $m=k=2$, cette figure, qui sera alors un ellipsoïde à trois axes inégaux, n'existera que si η est négatif, car, en passant des ellipsoïdes de Maclaurin aux ellipsoïdes de Jacobi, on doit diminuer la vitesse angulaire.

La même circonstance se présentera pour les figures d'équilibre non ellipsoïdales qui correspondent au cas de $m=k=3$.

En effet, dans les cas où k n'est pas nul, le signe de η doit être celui de η_2, et ce coefficient sera alors donné par la formule

$$\eta_2 = -\frac{A_3}{B}.$$

Or nous avons vu (n° 27) que dans le cas de $m=k=3$ le nombre A_3 est positif, et nous savons que, dans le même cas, B est positif (**1**, n° 75).

Donc, dans le cas considéré, η_2 sera négatif et, par suite, pour passer aux figures d'équilibre dont il s'agit, on doit donner à η une valeur négative, ce qui revient à diminuer la vitesse angulaire.

Dans tous les autres cas on aura $B<0$.

Par suite, pour qu'on puisse alors passer des ellipsoïdes à des figures d'équilibre non ellipsoïdales, il faudra que η ait le signe de A_3.

29. Arrêtons-nous à l'expression de la fonction ζ, pour laquelle nous avons ce développement

$$\zeta = \zeta_{10}\alpha + \zeta_{01}\eta + \dots = \sum \zeta_{rs}\alpha^r\eta^s.$$

Nous savons que, sans restreindre la généralité, on peut supposer que tous les ζ_{rs} soient des fonctions paires de $\cos\theta$ et de ψ.

Dans cette hypothèse, si l'on admet encore que le volume de la figure correspondante doit demeurer le même quels que soient α et η, tous les ζ_{rs} seront des fonctions parfaitement déterminées, et nous aurons par exemple

$$\zeta_{10} = \tau = \frac{P_{m,k}(\cos\theta)\cos k\psi}{\rho + \cos^2\theta},$$

$$\zeta_{01} = \frac{2}{3}\frac{d\rho}{d\Omega}\frac{P_2(\cos\theta)}{\rho + \cos^2\theta},$$

en entendant par $\frac{d\rho}{d\Omega}$ la dérivée calculée d'après l'équation qui existe entre ρ et Ω pour la série des ellipsoïdes de Maclaurin.

En partant de ces formules, et tenant compte de la relation entre α et η, nous pouvons à présent obtenir une expression approchée pour la fonction ζ au terme du plus bas degré par rapport à α ou à η.

Dans le cas de $k=0$, cette expression sera

$$\frac{P_m(\cos\theta)+\frac{2}{3}\eta_1\frac{d\rho}{d\Omega}P_2(\cos\theta)}{\rho+\cos^2\theta}\alpha,$$

ou bien, en introduisant η,

$$\frac{P_m(\cos\theta)+\frac{2}{3}\eta_1\frac{d\rho}{d\Omega}P_2(\cos\theta)}{\rho+\cos^2\theta}\frac{\eta}{\eta_1},$$

Dans les autres cas, elle se réduira à

$$\tau\alpha \quad \text{ou} \quad \tau\sqrt{\frac{\eta}{\eta_2}},$$

selon que l'on prend α ou η pour la quantité donnée.

On voit ainsi que, pour les figures d'équilibre de révolution, la fonction ζ sera de l'ordre de l'accroissement de la vitesse angulaire, tandis que, pour les autres figures d'équilibre, elle sera de l'ordre de la racine carrée de cet accroissement.

Cela suppose, bien entendu, que l'on exclut certaines valeurs particulières de ζ, qui peuvent être des ordres plus élevés.

Considérons en particulier la valeur de cette fonction qui correspond à $\theta=0$ ou à $\theta=\pi$.

Si k n'est pas nul, l'ordre de cette valeur sera toujours plus élevé que celui de la valeur générale. En effet, dans ce cas, la fonction $P_{m,k}(\cos\theta)$ s'annulera tant pour $\theta=0$ que pour $\theta=\pi$ et, par suite, il en sera de même de l'expression approchée de ζ que nous venons de signaler.

Au contraire, dans le cas de $k=0$, la valeur dont il s'agit, savoir

$$\frac{1+\frac{2}{3}\eta_1\frac{d\rho}{d\Omega}}{\rho+1}\frac{\eta}{\eta_1}+\cdots,$$

sera toujours du même ordre que la valeur générale, car il est facile de s'assurer que le nombre

$$1+\frac{2}{3}\eta_1\frac{d\rho}{d\Omega}$$

ne sera jamais nul.

Pour le montrer, appliquons la méthode dont nous nous sommes servi dans ce qui précède en étudiant les expressions de A_2 et de A_3.

Remarquons d'abord que

$$\eta_1 = -\frac{A_2}{B}$$

et que, dans la première Partie (n° 75), nous avons trouvé pour B cette expression

$$B = -\frac{2}{\Delta}\frac{dT}{d\Omega},$$

où l'on a à présent

$$\Delta = (\rho+1)\sqrt{\rho}.$$

D'après cela il vient

$$\eta_1 \frac{d\rho}{d\Omega} = \frac{(\rho+1)\sqrt{\rho}}{2} \frac{A_2}{\frac{dT}{d\rho}},$$

ce qu'on peut encore écrire, eu égard à ce que la valeur considérée de ρ doit satisfaire à l'équation $T=0$, comme il suit:

$$\eta_1 \frac{d\rho}{d\Omega} = \frac{\rho+1}{2} \frac{A_2}{\frac{d}{d\rho}\frac{T}{\sqrt{\rho}}}.$$

Soient, comme précédemment,

$$(1) \qquad (A_2) \quad \text{et} \quad \left(\frac{d}{d\rho}\frac{T}{\sqrt{\rho}}\right)$$

les expressions rationnelles en ρ que l'on peut obtenir pour

$$A_2 \quad \text{et} \quad \frac{d}{d\rho}\frac{T}{\sqrt{\rho}}$$

en se servant de l'équation $T=0$.

Comme ces expressions ne renfermeront aucun nombre transcendant autre que ρ, notre proposition sera établie, si nous montrons que l'expression

$$(2) \qquad \frac{(\rho+1)(A_2)}{\left(\frac{d}{d\rho}\frac{T}{\sqrt{\rho}}\right)}$$

ne se réduit pas à un nombre indépendant de ρ.

Or on le prouve aisément en évaluant les premiers termes dans les développements des fonctions (1) suivant les puissances décroissantes de ρ.

En se reportant au n° 3 et en tenant compte de la formule

$$\frac{T}{\sqrt{\rho}} = \Phi - \Psi \frac{\operatorname{arc\,cot} \sqrt{\rho}}{\sqrt{\rho}},$$

on trouve cette identité:

$$\left(\frac{d}{d\rho} \frac{T}{\sqrt{\rho}}\right) = \frac{d}{d\rho} \frac{T}{\sqrt{\rho}} + \frac{T}{2\rho\sqrt{\rho}} - \frac{T}{\sqrt{\rho}} \frac{1}{\Psi} \frac{d\Psi}{d\rho}.$$

Donc, comme on a

$$\frac{T}{\sqrt{\rho}} = \frac{2(m-1)}{3(2m+1)} \frac{1}{\rho} + \cdots, \qquad \frac{1}{\Psi} \frac{d\Psi}{d\rho} = \frac{m}{\rho} + \cdots,$$

il vient

$$\left(\frac{d}{d\rho} \frac{T}{\sqrt{\rho}}\right) = -\frac{m-1}{3} \frac{1}{\rho^2} + \cdots.$$

D'autre part, d'après ce qui a été montré au n° 3, on trouve

$$(\rho+1)(A_2) = -(-1)^{\frac{m}{2}} \frac{m+1}{3} c \rho^{\frac{m}{2}-3} + \cdots,$$

où

$$c = \frac{1 \cdot 3 \cdot 5 \cdots (2m-1)}{1 \cdot 2 \cdot 3 \cdots m}.$$

On a donc pour l'expression (2) ce développement:

$$(-1)^{\frac{m}{2}} c \rho^{\frac{m}{2}-1} + \cdots,$$

d'où l'on voit bien qu'elle ne pourra jamais se réduire à un nombre indépendant de ρ.

Ainsi, pour les figures d'équilibre de révolution, la valeur commune de ζ pour $\theta=0$ et $\theta=\pi$ sera toujours de l'ordre de η.

Il serait intéressant de savoir, comment varie cette valeur avec η, car c'est de cela que dépend la question sur la variation, avec la vitesse angulaire, de la distance entre les pôles de la figure d'équilibre considérée, laquelle distance sera donnée par la formule

$$2\sqrt{\rho+\zeta},$$

en y posant $\theta=0$.

Cette question, $|\eta|$ étant assez petit, se réduit à la recherche du signe de l'expression

$$\frac{1}{\eta_1} + \frac{2}{3}\frac{d\rho}{d\Omega}, \tag{3}$$

dont la valeur, comme nous venons de l'établir, ne sera jamais nulle.

Dans cette expression, la dérivée $\frac{d\rho}{d\Omega}$ sera toujours positive, puisque les ellipsoïdes d'où dérivent les figures d'équilibre dont il s'agit sont plus aplatis que l'ellipsoïde correspondant au maximum de la vitesse angulaire.

Quant à η_1, son signe sera le même que celui de A_2, car B sera toujours un nombre négatif (**1**, n°75).

Si donc A_2 est positif, l'expression (3) le sera encore et la valeur de ζ en question aura le même signe que η.

C'est ce qui aura lieu dans le cas le plus simple et en même temps le plus important, celui de $m = 4$, car nous avons vu au n°5 que le nombre A_2 est alors positif.

Nous pouvons donc conclure que, pour les figures d'équilibre qui correspondent à ce cas, la distance entre les pôles variera dans le même sens que la vitesse angulaire, du moins tant que ces figures sont assez peu différentes des ellipsoïdes.

La même circonstance se présente aussi pour les ellipsoïdes, tant qu'ils sont plus aplatis que celui correspondant au maximum de la vitesse angulaire. Mais, pour les figures d'équilibre dont il s'agit, la variation sera plus forte, puisque, dans le cas des ellipsoïdes, l'expression (3) sera remplacé par le second terme seul.

II. — Discussion relative au moment des quantités de mouvement.

30. Nous allons maintenant rechercher comment varie le moment des quantités de mouvement quand on passe des ellipsoïdes de révolution aux figures d'équilibre non ellipsoïdales; ce qui a de l'importance pour la question de stabilité de ces figures d'équilibre *).

---

*) *Voir* à ce sujet le Mémoire *Problème de minimum dans une question de stabilité des figures d'équilibre d'une masse fluide en rotation* (*Mémoires de l'Académie des Sciences de St.-Pétersbourg*, VIIIe série, vol. XXII, № 5, 1908).

Soient:

E_0 l'ellipsoïde de révolution ayant pour demi-axes $\sqrt{\rho+1}$ et $\sqrt{\rho}$, ρ étant défini par l'équation $T_{m,k}=0$;

Ω_0 la valeur de Ω qui lui correspond;

F une figure d'équilibre distincte d'un ellipsoïde de révolution, mais peu différente de l'ellipsoïde E_0 et correspondant à $\Omega=\Omega_0+\eta$;

E_η un ellipsoïde de révolution correspondant à la même valeur de Ω et tendant vers E_0 quand η tend vers zéro.

En supposant que ces figures ont le même volume et ne considérant que de petites valeurs de η, nous allons comparer le moment des quantités de mouvement correspondant à la figure F avec ceux qui correspondent aux ellipsoïdes E_0 et E_η.

Considérons d'abord le moment d'inertie de la figure F par rapport à l'axe de rotation.

En le désignant par S, nous entendrons par S_η le moment d'inertie de l'ellipsoïde E_η.

Cela posé, la différence $S-S_\eta$ sera une fonction de η ou, si l'on veut, une fonction de α, et cette fonction, $|\alpha|$ étant assez petit, sera développable suivant les puissances entières et positives de α.

Bornons-nous au terme dépendant de la moindre puissance de α.

Alors, d'après ce que nous avons montré dans le Mémoire *Problème de minimum* qui vient d'être cité, nous pourrons écrire immédiatement

$$S-S_\eta=\frac{\gamma}{4\Delta}B\alpha^2+\cdots, \tag{1}$$

où

$$\Delta=(\rho+1)\sqrt{\rho}$$

et γ est égal

$$\text{à}\quad \frac{4\pi(\rho+1)^2}{2m+1}\quad \text{ou à}\quad \frac{2\pi(\rho+1)^2}{2m+1}\,\frac{(m+k)!}{(m-k)!},$$

suivant que k est ou n'est pas nul*).

Par cette formule on voit que, $|\alpha|$ étant assez petit, la différence $S-S_\eta$ aura toujours le signe de B.

---

*) *Voir* la formule (16) à la page 99 du Mémoire cité. En l'appliquant ici, on doit tenir compte de ce que α et B désignent dans ce Mémoire les quantités qui seraient représentées, avec les notations actuelles, respectivement par $\frac{\alpha}{\Delta}$ et $B\Delta$.

Par suite, d'après ce que nous savons au sujet de B (**1**, n° 75), nous arrivons à cette conclusion:

Dans les cas de $m=k=2$ et de $m=k=3$, qui sont les seuls où l'ellipsoïde E_0 est moins aplati que dans le cas de maximum de la vitesse angulaire, le moment d'inertie de la figure F sera plus grand que le moment d'inertie de l'ellipsoïde E_η correspondant à la même vitesse angulaire; dans tous les autres cas, le premier moment d'inertie sera plus petit que le second.

Pour comparer les moments d'inertie de la figure F et de l'ellipsoïde E_0, remplaçons, dans la formule (1), S_η par son développement suivant les puissances de η, qui sera

$$S_\eta = S_0 + S_0'\eta + \frac{1}{1\cdot 2} S_0''\eta^2 + \cdots.$$

De cette façon, en nous bornant à la première puissance de η, nous aurons:

$$S - S_0 = S_0'\eta + \frac{\Upsilon}{4\Delta} B\alpha^2 + \cdots,$$

ce qui donne l'accroissement du moment d'inertie dans le passage de l'ellipsoïde E_0 à la figure F.

En considérant d'abord le cas des figures d'équilibre de révolution et tenant compte de ce que η est alors de l'ordre de α, nous en concluons que, pour ces figures, l'accroissement du moment d'inertie coïncidera, au second ordre près, avec celui qui a lieu dans le passage de l'ellipsoïde E_0 à l'ellipsoïde E_η. Donc, dans ce cas, tant que $|\eta|$ est assez petit, le moment d'inertie variera pour la figure F dans le même sens que pour l'ellipsoïde E_η: il croîtra, quand la vitesse angulaire d'écroît, et décroîtra, quand elle croît.

Dans tous les autres cas, η sera de l'ordre de α^2 et, en développant suivant les puissances de α, nous aurons

$$S - S_0 = \left(S_0'\eta_2 + \frac{\Upsilon}{4\Delta} B\right)\alpha^2 + \cdots, \tag{2}$$

où

$$\eta_2 = -\frac{A_2}{B},$$

et où il n'y aura que des puissances paires de α, puisque la figure F ne dépendra pas alors du signe de α.

On voit que pour les figures de révolution la différence $S - S_0$ sera de l'ordre de η, et l'on peut remarquer que la même chose aura lieu pour les autres figures d'équilibre; car, en appliquant la méthode dont nous nous sommes servi plusieurs fois, on peut établir que le coefficient de α^2 dans la formule (2) ne sera jamais nul.

Nous reviendrons d'ailleurs sur ce sujet plus loin.

31. En multipliant la formule (1) par la vitesse angulaire, on en déduira une expression pour le moment des quantités de mouvement. Mais, au lieu de ce moment, nous allons considérer son carré multiplié par un certain nombre fixe, et pour ce nombre nous prendrons le facteur, par lequel on doit multiplier le carré de la vitesse angulaire pour obtenir Ω. Nous allons donc considérer l'expression

$$M = \Omega S^2.$$

Cela posé, nous remarquons que la formule (1) donne

$$S^2 = S_\eta^2 + \frac{\Upsilon}{2\Delta} S_0 B \alpha^2 + \cdots,$$

aux termes près du troisième ordre par rapport à α.

En multipliant cette égalité par $\Omega_0 + \eta$ et en posant

$$(\Omega_0 + \eta) S_\eta^2 = M_\eta,$$

de sorte que M_η sera la valeur de M pour l'ellipsoïde E_η, nous aurons pour la figure F

$$M - M_\eta = \frac{\Upsilon}{2\Delta} \Omega_0 S_0 B \alpha^2 + \cdots,$$

encore au troisième ordre près par rapport à α.

Enfin, en remplaçant M_η par son développement

$$M_\eta = M_0 + M_0' \eta + \frac{1}{1\cdot 2} M_0'' \eta^2 + \cdots,$$

nous obtiendrons, pour l'accroissement de M dans le passage de l'ellipsoïde E_0 à la figure F,

$$M - M_0 = M_0' \eta + \frac{\Upsilon}{2\Delta} \Omega_0 S_0 B \alpha^2 + \cdots.$$

De cette façon nous aurons ici des formules toutes semblables à celles relatives au moment d'inertie et nous pouvons en tirer des conclusions analogues:

Dans les cas de $m=k=2$ et de $m=k=3$, le moment des quantités de mouvement correspondant à la figure F sera plus grand que celui qui correspond à l'ellipsoïde E_η et, dans tous les autres cas, il sera plus petit que ce dernier moment.

Dans le cas de $k=0$, où F sera une figure de révolution, l'accroissement du moment des quantités de mouvement à partir de l'ellipsoïde E_0 sera pour la figure F, au second ordre près par rapport à α ou à η, le même que pour l'ellipsoïde E_η, et par suite, M_0' étant alors négatif, cet accroissement aura un signe contraire à celui de η.

Dans tous les autres cas, l'accroissement dont il s'agit sera donné, au quatrième ordre près par rapport à α, par la formule

$$M - M_0 = \left(M_0'\eta_2 + \frac{\Upsilon}{2\Delta}\Omega_0 S_0 B\right)\alpha^2 + \cdots,$$

et, pour en déterminer le signe, il faudra examiner l'expression

$$M_0'\eta_2 + \frac{\Upsilon}{2\Delta}\Omega_0 S_0 B, \tag{3}$$

qui ne sera jamais nulle, comme nous allons le montrer tout de suite.

32. Appliquons encore une fois la méthode dont nous nous sommes servi précédemment pour démontrer les propositions analogues.

La question se réduit à montrer que l'expression algébrique en ρ, que l'on peut obtenir pour la formule (3) en se servant de l'équation $T=0$, expression qui étant divisée par π^2 ne contiendra évidemment aucun nombre transcendant outre ρ, n'est jamais *identiquement* nulle, quand ρ est considéré comme une variable indépendante.

Tout d'abord remarquons que l'on a

$$M_0' = S_0^2 + 2\Omega_0 S_0 S_0',$$

de sorte que nous aurons à considérer ce trinôme

$$S_0^2\eta_2 + 2\Omega_0 S_0 S_0'\eta_2 + \frac{\Upsilon}{2\Delta}\Omega_0 S_0 B,$$

où

$$\eta_2 = -\frac{A_3}{B}$$

et B est donné par la formule

$$B = -\frac{2}{\rho+1}\frac{d}{d\Omega}\frac{T}{\sqrt{\rho}},$$

dans laquelle la dérivée doit être calculée d'après la relation

$$(4) \qquad \Omega = (3\rho+1)\sqrt{\rho}\ \mathrm{arc\,cot}\sqrt{\rho} - 3\rho$$

qui existe entre ρ et Ω pour les ellipsoïdes de Maclaurin.

Employions, comme précédemment, les parenthèses pour désigner une expression algébrique en ρ dont telle ou telle quantité est susceptible en vertu de l'équation $T=0$.

Nous devons montrer que l'expression

$$(5) \qquad (S_0^2\eta_2) + 2(\Omega_0 S_0 S_0'\eta_2) + \left(\frac{\Upsilon}{2\Delta}\Omega_0 S_0 B\right)$$

n'est pas identiquement nulle, et pour cela, en considérant séparément ses trois termes, nous allons chercher les premiers termes de leurs développements suivant les puissances décroissantes de ρ.

Commençons par le premier terme.

Nous avons

$$S_0 = \frac{8\pi}{15}(\rho+1)^2\sqrt{\rho}$$

et, par suite,

$$(S_0^2\eta_2) = -\frac{64\pi^2}{225}(\rho+1)^4\rho\frac{(A_3)}{(B)}.$$

Or, d'après ce que nous avons vu au n^0 18, on a

$$\frac{8}{2m+1}\frac{\sqrt{\rho}}{T}\frac{\rho+1}{\mathsf{P}^2}(A_3) = \frac{L}{\rho^4} + \frac{L'}{\rho^5} + \cdots,$$

et nous savons que, des deux coefficients L et L', au moins un ne sera pas nul.

Donc, comme on a (n^0 17)

$$\frac{T}{\sqrt{\rho}} = \frac{2(m-1)}{3(2m+1)}\frac{1}{\rho} + \cdots$$

et que P^2 est un polynôme entier de degré m par rapport à ρ, on aura pour (A_3)

un développement de la forme

$$(A_3) = a\rho^{m-6} + a'\rho^{m-7} + \cdots,$$

où un, au moins, des coefficients a et a' ne sera pas nul.

Quant à (B), nous avons

$$B = -\frac{2}{\rho+1}\frac{\left(\frac{d}{d\rho}\frac{T}{\sqrt{\rho}}\right)}{\left(\frac{d\Omega}{d\rho}\right)},$$

où l'on aura, comme au n° 29,

$$\left(\frac{d}{d\rho}\frac{T}{\sqrt{\rho}}\right) = -\frac{m-1}{3}\frac{1}{\rho^2} + \cdots.$$

Il ne reste donc qu'à chercher le premier terme du développement de $\left(\frac{d\Omega}{d\rho}\right)$.

L'équation (4), eu égard à la formule

$$\frac{T}{\sqrt{\rho}} = \Phi - \Psi\frac{\operatorname{arc\,cot}\sqrt{\rho}}{\sqrt{\rho}},$$

conduit à cette identité:

$$\left(\frac{d\Omega}{d\rho}\right) = \frac{d\Omega}{d\rho} + \frac{9\rho+1}{2\Psi}\frac{T}{\sqrt{\rho}}.$$

De là, en remarquant que

$$\frac{d\Omega}{d\rho} = -\frac{4}{15}\frac{1}{\rho^2} + \cdots$$

et tenant compte de ce que Ψ est un polynôme de degré m par rapport à ρ, on tire

$$\left(\frac{d\Omega}{d\rho}\right) = -\frac{4}{15}\frac{1}{\rho^2} + \cdots, \tag{6}$$

toutes les fois que le nombre m est plus grand que 2.

Par suite, en supposant, comme il est permis, $m > 2$, on aura

$$(B) = -\frac{5(m-1)}{2}\frac{1}{\rho} + \cdots.$$

D'après ces formules on voit que le terme en question se développera en une série de la forme

$$(S_0^2 \eta_2) = b\rho^m + b'\rho^{m-1} + \cdots,$$

où au moins un des deux premiers coefficients b et b' ne sera pas nul.

Passons au deuxième terme, que nous écrirons comme il suit:

$$2(\Omega_0)\left(\frac{S_0'}{S_0}\right)(S_0^2 \eta_2). \tag{7}$$

Par la formule (4) on trouve

$$(\Omega_0) = \Omega_0 + \frac{3\rho^2+\rho}{\Psi}\frac{T}{\sqrt{\rho}} = \frac{4}{15}\frac{1}{\rho} + \cdots,$$

en supposant toujours $m > 2$, et il ne reste plus qu'à chercher le premier terme du développement de $\left(\frac{S_0'}{S_0}\right)$.

A cet effet nous remarquons que l'expression de S_0 peut être présentée sous la forme

$$S_0 = \frac{2}{5}\left(\frac{3}{4\pi}\right)^{\frac{2}{3}} v^{\frac{2}{3}} \left(\frac{\rho+1}{\rho}\right)^{\frac{1}{3}},$$

v étant le volume de l'ellipsoïde E_0.

Or, sous cette forme, la même expression conviendra aussi à S_η, si, en attribuant à v une valeur constante, on considère ρ comme une fonction de η, définie par l'équation (4) en y supposant $\Omega = \Omega_0 + \eta$.

D'après cela on trouve

$$\frac{S_0'}{S_0} = -\frac{1}{3\rho(\rho+1)}\frac{d\rho}{d\Omega}$$

et de là, eu égard à (6), on déduit

$$\left(\frac{S_0'}{S_0}\right) = \frac{5}{4} + \cdots,$$

les termes suivants ne contenant que des puissances négatives de ρ.

Par suite, on a

$$2(\Omega_0)\left(\frac{S_0'}{S_0}\right)(S_0^2 \eta_2) = \left(\frac{2}{3}\frac{1}{\rho} + \cdots\right)(b\rho^m + b'\rho^{m-1} + \cdots),$$

d'où l'on voit que le premier terme du développement de l'expression (7) coïncidera avec le premier terme non nul de la série

$$\frac{2}{3}b\rho^{m-1}+\frac{2}{3}b'\rho^{m-2}+\cdots.$$

Considérons enfin le troisième terme de la formule (5).

En remarquant que

$$\frac{\gamma S_0}{\Delta(\rho+1)^3}$$

est un nombre indépendant de ρ et en le désignant par C, nous obtenons immédiatement d'après les formules ci-dessus

$$\left(\frac{\Upsilon}{2\Delta}\Omega_0 S_0 B\right)=-\frac{m-1}{3}C\rho+\cdots.$$

Ainsi l'on voit que le développement du premier terme de l'expression (5) suivant les puissances décroissantes de ρ commencera toujours par une puissance plus élevée que les développements des deux autres termes. Cette expression ne sera donc jamais identiquement nulle et, par suite, l'expression (3) ne se réduira pas à zéro pour la valeur qu'il faudra attribuer à ρ.

Ajoutons que l'analyse précédente permet aussi de conclure que le coefficient de α^2 dans la formule (2) ne se réduira non plus jamais à zéro.

En effet, ce coefficient s'obtient en divisant l'expression

$$2\Omega_0 S_0 S_0'\eta_2+\frac{\Upsilon}{2\Delta}\Omega_0 S_0 B$$

par $2\Omega_0 S_0$ et, d'après ce que nous venons de voir, on peut conclure que l'expression

$$2(\Omega_0 S_0 S_0'\eta_2)+\left(\frac{\Upsilon}{2\Delta}\Omega_0 S_0 B\right)$$

ne se réduira pas identiquement à zéro*).

De cette façon on arrive à la conclusion que pour les figures d'équilibre qui

*) Cela est immédiatement évident si b n'est pas nul, puisqu'on suppose $m>2$. Quant aux cas où $b=0$, on le conclut en remarquant que ce sont les cas où $L=0$ et où, par conséquent, m sera toujours plus grand que 3 (n° 28).

ne sont pas de révolution les différences

$$S - S_0 \quad \text{et} \quad M - M_0$$

seront toujours de l'ordre de α^2.

Comme α^2 est pour ces figures de l'ordre de η, on voit ainsi que les accroissements du moment d'inertie et du moment des quantités de mouvement dans le passage de l'ellipsoïde E_0, à une figure d'équilibre non ellipsoïdale seront, dans tous les cas, du même ordre que l'accroissement de la vitesse angulaire.

33. En terminant cette étude, arrêtons-nous à la question de la stabilité des figures d'équilibre considérées, et signalons les conclusions que fournit à ce sujet le principe de minimum de l'énergie.

D'après ce principe, si le liquide considéré est visqueux, une figure d'équilibre sera stable ou instable, suivant que l'énergie totale qui lui correspond est minimum ou non sous la condition d'invariabilité du moment des quantités de mouvement par rapport au centre de gravité.

Quoique ce principe n'a jamais été démontré d'une manière satisfaisante, il y a cependant des raisons pour qu'on puisse le regarder comme vraisemblable.

Appelons donc une figure d'équilibre stable ou instable, selon que l'énergie correspondante est ou n'est pas minimum.

S'il s'agit d'une stabilité absolue, la seule condition dont il faudra tenir compte dans le problème de minimum de l'énergie sera celle de l'invariabilité du moment des quantités de mouvement*).

Alors les ellipsoïdes de révolution qui sont moins aplatis que celui qui appartient à la série des ellipsoïdes de Jacobi seront stables et ceux qui sont plus aplatis que cet ellipsoïde ne le seront pas. Quant aux figures d'équilibre dérivées des ellipsoïdes de révolution, les ellipsoïdes à trois axes inégaux, tant qu'ils sont assez peu allongés, seront stables et les figures d'équilibre non ellipsoïdales que nous étudions ici seront instables, puisqu'elles dérivent toutes des ellipsoïdes de révolution plus aplatis que l'ellipsoïde de Jacobi.

La chose devient toute différente, si l'on ne veut parler que d'une stabilité conditionnelle et si, par suite, le minimum de l'énergie ne doit avoir lieu que sous certaines conditions complémentaires.

---

*) Pour écarter tout malentendu, remarquons que l'introduction de cette condition dans *le problème de minimum* n'exige en aucune façon qu'on la suppose aussi dans *le problème de stabilité*, et que, dans ce dernier problème, les perturbations peuvent rester quelconques. *Voir* à ce sujet les Mémoires *Sur la stabilité des figures ellipsoïdales* et *Problème de minimum dans une question de stabilité*, où les considérations relatives à la stabilité ne supposent point que les perturbations soient assujetties à cette condition.

Alors, parmi les figures d'équilibre non ellipsoïdales qui nous intéressent, il pourra en exister de stables, et, pour les rechercher, il n'y aura qu'à appliquer une règle générale, due à M. Poincaré et démontrée dans le Mémoire *Problème de minimum dans une question de stabilité des figures d'équilibre d'une masse fluide en rotation.*

Résumons ce que nous y avons montré pour ce qui concerne les figures d'équilibre dérivées des ellipsoïdes de révolution.

Imposons à la figure du liquide une de ces conditions de symétrie que nous avons examinées dans le Mémoire cité et considérons tous les ellipsoïdes de révolution, tels que les figures d'équilibre non ellipsoïdales qui en dérivent satisfassent à cette condition.

Soient

$$(8) \qquad E_0, \quad E_1, \quad E_2, \quad \ldots$$

ces ellipsoïdes et E_0 celui d'entre eux qui est le moins aplati.

Alors, sous la condition admise, les ellipsoïdes de révolution moins aplatis que E_0 seront stables et ceux plus aplatis instables. En même temps, les figures d'équilibre qui dérivent des ellipsoïdes

$$E_1, \quad E_2, \quad E_3, \quad \ldots,$$

tant qu'elles en sont assez peu différentes, seront instables. Quant aux figures d'équilibre dérivées de l'ellipsoïde E_0, elles seront stables ou instables, suivant que le moment des quantités de mouvement qui leur correspond est plus grand ou plus petit que le moment correspondant à l'ellipsoïde E_0.

Appliquons cela aux deux problèmes de stabilité conditionnelle qui se posent naturellement dans l'étude des figures d'équilibre dont il s'agit.

Considérons d'abord les figures d'équilibre de révolution et voyons si elles peuvent être stables quand on impose à la figure du liquide la condition de rester toujours une figure de révolution.

Dans ce problème, la série (8) sera constituée des ellipsoïdes définis par les équations de la forme

$$T_{m,0} = 0,$$

où m est un des nombres 4, 6, 8, ..., et l'ellipsoïde E_0 sera celui qui correspond à $m = 4$.

Nous pouvons donc conclure que, parmi les figures d'équilibre de révolution assez peu différentes des ellipsoïdes, il ne peut y en avoir de stables sous la condition considérée que dans le cas de $m = 4$, et que, dans ce cas, il y en aura de stables et d'instables, les premières correspondant à l'inégalité $M > M_0$, les secondes, à l'inégalité $M < M_0$.

Comme la différence $M - M_0$, pour les figures d'équilibre de révolution, est toujours de signe contraire avec η (n° 31), il en résulte que, pour passer de l'ellipsoïde E_0 à des figures d'équilibre stables, il faut diminuer la vitesse angulaire, et que ces figures seront celles pour lesquelles la distance entre les pôles sera plus petite que pour l'ellipsoïde E_0 (n° 29).

Considérons ensuite les figures d'équilibre qui ne sont pas de révolution.

Nous savons que chacune de ces figures a un certain nombre de plans de symétrie se coupant successivement sous des angles égaux suivant l'axe de rotation, et qu'à toute valeur de l'entier k il correspond une infinité de séries de figures d'équilibre ayant k pareils plans de symétrie. Nous savons de plus que les figures d'équilibre, qui correspondent ainsi à un nombre k, sont susceptibles de se superposer après être tournées autour de l'axe de rotation de l'angle $\frac{2\pi}{k}$.

Cela posé, il est naturel de se demander si ces figures peuvent être stables quand la figure du liquide est assujettie à la condition d'être susceptible de se superposer après qu'on la tourne autour du même axe de l'angle $\frac{2\pi}{k}$.

Dans ce problème, où l'on doit évidemment supposer $k > 1$, la série (8) sera constituée des ellipsoïdes qui sont définis par les équations de la forme

$$T_{m,nk} = 0,$$

n étant un entier quelconque, *zéro compris*, et m un nombre non inférieur à nk et tel que $m - nk$ soit un nombre pair. Quant à l'ellipsoïde E_0, ce sera celui des deux ellipsoïdes définis par les équations

$$T_{k,k} = 0 \quad \text{et} \quad T_{4,0} = 0,$$

qui est le moins aplati. Ce sera donc l'ellipsoïde défini par la première équation, si k ne dépasse pas un certain nombre k_1, et l'ellipsoïde défini par la seconde équation, dès que $k > k_1$.

Quant au nombre k_1, nous ne l'avons pas recherché et nous pouvons seulement signaler ces inégalités

$$4 \leq k_1 < 20,$$

qui résultent de la proposition que nous avons énoncée au n° 35 de la première Partie *).

---

*) Profitons de l'occasion pour rectifier une erreur qui s'est glissée dans l'énoncé de cette proposition: la condition

$$n^2 + n - l \geq m^2 + m - k$$

qui y figure doit être remplacée par celle-ci:

$$n^2 + n - l^2 \geq m^2 + m - k^2.$$

De ce que nous venons de dire on conclut que, parmi les figures d'équilibre qui ne sont pas de révolution, il ne peut y en avoir de stables sous la condition considérée que si k est un des nombres

$$2, \quad 3, \quad 4, \quad \ldots, \quad k_1,$$

et que, k ayant une de ces valeurs, les seules figures qui pourront être stables seront celles qui dérivent de l'ellipsoïde défini par l'équation

$$T_{k,k} = 0.$$

On recherchera donc, pour ces dernières figures, le signe de la différence $M - M_0$, ce qui, pour de petites valeurs de α, se réduit à rechercher le signe de l'expression

$$\frac{1}{2\Delta} \Omega_0 S_0 B - M_0' \frac{A_3}{B},$$

et l'on pourra ensuite conclure que les figures dont il s'agit seront stables ou instables, suivant que cette expression a une valeur positive ou négative.

On voit que, dans le cas de $k = 2$, les figures en question seront les ellipsoïdes de Jacobi, que nous savons déjà être stables, et cela même sans aucune condition. Il n'y aura donc à examiner que les valeurs de k plus grandes que 2.

Rappelons que, dans le cas de $k = 3$, les nombres M_0', B, A_3 sont tous les trois positifs. On ne pourra donc alors rien conclure sans une discussion spéciale.

Quant à d'autres valeurs de k, M_0' et B seront toujours négatifs. Par suite, si l'on avait alors $A_3 > 0$, l'expression précédente serait négative, et la question se résoudrait immédiatement. Mais nous n'avons pas examiné le signe de A_3 quand k est plus grand que 3.

Ajoutons que, si l'on voulait examiner, sous la condition dont il s'agit à présent, la stabilité des figures d'équilibre de révolution, on pourrait conclure que, dans le cas de $k \leq k_1$, ces figures sont toutes instables, mais que, pour $k > k_1$, il en existe de stables. Il va de soi que ces figures stables seront les mêmes que dans le cas de la condition considérée précédemment.

On voit d'une manière générale que, si une figure d'équilibre est stable sous telle ou telle condition, la vitesse angulaire qui lui correspond sera toujours inférieure à celle qui correspond à l'ellipsoïde E_0 d'où cette figure dérive.

III. — Analyse des calculs.

Méthode particulière de calcul relative au cas des figures d'équilibre de révolution.

34. Nous allons maintenant étudier la série représentant la fonction ζ et examiner les calculs que demande notre problème.

Arrêtons-nous d'abord au cas des figures d'équilibre de révolution.

Supposons donc que l'ellipsoïde E_0, d'où l'on veut partir, soit défini par l'équation

$$T_{m,0} = 0,$$

où m est un certain nombre pair, plus grand que 2, et considérons les équations que l'on aura alors pour déterminer les coefficients ζ_{rs} de la série

$$\zeta = \sum \zeta_{rs} \alpha^r \eta^s.$$

Les équations générales, que nous avons données pour cela dans la première Partie (nº 70), s'écriront dans le cas actuel comme il suit:

$$(1)\qquad R(\rho + \mu^2)\zeta_{rs} - \frac{1}{4\pi}\int \frac{(\rho + \mu'^2)\zeta'_{rs}\, d\sigma'}{D} = \frac{\sqrt{\rho}}{2}\left[W_{rs} - \mathsf{A}_{rs} P_m(\mu)\right] + \text{const.},$$

en posant, comme nous l'avons déjà fait,

$$\cos\theta = \mu.$$

Dans ces équations, les W_{rs} sont des fonctions, dont les expressions dépendent des ζ_{ij}, mais n'en renferment que ceux pour lesquels $i + j < r + s$. Quant aux A_{rs}, ce sont des constantes, pour lesquelles, d'après les équations elles-mêmes, on aura ces expressions:

$$\mathsf{A}_{rs} = \frac{2m+1}{4\pi}\int W_{rs} P_m(\mu)\, d\sigma \text{ *)}.$$

Pour ce qui concerne α, nous avons adopté la définition qui s'exprimera ici par

*) Pour simplifier l'écriture, nous avons ici changé de notation, en désignant par A_{rs} ce qu'il fallait désigner, conformément à la première Partie et à une convention que nous avons admise (*voir* l'Introduction), par $(\rho + 1)\mathsf{A}_{rs}$.

l'égalité

$$\alpha = \frac{2m+1}{4\pi} \int (\rho + \mu^2) \zeta P_m(\mu)\, d\sigma,$$

et, faisant abstraction de la relation qui doit exister entre α et η, nous avons traité le problème comme si les paramètres α et η étaient indépendants. C'est dans cette hypothèse que nous avons obtenu les équations précédentes.

Dans le cas actuel, la fonction ζ ne dépendra que de θ, et nous avons vu que, sans restreindre la généralité, on peut la supposer être paire par rapport à $\mu = \cos\theta$.

On pourra donc faire la même hypothèse au sujet des fonctions ζ_{rs}.

Alors, si le volume de la figure cherchée doit être égal, quels que soient α et η, au volume de l'ellipsoïde E_0, tous les ζ_{rs} seront parfaitement déterminés.

Il en sera encore de même, si l'on admet une autre condition quelconque, telle qu'on puisse calculer l'intégrale

$$\int (\rho + \mu^2) \zeta_{rs}\, d\sigma,$$

sitôt qu'on connaît tous les ζ_{ij} pour lesquels $i + j < r + s$.

Nous ne ferons toutefois aucune hypothèse fixe à ce sujet, et tout ce que nous supposerons c'est que les ζ_{rs} soient des fonctions paires de μ.

Alors, ayant trouvé une solution quelconque de l'équation (1), on pourra y ajouter un terme de la forme

$$\frac{C_{rs}}{\rho + \mu^2},$$

C_{rs} étant une constante arbitraire, et l'on introduira ainsi dans les expressions des ζ_{rs} des constantes, dont on pourra disposer à volonté.

Nous allons montrer que, par un choix convenable de ces constantes, on pourra toujours faire en sorte que tous les ζ_{rs} deviennent des fonctions rationnelles *entières* de μ.

35. Tout d'abord, cela est évident pour ce qui concerne ζ_{10} et les ζ_{0s}.

En effet, l'expression générale de ζ_{10} étant

$$\zeta_{10} = \frac{P_m(\mu) + C_{10}}{\rho + \mu^2},$$

il n'y a qu'à poser

$$C_{10} = -P_m(\sqrt{-\rho}) = -(-1)^{\frac{m}{2}} \mathrm{P}_m,$$

pour rendre ζ_{10} une fonction entière de μ. On voit que cette fonction ne contiendra que des puissances paires de μ et sera de degré $m-2$.

Quant aux ζ_{0s}, on pourra toujours leur attribuer des valeurs constantes, car on peut évidemment prendre, quel que soit s,

$$\zeta_{0s} = \frac{1}{1\cdot 2 \cdots s}\frac{d^s\rho}{d\Omega^s},$$

la dérivée étant formée d'après la relation qui a lieu entre ρ et Ω pour les ellipsoïdes de Maclaurin, et ayant la valeur relative à l'ellipsoïde E_0.

Cela posé, considérons les autres ζ_{rs}.

Reportons-nous à l'équation (1) et supposons que W_{rs} soit une fonction entière de μ, ne contenant que des puissances paires.

En développant cette fonction suivant les polynômes de Legendre, nous aurons

$$W_{rs} = \sum a_i P_{2i}(\mu),$$

où la somme ne contiendra qu'un nombre limité de termes.

En même temps nous aurons

$$A_{rs} = a_{\frac{m}{2}},$$

et le second membre de notre équation deviendra

$$\frac{\sqrt{\rho}}{2}\sum{}' a_i P_{2i}(\mu) + \text{const.},$$

où l'accent sert à indiquer que le terme correspondant à $i=\frac{m}{2}$ est absent.

D'après cela, notre équation donnera

$$(\rho+\mu^2)\zeta_{rs} = \frac{\sqrt{\rho}}{2}\sum{}' \frac{a_i}{T_{2i}} P_{2i}(\mu) + C_{rs}{}^{*)},$$

en désignant $T_{2i,0}$ par T_{2i}.

De là on voit que, si l'on pose

$$C_{rs} = -\frac{\sqrt{\rho}}{2}\sum{}' \frac{a_i}{T_{2i}}(-1)^i \mathrm{P}_{2i},$$

---

*) En vertu de la définition de α, un terme en $P_m(\mu)$, qu'on pourrait ajouter à cette expression, sera absent.

ζ_{rs} deviendra une fonction entière de μ, ne contenant que des puissances paires, et que le degré de cette fonction sera de deux unités inférieur au degré de la fonction $W_{rs} - \mathbf{A}_{rs} P_m(\mu)$.

D'autre part, il est facile de se convaincre que W_{rs} sera une fonction entière de μ, toutes les fois que les $\zeta_{r's'}$, pour lesquels $r' + s' < r + s$, sont de telles fonctions.

Pour le montrer, reportons-nous à l'expression de W_{rs} que l'on déduit des formules de la première Partie.

Soit U_{rs} le coefficient du terme en $\alpha^r \eta^s$ dans le développement suivant les puissances de α et η de l'expression

$$\frac{1}{2\pi} \lim_{u=\rho} \sum \frac{\zeta^i}{i!(j+1)!} \left\{ \frac{\partial^{i+j}}{\partial u^i \partial v^j} \int \frac{(v + \mu'^2)(\zeta')^{j+1}}{\sqrt{v} D(u,v)} d\sigma' \right\}_{v=\rho},$$

où l'on suppose $i + j > 1$ et où l'on peut ne donner à i et j que les valeurs satisfaisant à l'inégalité $i + j < r + s$.

Alors il viendra

$$W_{r0} = U_{r0}$$

et, si s n'est pas nul,

$$W_{rs} = (1 - \mu^2)\zeta_{rs-1} + U_{rs}.$$

Or, pour former U_{rs}, on peut évidemment réduire la série représentant ζ à une suite finie, en ne retenant que les termes dont les degrés, par rapport à α et η, sont inférieurs à $r + s$.

Alors, si les coefficients de ces termes sont des fonctions entières de μ, ζ le sera encore, et il en sera de même de l'expression d'où dérive U_{rs}, si l'on y suppose $i + j < r + s$, car les intégrales qui figurent dans cette expression seront des fonctions entières de μ, comme cela résulte des formules de Liouville (**1**, n° 13).

On voit donc bien que, sous la condition indiquée, W_{rs} sera une fonction entière de μ. On voit d'ailleurs que cette fonction ne contiendra que des puissances paires, si tous les $\zeta_{r's'}$ sont des fonctions paires.

Par suite, ζ_{10} et ζ_{01} pouvant toujours être rendus des fonctions entières et paires de μ, il en sera de même de tous les autres ζ_{rs}.

Voyons quels seront les degrés de ces fonctions, ou plutôt cherchons des limites supérieures pour ces degrés.

36. Soient n_{rs} et m_{rs} les degrés respectivement des fonctions

$$\zeta_{rs} \quad \text{et} \quad W_{rs} - \mathbf{A}_{rs} P_m(\mu).$$

Nous avons vu que l'on aura

$$n_{10} = m - 2, \qquad n_{0s} = 0, \qquad n_{rs} = m_{rs} - 2.$$

Cela posé, et en entendant par

$$p_{10}, \quad p_{01}, \quad p_{20}, \quad p_{11}, \quad p_{02}, \quad p_{30}, \quad \ldots$$

des entiers variables, vérifiant les conditions

$$p_{ij} \geqq 0, \qquad \sum p_{ij} \geqq 2, \qquad \sum i p_{ij} = r, \qquad \sum j p_{ij} = s,$$

désignons par M_{rs} le maximum de la somme

$$\sum p_{ij} n_{ij}.$$

Alors le degré de la fonction U_{rs} ne dépassera pas $M_{rs} + 2$ et, comme on aura évidemment

$$M_{rs} \geqq n_{r\,s-1},$$

il viendra

$$m_{rs} \leqq M_{rs} + 2.$$

Nous aurons donc

$$n_{rs} \leqq M_{rs}.$$

Or, tous les n_{0j} étant nuls, on pourra trouver un nombre N, assez grand pour qu'on ait

$$n_{ij} \leqq iN,$$

toutes les fois que $i + j < r + s$.

Alors, quels que soient nos entiers p_{ij}, nous aurons

$$\sum p_{ij} n_{ij} \leqq rN.$$

Par suite, M_{rs} ne dépassera pas rN, et l'inégalité ci-dessus donnera

$$n_{rs} \leqq rN.$$

On voit donc que, si cette dernière inégalité a lieu quand $r + s$ est inférieur à un entier n, elle aura aussi lieu, avec la même valeur de N, pour $r + s = n$.

De là, en remarquant que, dans le cas de $r+s=1$, on a

$$n_{rs} = r(m-2),$$

on conclut que, dans tous les cas,

$$n_{rs} \leqq r(m-2).$$

37. Les coefficients, dans les fonctions entières de μ qui représenteront les ζ_{rs}, seront des fonctions de ρ, que l'on pourra toujours rendre algébriques, en se servant de l'équation $T_m = 0$.

Pour ce qui concerne ζ_{10}, les coefficients se présentent immédiatement sous une forme algébrique, et l'on voit qu'ils sont des fonctions entières de ρ.

Montrons que, pour les autres ζ_{rs}, les coefficients rendus algébriques seront rationnels par rapport à ρ.

Considérons d'abord les ζ_{0s}, qui seront donnés par les formules

$$\zeta_{0s} = \frac{1}{1 \cdot 2 \cdots s} \frac{d^s \rho}{d\Omega^s}.$$

Pour former les dérivées qui y figurent, on doit partir de l'équation

$$(3\rho+1)\sqrt{\rho}\,\text{arc}\cot\sqrt{\rho} - 3\rho = \Omega,$$

d'où l'on voit que chacune de ces dérivées, étant exprimée en fonction de ρ, sera de la forme

$$M + N\frac{\text{arc}\cot\sqrt{\rho}}{\sqrt{\rho}},$$

M et N étant des fonctions rationnelles de ρ.

Par suite, comme l'équation $T_m = 0$ donne

$$\frac{\text{arc}\cot\sqrt{\rho}}{\sqrt{\rho}} = \frac{\Phi}{\Psi},$$

Φ et Ψ étant des fonctions entières de ρ, on obtiendra pour ζ_{0s} une expression rationnelle par rapport à ρ.

En passant à d'autres ζ_{rs}, reportons-nous à la formule

$$\zeta_{rs} = \frac{1}{2}\sum{}' \frac{\sqrt{\rho}}{T_{2i}} a_i \frac{P_{2i}(\mu) - (-1)^i \mathrm{P}_{2i}}{\rho + \mu^2}$$

obtenue au n° 35.

Par cette formule, où les rapports $\frac{\sqrt{\rho}}{T_{2i}}$ sont exprimables rationnellement au moyen de ρ, on voit que ζ_{rs} sera dans le même cas, si les a_i, rendus algébriques, sont rationnels par rapport à ρ.

Or les a_i, qui sont les coefficients du développement de W_{rs} suivant les polynômes de Legendre, seront dans ce cas, si tous les $\zeta_{r's'}$, pour lesquels $r'+s'<r+s$, ont des coefficients rationnels en ρ.

En effet, dans cette hypothèse, U_{rs} sera une somme d'un nombre fini de termes de la forme

$$P_{2l}(\mu)\lim_{u=\rho}\left\{\frac{\partial^{i+j}}{\partial u^i\partial v^j}\int\frac{(av+b)P_{2n}(\mu')}{\sqrt{v}\,D(u,v)}\,d\sigma'\right\}_{v=\rho},$$

où a et b désignent certaines fonctions rationnelles de ρ; et cette expression, eu égard à ce qu'on doit supposer $u<v$, se réduit à

$$\frac{4\pi}{4n+1}\left[a\frac{d^j\,\mathbf{Q}_{2n}\sqrt{\rho}}{d\rho^j}+b\frac{d^j}{d\rho^j}\frac{\mathbf{Q}_{2n}}{\sqrt{\rho}}\right]\frac{d^i\,\mathbf{P}_{2n}}{d\rho^i}P_{2l}(\mu)P_{2n}(\mu),$$

où le binôme en crochets sera exprimable rationnellement au moyen de ρ, puisque les dérivées qui y figurent seront de la forme

$$M+N\frac{\operatorname{arc\,cot}\sqrt{\rho}}{\sqrt{\rho}},$$

M et N étant rationnels par rapport à ρ.

Donc, tous les $\zeta_{r's'}$ pour lesquels $r'+s'<r+s$ ayant des coefficients rationnels par rapport à ρ, les coefficients du développement de U_{rs} suivant les polynômes de Legendre et, par suite, les a_i seront exprimables rationnellement au moyen de ρ. Il en sera donc de même des coefficients de ζ_{rs}.

Par suite, les coefficients de ζ_{10} et ζ_{01} étant dans ce cas, les coefficients de tous les ζ_{rs} pourront être rendus rationnels par rapport à ρ.

Ajoutons que, dans ces coefficients, il ne figurera aucun nombre irrationnel autre que ρ.

38. La manière de déterminer les constantes C_{rs}, que nous venons d'examiner, n'appartient pas à la catégorie de celles que nous avons considérées dans la première Partie en étudiant la convergence de la série

$$\sum\zeta_{rs}\alpha^r\eta^s.$$

Nous ne pouvons donc pas affirmer que cette série sera convergente, $|\alpha|$ et $|\eta|$ étant assez petits, si la méthode précédente de calcul est supposée être prolongée à l'infini, et, pour avoir une série sûrement convergente, il faudra qu'à partir d'un certain moment, qui est du reste arbitraire, les C_{rs} cessent d'être assujettis aux conditions que nous leur avons imposées.

Alors, parmi les ζ_{rs}, il en apparaîtra qui non seulement ne seront pas des fonctions entières de μ, mais qui ne seront pas même exprimables sous une forme finie.

Cependant, si de la série précédente on remonte à l'expression définitive de ζ,

$$(2) \qquad \zeta = \zeta_1\alpha + \zeta_2\alpha^2 + \zeta_3\alpha^3 + \ldots,$$

que l'on obtient en remplaçant η par sa valeur et en développant le résultat suivant les puissances de α, on verra que *tous les* ζ_i *seront des fonctions rationnelles de* μ. On pourra d'ailleurs montrer que cela aura lieu d'une manière toute générale, c'est-à-dire, quels que soient les C_{rs}. Pour s'en assurer, il n'y aura qu'à appliquer une transformation considérée dans la première Partie.

Voyons comment on calculera ces fonctions rationnelles et quelle en sera la forme.

39. Supposons qu'on ait trouvé, pour les coefficients ζ_i de la série (2), des expressions particulières quelconques,

$$\zeta_i = f_i(\mu),$$

et cherchons à en déduire les expressions générales de ces coefficients.

Soient

$$(3) \qquad \zeta_1, \quad \zeta_2, \quad \ldots, \quad \zeta_n$$

les coefficients dont on veut avoir de pareilles expressions.

Pour les obtenir, on pourra procéder comme il suit.

En entendant par M et A une variable et un paramètre auxiliaires et en faisant, pour abréger,

$$f_1(\mathrm{M})\mathrm{A} + f_2(\mathrm{M})\mathrm{A}^2 + \ldots + f_n(\mathrm{M})\mathrm{A}^n = \mathrm{Z},$$
$$\varepsilon_1\mathrm{A} + \varepsilon_2\mathrm{A}^2 + \ldots + \varepsilon_n\mathrm{A}^n = \varepsilon,$$

$\varepsilon_1, \varepsilon_2, \ldots, \varepsilon_n$ étant des constantes arbitraires, on considérera les équations

$$(4) \qquad \begin{cases} (\rho+1+\zeta)(1-\mu^2) = (1+\varepsilon)(\rho+1+\mathrm{Z})(1-\mathrm{M}^2), \\ (\rho+\zeta)\mu^2 = (1+\varepsilon)(\rho+\mathrm{Z})\mathrm{M}^2. \end{cases}$$

De là, en éliminant M, on déduira une relation entre ζ, μ, A, d'où l'on tirera ζ en fonction de μ et A.

On considérera ensuite l'équation

$$(5)\qquad \frac{2m+1}{4\pi}\int(\rho+\mu^2)\zeta P_m(\mu)\,d\sigma=\alpha$$

et l'on en tirera A en fonction de α.

Cette expression de A étant substituée dans celle de ζ, on développera le résultat suivant les puissances de α et l'on cherchera les coefficients des n premières puissances.

Ces coefficients représenteront alors les expressions cherchées des fonctions (3).

Cela posé, admettons que tous les $f_i(\mu)$ soient des fonctions entières, ne renfermant que des puissances paires de μ, et voyons ce qu'on pourra alors conclure au sujet des expressions générales des ζ_i.

Considérons d'abord les coefficients du développement de ζ suivant les puissances de A.

Commençons donc par chercher l'expression de ζ en fonction de μ et A.

On obtiendra cette expression en substituant, dans une des équations (4), l'expression de M^2 en fonction de μ^2 et A qui résulte de l'équation

$$(6)\qquad (\rho+1+Z)\frac{1-M^2}{1-\mu^2}-(\rho+Z)\frac{M^2}{\mu^2}=\frac{1}{1+\varepsilon},$$

obtenue en éliminant ζ entre les équations (4).

Nous ferons cette substitution dans l'équation

$$(\rho+\mu^2)\zeta=\varepsilon\rho(\rho+1)+(1+\varepsilon)(\rho+M^2)Z,$$

qui est une conséquence des équations (4), et, pour obtenir le résultat sous une forme explicite, nous nous servirons de la série de Lagrange, en remarquant que l'équation (6) se réduit à

$$M^2=\mu^2+\frac{\varepsilon}{1+\varepsilon}\,\frac{\mu^2(1-\mu^2)}{\rho+\mu^2+Z}.$$

De cette manière, en posant

$$Z=\Phi(M^2),$$

nous parviendrons à la formule suivante:

$$\zeta = \frac{\varepsilon\rho(\rho+1)}{\rho+\mu^2} + (1+\varepsilon)\Phi(\mu^2) + \frac{\varepsilon\mu^2(1-\mu^2)}{\rho+\mu^2}S,$$

où

$$S = \sum \frac{1}{i!}\left[\frac{\varepsilon\mu^2(1-\mu^2)}{1+\varepsilon}\right]^{i-1}\left\{\frac{d^{i-1}}{du^{i-1}}\frac{\Phi(u)+(\rho+u)\Phi'(u)}{[\rho+\mu^2+\Phi(u)]^i}\right\}_{u=\mu^2},$$

la somme s'étendant à $i = 1, 2, 3, \ldots$.

Par cette formule on voit immédiatement que les coefficients du développement de ζ suivant les puissances de A seront des fonctions rationnelles de μ, dont les dénominateurs se réduiront à des puissances de $\rho+\mu^2$.

On s'assure d'ailleurs facilement que le coefficient de A^i sera de la forme

$$\frac{\varphi_i(\mu^2)}{(\rho+\mu^2)^i},$$

$\varphi_i(\mu^2)$ étant une fonction entière.

En effet, si l'on remplace A par $A(\rho+\mu^2)$, les rapports

$$\frac{\varepsilon}{\rho+\mu^2} \quad \text{et} \quad \frac{\Phi(u)}{\rho+\mu^2}$$

deviendront des fonctions entières de μ^2; d'où l'on voit que chaque terme de la somme que nous avons désignée par S se réduira après ce remplacement à une expression de la forme

$$\frac{F(\mu^2, A)}{1+Af(\mu^2, A)},$$

F et f étant des fonctions entières de μ^2 et A. Par suite, si l'on développe ce que deviendra alors ζ suivant les puissances de A, on aura, pour les coefficients, des expressions entières par rapport à μ^2.

Quant au degré de la fonction $\varphi_i(\mu^2)$, on peut montrer que, par rapport à μ, il sera au plus égal à im.

Pour le prouver, il suffit d'établir que, si l'on pose

$$A = \frac{a}{\mu^{m-2}}$$

et qu'on fasse ensuite croître μ indéfiniment, en attribuant à a une valeur fixe, notre expression de ζ tendra vers une limite déterminée, développable suivant les puissances de a.

Or, ε tendant dans ces conditions vers zéro, cela se réduit à montrer que l'expression

$$\Phi(\mu^2) - \varepsilon\mu^2 S$$

tend vers une pareille limite.

Pour ce qui concerne $\Phi(\mu^2)$, ce sera bien le cas, puisque, d'après le n° 36, le degré de la fonction $f_i(\mu)$ sera au plus égal à $i(m-2)$. Nous aurons donc

$$\lim \Phi(\mu^2) = c_1 a + c_2 a^2 + \cdots + c_n a^n,$$

c_i étant le coefficient du terme en $\mu^{i(m-2)}$ dans la fonction $f_i(\mu)$.

Quant à la fonction désignée par S, elle tendra, dans les conditions considérées, vers zéro. Pour s'en assurer, il suffit de se reporter à son expression, que l'on peut présenter sous la forme

$$\sum \frac{1}{i!}\left[\frac{\varepsilon(1-\mu^2)}{1+\varepsilon}\right]^{i-1} \left\{\frac{d^{i-1}}{dx^{i-1}} \frac{\Phi(x\mu^2) + (\rho + x\mu^2)\Phi'(x\mu^2)}{[\rho + \mu^2 + \Phi(x\mu^2)]^i}\right\}_{x=1}.$$

Dans cette expression, $\varepsilon\mu^2$ tendra vers zéro, à la seule exception du cas de $m = 4$, où l'on aura

$$\lim \varepsilon\mu^2 = \varepsilon_1 a,$$

et $\Phi(x\mu^2)$ tendra vers $\varphi\left(ax^{\frac{m}{2}-1}\right)$, en posant

$$c_1 z + c_2 z^2 + \cdots + c_n z^n = \varphi(z).$$

Par suite, i étant dans la somme ci-dessus égal ou supérieur à 1, tous les termes y tendront vers zéro.

On voit donc que notre expression de ζ tendra vers $\varphi(a)$, et cela prouve ce qu'il fallait démontrer.

Maintenant venons à l'expression définitive de ζ, qui s'obtient en remplaçant A par sa valeur en fonction de α, tirée de l'équation (5).

On voit que le premier membre de cette équation se présentera sous forme d'une série procédant suivant les puissances entières et positives de A, et que le terme du plus bas degré s'y réduira à A.

Par suite, en résolvant l'équation (5) par rapport à A, on obtiendra une expression de la forme

$$A = \alpha + a_1\alpha^2 + a_2\alpha^3 + \cdots.$$

De là on voit que tout ce que nous avons dit au sujet des coefficients du développement de ζ suivant les puissances de A est applicable aussi aux coefficients du développement de cette fonction suivant les puissances de α.

Nous pouvons donc affirmer que les expressions générales des ζ_i seront de la forme

$$\zeta_i = \frac{\varphi_i(\mu^2)}{(\rho + \mu^2)^i},$$

où $\varphi_i(\mu^2)$ désigne une fonction entière, dont le degré par rapport à μ^2 sera au plus égal à $i\frac{m}{2}$.

Cette fonction dépendra des constantes ε_s, mais elle n'en contiendra que les suivantes:

$$\varepsilon_1, \quad \varepsilon_2, \quad \ldots, \quad \varepsilon_i.$$

Elle en sera évidemment une fonction entière, dont le degré, à partir de $i = 2$, sera égal à $i - 1$. Mais c'est seulement ε_1 qui pourra y figurer à ce degré. En particulier, ε_i figurera toujours à la première puissance, et l'ensemble des termes dépendant de cette constante s'y réduira à

$$\varepsilon_i \rho (\rho + 1)(\rho + \mu^2)^{i-1}.$$

Ajoutons que, si l'on ordonne la fonction $\varphi_i(\mu^2)$ suivant les puissances de

$$\mu^2, \quad \varepsilon_1, \quad \varepsilon_2, \quad \ldots, \quad \varepsilon_i,$$

les coefficients seront des fonctions de ρ susceptibles d'être présentées sous une forme rationnelle, et que ces expressions rationnelles ne contiendront aucun nombre irrationnel autre que ρ.

40. Pour arriver à des expressions générales des ζ_i, nous avons fait une certaine transformation, en partant d'une expression de ζ sous forme de la série

$$\zeta_1 \alpha + \zeta_2 \alpha^2 + \zeta_3 \alpha^3 + \ldots$$

avec des expressions particulières des ζ_i.

Or, nous aurions pu faire une transformation analogue avec une expression de ζ sous forme de la série

$$\sum \zeta_{rs} \alpha^r \eta^s \tag{7}$$

à deux paramètres α et η. Alors, en partant des expressions entières des ζ_{rs} que nous avons étudiées plus haut, nous en aurions déduit, pour les coefficients ζ_{rs} de la série transformée, certaines expressions rationnelles par rapport à μ, dépendant des constantes arbitraires.

Toutefois il ne serait pas permis d'en conclure que les expressions générales des coefficients ζ_{rs}, dans la série à deux paramètres que nous avons considérée précédemment, fussent des fonctions rationnelles de μ.

En effet, par la série de la forme (7) nous avons entendu dans ce qui précède une solution de l'équation

$$R(\rho+\mu^2)\zeta - \frac{1}{4\pi}\int\frac{(\rho+\mu'^2)\zeta' d\sigma'}{D} = \frac{\sqrt{\rho}}{2}[W - \mathbf{A}P_m(\mu)] + \text{const.}, \tag{8}$$

tandis que la série de la même forme, à laquelle on serait conduit par la transformation dont il s'agit, représenterait une certaine solution de l'équation

$$R(\rho+\mu^2)\zeta - \frac{1}{4\pi}\int\frac{(\rho+\mu'^2)\zeta' d\sigma'}{D} = \frac{\sqrt{\rho}}{2}[W - \mathbf{A}'P_m(\mathrm{M})] + \text{const.},$$

où M est une racine de l'équation

$$(\rho+1+\zeta)\frac{1-\mu^2}{1-\mathrm{M}^2} - (\rho+\zeta)\frac{\mu^2}{\mathrm{M}^2} = 1+\varepsilon,$$

et ε désigne une série entière en α et η, s'annulant pour $\alpha = \eta = 0$, à coefficients arbitraires.

Or ces deux équations, quand ε n'est pas nul, ne peuvent être satisfaites par une seule et même fonction ζ que si l'on a

$$\mathbf{A} = 0 \quad \text{et} \quad \mathbf{A}' = 0,$$

et ce ne sera pas le cas tant que α et η sont supposés être indépendants l'un de l'autre.

Par suite, dans cette dernière hypothèse, notre transformation ne pourra pas servir à obtenir une expression générale pour la fonction ζ, cette fonction étant définie par l'équation (8), et nous n'en pouvons, par conséquent, rien conclure au sujet des expressions générales des ζ_{rs} définis par les équations de la forme (1).

Dans ce qui suit, nous nous occuperons du calcul de ces expressions générales, et nous verrons qu'à partir d'une certaine valeur de r les ζ_{rs} se présentent en général sous forme des séries infinies, qui ne semblent pas être sommables au moyen des fonctions connues.

Mais d'abord voyons comment il faudra procéder pour simplifier les calculs autant que possible.

Réductions dont les calculs sont susceptibles dans tous les cas.

41. Les considérations que nous allons à présent développer se rapporteront à tous les cas, de sorte que nous pourrons maintenant supposer que l'ellipsoïde E_0 soit défini par une équation quelconque de la forme

$$T_{m,k} = 0, \tag{1}$$

et que la série

$$\sum \zeta_{rs} \alpha^r \eta^s \tag{2}$$

qui nous intéresse représente une solution de l'équation

$$R(\rho + \mu^2)\zeta - \frac{1}{4\pi}\int \frac{(\rho + \mu'^2)\zeta' d\sigma'}{D} = \frac{\sqrt{\rho}}{2}(W - \mathbf{A} Y) + \text{const.}, \tag{3}$$

où $Y = P_{m,k}(\mu)\cos k\psi$.

En traitant le problème dans la supposition que l'on a l'égalité (1), nous avons entendu par $\mathbf{A}$ cette expression:

$$\mathbf{A} = \frac{1}{\gamma}\int WY d\sigma,$$

où

$$\gamma = \int Y^2 d\sigma \text{ *)}.$$

Or l'équation (3) est évidemment possible non seulement dans le cas de $T_{m,k} = 0$, mais encore quel que soit $T_{m,k}$, pourvu que l'on entende par $\mathbf{A}$ l'expression suivante:

$$\mathbf{A} = \frac{1}{\gamma}\int WY d\sigma - \frac{2}{\gamma\sqrt{\rho}} T \int (\rho + \mu^2)\zeta Y d\sigma,$$

T étant une notation abrégée pour $T_{m,k}$.

---

*) On voit que nous avons changé de notation, en désignant par γ ce qui, avec les notations employées précédemment, serait représenté par $\frac{\gamma}{(\rho+1)^2}$.

Supposons donc que, A ayant cette expression, on cherche à satisfaire à l'équation (3) par une série de la forme (2), sans supposer $T=0$.

Alors, pour déterminer les ζ_{rs}, on aura les mêmes équations qu'auparavant. Mais à présent, ρ devant être traité comme un paramètre arbitraire, elles conduiront à des expressions plus générales des ζ_{rs}.

C'est ces expressions que nous sous-entendrons, en parlant dans la suite des ζ_{rs} calculés sans tenir compte de l'équation $T=0$.

Cela posé, nous allons montrer qu'il suffit d'avoir les expressions générales des coefficients

$$\zeta_{10}, \quad \zeta_{20}, \quad \ldots, \quad \zeta_{n0},$$

calculés sans tenir compte de l'équation $T=0$, pour pouvoir en déduire, à l'aide des différentiations et des transformations algébriques, les expressions générales de tous les autres ζ_{rs}, pour lesquels r ne surpasse pas n.

42. Nous allons tout d'abord généraliser la définition du paramètre α. Jusqu'ici nous avons entendu par α la valeur de l'expression

$$\frac{1}{\gamma}\int(\rho+\mu^2)\zeta Y d\sigma.$$

Mais, pour ce qui va suivre, il sera plus avantageux de ne pas fixer à l'avance la signification de α et d'admettre seulement que l'expression ci-dessus est une fonction de α et η, s'annulant pour $\alpha=\eta=0$ et développable suivant les puissances entières de α et η.

Supposons donc que l'on ait

$$\frac{1}{\gamma}\int(\rho+\mu^2)\zeta Y d\sigma=\sum c_{rs}\alpha^r\eta^s,$$

la somme ne contenant que des termes s'annulant pour $\alpha=\eta=0$ et les c_{rs} étant des constantes quelconques, dont celle c_{10} sera toutefois supposée être différente de zéro.

En nous arrêtant à une pareille égalité et en cherchant la fonction ζ sous forme de la série

$$\sum \zeta_{rs}\alpha^r\eta^s,$$

nous aurons, pour déterminer les ζ_{rs}, les mêmes équations qu'auparavant. Mais la résolution de ces équations comportera une plus grande indétermination, puisque les intégrales

$$\int (\rho + \mu^2) \zeta_{rs} Y \, d\sigma,$$

qui, avec l'ancienne définition de α, devaient être nulles quand on n'a pas simultanément $r = 1$, $s = 0$, pourront maintenant avoir des valeurs quelconques. Aussi les expressions les plus générales des ζ_{rs} renfermeront maintenant, outre les constantes arbitraires C_{rs} considérées précédemment, encore celles c_{rs} introduites par la nouvelle définition de α.

Cela posé, considérons d'abord, au lieu des expressions les plus générales des ζ_{rs}, celles qui correspondent à l'hypothèse que la fonction ζ se réduise pour $\alpha = 0$ à l'accroissement $\delta\rho$ que réçoit ρ quand on passe de l'ellipsoïde E_0 à l'ellipsoïde que nous avons désigné dans la première Partie par E.

Dans cette hypothèse, les ζ_{0s} se réduiront à leurs valeurs constantes, considérées au n° 35, et les constantes c_{0s} seront nulles. En même temps les constantes C_{0s} auront des valeurs particulières. Quant à d'autres constantes c_{rs} et C_{rs}, elles pourront rester arbitraires.

En nous arrêtant à cette hypothèse, nous parviendrons à un résultat particulièrement simple.

Désignons par $\overline{\zeta}$ l'ensemble des termes de la série

$$\sum \zeta_{rs} \alpha^r \eta^s$$

qui s'annulent avec α.

Nous aurons

$$\zeta = \overline{\zeta} + \delta\rho,$$

et $\overline{\zeta}$ sera ce que deviendrait ζ, si l'on prenait pour figure de comparaison, au lieu de l'ellipsoïde E_0, l'ellipsoïde E.

En ordonnant $\overline{\zeta}$ suivant les puissances croissantes de α, posons

$$(4) \qquad \overline{\zeta} = \overline{\zeta}_1 \alpha + \overline{\zeta}_2 \alpha^2 + \overline{\zeta}_3 \alpha^3 + \dots.$$

Alors il viendra

$$(5) \qquad \overline{\zeta}_r = \zeta_{r0} + \zeta_{r1} \eta + \zeta_{r2} \eta^2 + \dots.$$

Or, pour les $\overline{\zeta}_r$, on peut obtenir encore d'autres expressions.

A cet effet, prenons l'ellipsoïde E pour figure de comparaison et cherchons directement la fonction $\bar{\zeta}$.

Nous avons vu au n° 81 de la première Partie comment on pouvait calculer cette fonction sous forme d'une série procédant suivant les puissances entières et positives de l'intégrale

$$\int (\rho + \delta\rho + \mu^2)\bar{\zeta}\, Y\, d\sigma.$$

Or cette série est susceptible d'être transformée en une série procédant suivant les puissances entières et positives de notre paramètre α, car l'intégrale précédente, si l'on y remplace $\bar{\zeta}$ par son expression (4), obtenue en prenant l'ellipsoïde E_0 pour figure de comparaison, se présentera sous forme d'une série entière en α, où il n'y aura d'ailleurs que des termes s'annulant pour $\alpha = 0$.

Supposons donc que l'on cherche directement les coefficients de la série ainsi transformée.

On aura alors à considérer les mêmes équations qu'auparavant. Seulement on devra les traiter dans des hypothèses plus générales.

De cette façon on obtiendra pour $\bar{\zeta}$ une série de la forme (4) avec de nouvelles expressions pour les $\bar{\zeta}_r$.

Quant à ces expressions, la manière même dont elles sont obtenues fait voir que ce seront les résultats du remplacement de ρ par $\rho + \delta\rho$ dans les expressions des ζ_{r0} calculées sans tenir compte de l'équation $T = 0$.

Pour que ces nouvelles expressions coïncident avec celles (5), les constantes qui y figureront à la place des c_{r0} et des C_{r0} devront être des séries procédant suivant les puissances entières et positives de η à coefficients dépendant d'une certaine manière des c_{rs} et des C_{rs}. Mais quand ces dernières constantes sont arbitraires, les coefficients de ces séries le seront encore, et l'on pourra les introduire dans les expressions des ζ_{rs} au lieu des constantes c_{ij} et C_{ij}.

En résumé nous sommes ainsi parvenus au résultat suivant:

Toutes les fois que la fonction ζ doit se réduire pour $\alpha = 0$ à $\delta\rho$, les expressions les plus générales que pourront alors avoir les ζ_{rs} s'obtiendront comme il suit:

On calculera les expressions générales des ζ_{r0} sans tenir compte de l'équation $T = 0$, et on les différentiera par rapport à Ω, en traitant ρ et les constantes arbitraires c_{i0}, C_{i0} comme fonctions de Ω, dont celle ρ on définira par la relation caractérisant les ellipsoïdes de Maclaurin. Alors il viendra

$$\zeta_{rs} = \frac{1}{1 \cdot 2 \cdots s} \frac{d^s \zeta_{r0}}{d\Omega^s}, \tag{6}$$

et les dérivées

$$\ldots\quad \frac{d^j c_{i0}}{d\Omega^j}, \quad \frac{d^j C_{i0}}{d\Omega^j}$$

qui y entreront représenteront de nouvelles constantes arbitraires.

De cette façon, en posant

$$\frac{1}{1\cdot 2\cdots s}\frac{d^s c_{r0}}{d\Omega^s} = c'_{rs}, \qquad \frac{1}{1\cdot 2\cdots s}\frac{d^s C_{r0}}{d\Omega^s} = C'_{rs},$$

on aura pour les ζ_{rs} des expressions dépendant, outre les constantes c_{i0}, C_{i0} qui figurent dans les expressions des ζ_{r0}, encore des constantes c'_{ij}, C'_{ij} que l'on pourra exprimer au moyen des c_{ij} et des C_{ij}.

On pourra du reste prendre

$$C'_{rs} = C_{rs},$$

puisque les constantes C_{rs} n'étaient pas définies d'une manière précise. En effet, par C_{rs} nous avons entendu simplement une constante arbitraire additive dans l'expression du produit

$$(\rho + \mu^2)\zeta_{rs},$$

et la constante C'_{rs} y entrera évidemment encore comme un terme additif.

Quant aux c'_{rs}, on aura, pour les exprimer au moyen des c_{ij} et des C_{ij}, des équations de la forme

$$c_{rs} = c'_{rs} + f_{rs},$$

f_{rs} étant une fonction entière des c'_{ij} et des C_{ij}, ne dépendant que de celles de ces constantes pour lesquelles $i+j<r+s$ et, d'ailleurs, i ne dépasse par r, j ne dépasse pas s.

En effet, la formule (6) donne pour ζ_{rs} une expression de la forme

$$\zeta_{rs} = \varphi_{rs} + \frac{C_{rs} + c'_{rs} Y}{\rho + \mu^2},$$

φ_{rs} ne renfermant que les constantes qui viennent d'être indiquées.

Par suite, en multipliant les ζ_{rs} par

$$\frac{1}{\gamma}(\rho + \mu^2)\, Y\, d\sigma$$

et en intégrant, on aura des équations de la forme signalée.

De ces équations on tirera successivement

$$c'_{11};\quad c'_{21},\quad c'_{12};\quad c'_{31},\quad c'_{22},\quad c'_{13};\quad \ldots .$$

43. Dans l'hypothèse que nous venons d'examiner, les constantes c_{0s}, C_{0s} devaient avoir certaines valeurs particulières. Il faut donc à présent montrer comment on pourra obtenir des expressions des ζ_{rs} où toutes les constantes c_{rs} et C_{rs} seront arbitraires.

Il est facile de s'assurer qu'on pourra toujours atteindre ce but par de simples transformations de la série

$$\sum \zeta_{rs}\alpha^r\eta^s. \tag{7}$$

Tout d'abord, quant aux c_{0s}, non seulement ces constantes, mais encore toutes les constantes c_{rs} pourront être introduites ainsi dans les ζ_{rs}, dès qu'on aura trouvé pour ces fonctions des expressions particulières quelconques. Pour cela, il n'y aura qu'à remplacer, dans la série précédente, α par une série procédant suivant les puissances entières et positives de α et η à coefficients constants arbitraires. En ordonnant ensuite le résultat suivant les puissances de α et η, on aura de nouvelles expressions pour les ζ_{rs}, qui dépendront des constantes arbitraires qu'on pourra exprimer en fonction des c_{rs}.

On voit par là qu'en calculant les ζ_{rs} il sera inutile de se préoccuper des constantes c_{rs}, et qu'on pourra attribuer à ces constantes des valeurs particulières, telles qu'on voudra.

Il ne reste donc qu'à montrer comment on introduira les constantes C_{0s}.

On pourra le faire de plusieurs manières.

Le plus simple est de remplacer, dans les expressions des ζ_{rs}, la constante C_{10} par l'expression

$$C_{10} + \frac{1}{\alpha}(C_{01}\eta + C_{02}\eta^2 + C_{03}\eta^3 + \cdots).$$

Comme, par rapport à cette constante, ζ_{rs} sera une fonction entière de degré ne dépassant pas r, le produit $\zeta_{rs}\alpha^r$ deviendra, après le remplacement indiqué, une série procédant suivant les puissances entières et positives de α et η. Par suite, la série (7) se transformera en une série de la même forme avec de nouvelles expressions pour les ζ_{rs}, et ces expressions dépendront des constantes C_{0s}, qui y entreront évidemment comme elles le doivent.

Ainsi l'assertion que nous avons énoncée à la fin du nº 41 se trouve justifiée, et l'on voit que tout se réduit, dans notre problème, à calculer les ζ_{r0} sans tenir compte de l'équation $T=0$.

Dans ce calcul, il n'y aura d'ailleurs à introduire que les C_{r0} comme constantes arbitraires.

Quant aux constantes c_{r0}, on leur attribuera des valeurs particulières, en en disposant de manière à rendre les expressions calculées les plus simples possible.

C'est ainsi que nous procéderons dans ce qui suit.

En particulier, nous poserons toujours $c_{10}=1$.

Calculs dans le cas des figures d'équilibre de révolution.

44. En revenant au cas des figures d'équilibre de révolution et en supposant, par suite, $k=0$, nous allons maintenant nous occuper du calcul effectif des ζ_{rs}.

Nous avons vu qu'il suffit de calculer les ζ_{r0}, pourvu qu'on le fasse sans supposer $T=0$; et pour cela nous aurons les équations de la forme

$$R(\rho+\mu^2)\zeta_{r0}-\frac{1}{4\pi}\int\frac{(\rho+\mu'^2)\zeta'_{r0}\,d\sigma'}{D}=\frac{\sqrt{\rho}}{2}\left[W_{r0}-\mathrm{A}_{r0}P(\mu)\right]+\text{const.},$$

où nous avons écrit $P(\mu)$ au lieu de $P_m(\mu)$, et où

$$\mathrm{A}_{r0}=\frac{2m+1}{4\pi}\int W_{r0}P(\mu)\,d\sigma-\frac{2}{\sqrt{\rho}}Tc_{r0}.$$

Dans ces équations, les W_{r0} sont des fonctions de μ, qu'on pourra former, sitôt qu'on connaît tous les ζ_{i0} pour lesquels $i<r$.

On a d'ailleurs

$$W_{10}=0$$

et, avec les notations employées précédemment,

$$W_{20}=(\zeta_{10},\zeta_{10}),$$

$$W_{30}=2(\zeta_{20},\zeta_{10})+(\zeta_{10},\zeta_{10},\zeta_{10}).$$

Pour pouvoir exprimer les autres W_{r0} sous une forme analogue, il n'y aura qu'à généraliser convenablement les symboles qui figurent ici.

A cet effet considérons n fonctions

$$\xi_1,\quad \xi_2,\quad \ldots,\quad \xi_n,$$

et, en prenant i quelconques d'entre elles, formons en le produit.

Soient ω_i ce produit et ϖ_i le produit des $n-i$ fonctions qui restent.

En posant, pour abréger,

$$n-1-i=j$$

et en convenant de prendre $\omega_0 = 1$, formons ensuite la somme

$$\sum \omega_i \frac{\partial^{n-1}}{\partial u^i \partial v^j} \int \frac{G(v)\,\varpi_i'\,d\sigma'}{D(u,v)},$$

étendue à $i=0, 1, 2, \ldots, n-1$ et, pour chaque valeur de i, à tous les produits distincts ω_i, dont le nombre sera celui des combinaisons simples que l'on peut former de n éléments pris i à i.

Dans cette somme, où l'on supposera $u<v$, remplaçons v par ρ et faisons tendre u vers ρ par une suite de valeurs inférieures à ρ.

Alors l'expression

$$\frac{1}{2\pi} \lim \sum \frac{\omega_i}{n!} \frac{\partial^{n-1}}{\partial u^i \partial v^j} \int \frac{G(v)\,\varpi_i'\,d\sigma'}{D(u,v)}$$

représentera ce que nous désignerons par

(1) $$(\xi_1, \xi_2, \ldots, \xi_n).$$

Avec cette notation, les expressions trouvées dans la première Partie (nº 6) pour les termes U_2, U_3, U_4, ... du développement du potentiel s'écriront

$$(\zeta,\zeta), \qquad (\zeta,\zeta,\zeta), \qquad (\zeta,\zeta,\zeta,\zeta), \qquad \ldots,$$

et W_{r0} sera le coefficient de α^r dans le développement de la somme

$$(\zeta,\zeta) + (\zeta,\zeta,\zeta) + (\zeta,\zeta,\zeta,\zeta) + \cdots$$

suivant les puissances de α, en supposant que ζ soit remplacé par la série

$$\zeta_{10}\alpha + \zeta_{20}\alpha^2 + \zeta_{30}\alpha^3 + \cdots.$$

Pour former ce coefficient, on se servira des propriétés suivantes de notre symbole, qui découlent immédiatement de sa définition:

1° En permutant les ξ_s d'une façon quelconque, on ne changera pas la valeur de l'expression (1);

2° Si l'on a $\xi_1 = \varphi + \chi$, on aura

$$(\xi_1, \xi_2, \ldots, \xi_n) = (\varphi, \xi_2, \ldots, \xi_n) + (\chi, \xi_2, \ldots, \xi_n);$$

3° Un facteur constant, contenu dans une des fonctions ξ_s, peut être mis en dehors des parenthèses.

Eu égard à cela, on aura par exemple

$$W_{40} = (\zeta_{20}, \zeta_{20}) + 2(\zeta_{30}, \zeta_{10}) + 3(\zeta_{20}, \zeta_{10}, \zeta_{10}) + (\zeta_{10}, \zeta_{10}, \zeta_{10}, \zeta_{10}).$$

Cela posé, venons au calcul des premiers termes de la suite

$$\zeta_{10}, \quad \zeta_{20}, \quad \zeta_{30}, \quad \ldots.$$

45. Tout d'abord, en supposant $c_{10} = 1$, nous aurons

$$\zeta_{10} = \frac{P(\mu) + C_{10}}{\rho + \mu^2}.$$

Par suite, en posant, comme nous l'avons déjà fait,

$$\frac{P(\mu)}{\rho + \mu^2} = \tau,$$

il viendra

$$W_{20} = \left(\tau + \frac{C_{10}}{\rho + \mu^2}, \tau + \frac{C_{10}}{\rho + \mu^2}\right) = (\tau, \tau) + 2C_{10}\left(\tau, \frac{1}{\rho + \mu^2}\right) + C_{10}^2\left(\frac{1}{\rho + \mu^2}, \frac{1}{\rho + \mu^2}\right).$$

Or le terme contenant le carré de la constante C_{10} sera nul, car on peut montrer que l'on aura d'une manière générale

$$(2) \qquad \left(\frac{1}{\rho + \mu^2}, \frac{1}{\rho + \mu^2}, \ldots, \frac{1}{\rho + \mu^2}\right) = 0,$$

quel que soit le nombre des éléments en parenthèse.

Pour le prouver, considérons un terme quelconque de la somme qui figure dans la définition du symbole (1) et posons-y

$$\xi_1 = \xi_2 = \cdots = \xi_n = \frac{1}{\rho + \mu^2}.$$

La dérivée dont dépend ce terme deviendra

(3) $$\frac{\partial^{n-1}}{\partial u^i \partial v^j} \int \frac{G(v)\, d\sigma'}{(\rho + \mu'^2)^{j+1} D(u, v)}.$$

Or il est facile de voir que cette expression, en y faisant $v = \rho$, se réduit à zéro.

En effet, si $j = 0$, l'expression (3), où l'on a

$$G(v) = \frac{v + \mu'^2}{\sqrt{v}},$$

se réduit pour $v = \rho$ à

$$\frac{1}{\sqrt{\rho}} \frac{\partial^{n-1}}{\partial u^{n-1}} \int \frac{d\sigma'}{D(u, \rho)},$$

et l'intégrale qui y figure, et où l'on doit supposer $u < \rho$, ne dépend pas de u. Cette expression devient donc égale à zéro.

Quant au cas où j n'est pas nul, on s'assure facilement que la dérivée

$$\frac{\partial^j}{\partial v^j} \int \frac{G(v)\, d\sigma'}{(\rho + \mu'^2)^{j+1} D(u, v)}$$

se réduira à zéro.

En effet, cette dérivée, lorsqu'on y fait $v = \rho$, devient égale à

$$\frac{\partial^j}{\partial v^j} \left[\frac{1}{\sqrt{v}} \int \frac{d\sigma'}{(\rho + \mu'^2)^j D(u, v)} \right] + j \frac{\partial^{j-1}}{\partial v^{j-1}} \left[\frac{1}{\sqrt{v}} \int \frac{d\sigma'}{(\rho + \mu'^2)^{j+1} D(u, v)} \right],$$

ce qu'on peut présenter sous la forme

(4) $$(-1)^{j-1} 1 \cdot 2 \cdot 3 \cdots (j-1) \left[\frac{\partial^{2j-1} J}{\partial v^j \partial \rho^{j-1}} - \frac{\partial^{2j-1} J}{\partial v^{j-1} \partial \rho^j} \right],$$

en posant

$$\frac{1}{\sqrt{v}} \int \frac{d\sigma'}{(\rho + \mu'^2) D(u, v)} = J.$$

Or, en développant la fonction

$$\frac{1}{\rho + \mu^2}$$

suivant les polynômes de Legendre et en remarquant que l'on a (n° 4)

$$\int_0^1 \frac{P_{2n}(x)\,dx}{\rho + x^2} = \frac{(-1)^n}{4n+1} \frac{Q_{2n}}{\sqrt{\rho}},$$

on trouve

$$\frac{1}{\rho + \mu^2} = \sum_{n=0}^{\infty} (-1)^n \frac{Q_{2n}}{\sqrt{\rho}} P_{2n}(\mu).$$

Par suite, u étant inférieur à ρ, il vient

$$J = 4\pi \sum_{n=0}^{\infty} \frac{(-1)^n}{4n+1} \frac{Q_{2n}(\rho)}{\sqrt{\rho}} \frac{Q_{2n}(v)}{\sqrt{v}} P_{2n}(u) P_{2n}(\mu).$$

On voit donc que J est symétrique par rapport à ρ et à v, et que, par conséquent, l'expression (4) se réduira à zéro quand on y pose $v = \rho$.

Ainsi tous les termes de la somme considérée seront nuls, ce qui prouve bien l'égalité (2).

D'après cela nous aurons

$$W_{20} = (\tau, \tau) + 2C_{10}\left(\tau, \frac{1}{\rho + \mu^2}\right);$$

d'où l'on voit que ζ_{20} sera de la forme

$$\zeta_{20} = \tau_1 + C_{10}\varphi + \frac{C_{20}}{\rho + \mu^2},$$

τ_1 et φ étant des fonctions définies par les équations

$$R(\rho + \mu^2)\tau_1 - \frac{1}{4\pi} \int \frac{(\rho + \mu'^2)\tau_1'}{D} d\sigma' = \frac{\sqrt{\rho}}{2} (\tau, \tau) + CP(\mu),$$

$$R(\rho + \mu^2)\varphi - \frac{1}{4\pi} \int \frac{(\rho + \mu'^2)\varphi'}{D} d\sigma' = \sqrt{\rho}\left(\tau, \frac{1}{\rho + \mu^2}\right) + C'P(\mu),$$

où C et C' sont des constantes.

Quant à ces constantes, on pourra en disposer à volonté, pourvu que les expressions de τ_1 et φ restent valables quand on pose $T = 0$.

Occupons-nous de la recherche de pareilles expressions pour ces fonctions.

46. En commençant par la fonction τ_1, cherchons le développement de (τ, τ) suivant les polynômes de Legendre.

Nous avons

$$(\tau, \tau) = \frac{1}{4\pi} \lim \frac{\partial}{\partial v} \int \frac{G(v)\,\tau'^2}{D(u, v)} d\sigma' + \frac{\tau}{2\pi} \lim \frac{\partial}{\partial u} \int \frac{G(v)\,\tau'}{D(u, v)} d\sigma'$$

$$= \frac{1}{4\pi} \lim \frac{\partial}{\partial v} \left[\frac{1}{\sqrt{v}} \int \frac{\tau' P(\mu')}{D(u, v)} d\sigma' \right] + \frac{1}{4\pi\sqrt{\rho}} \int \frac{\tau'^2}{D} d\sigma' + \frac{\tau}{2\pi\sqrt{\rho}} \lim \frac{\partial}{\partial u} \int \frac{P(\mu')}{D(u, \rho)} d\sigma'.$$

Posons maintenant

$$\tau P(\mu) = \frac{[P(\mu)]^2}{\rho + \mu^2} = \sum_{n=0}^{\infty} a_n P_{2n}(\mu),$$

en sorte qu'on ait

$$a_n = (4n+1) \int_0^1 \frac{[P(x)]^2 P_{2n}(x)}{\rho + x^2} dx. \tag{5}$$

Alors il viendra

$$\tau^2 = -\sum_{n=0}^{\infty} \frac{da_n}{d\rho} P_{2n}(\mu),$$

et l'égalité précédente se réduira à

$$(\tau, \tau) = \sum_{n=0}^{\infty} \frac{\mathsf{P}_{2n}}{4n+1} \left(a_n \frac{d}{d\rho} \frac{\mathsf{Q}_{2n}}{\sqrt{\rho}} - \frac{da_n}{d\rho} \frac{\mathsf{Q}_{2n}}{\sqrt{\rho}} \right) P_{2n}(\mu) + \frac{2}{2m+1} \frac{d\mathsf{P}}{d\rho} \frac{\mathsf{Q}}{\sqrt{\rho}} \tau P(\mu),$$

ou bien,

$$(\tau, \tau) = \sum_{n=0}^{\infty} \overline{a}_n P_{2n}(\mu),$$

en posant

$$\overline{a}_n = \frac{\mathsf{P}_{2n}}{4n+1} \left(a_n \frac{d}{d\rho} \frac{\mathsf{Q}_{2n}}{\sqrt{\rho}} - \frac{da_n}{d\rho} \frac{\mathsf{Q}_{2n}}{\sqrt{\rho}} \right) + \frac{2a_n}{2m+1} \frac{d\mathsf{P}}{d\rho} \frac{\mathsf{Q}}{\sqrt{\rho}}.$$

Or cette expression de $\overline{a}_n$ peut être mise sous une autre forme.

Nous remarquons pour cela que

$$\frac{\mathsf{Q}}{2m+1} = \frac{T_{2n} - T}{\mathsf{P}} + \frac{\mathsf{P}_{2n} \mathsf{Q}_{2n}}{(4n+1)\mathsf{P}}.$$

En portant cette expression de $\frac{Q}{2m+1}$ dans la formule précédente et en posant

$$a_n \frac{d}{d\rho} \frac{\mathsf{P}^2 \mathsf{Q}_{2n}}{\sqrt{\rho}} - \frac{da_n}{d\rho} \frac{\mathsf{P}^2 \mathsf{Q}_{2n}}{\sqrt{\rho}} = a'_n,$$

nous pourrons écrire

$$\overline{a}_n = \frac{2 \frac{d\mathsf{P}}{d\rho}}{\mathsf{P}\sqrt{\rho}} (T_{2n} - T) a_n + \frac{\mathsf{P}_{2n}}{\mathsf{P}^2} \frac{a'_n}{4n+1}.$$

Ayant ainsi trouvé le développement de (τ, τ), nous obtiendrons tout de suite la fonction τ_1, pour laquelle, en choisissant convenablement la constante C, nous pouvons admettre cette expression:

$$\tau_1 = \frac{1}{\mathsf{P}} \frac{d\mathsf{P}}{d\rho} \sum a_n \frac{P_{2n}(\mu)}{\rho + \mu^2} + \frac{\sqrt{\rho}}{2\mathsf{P}^2} \sum{}' \frac{\mathsf{P}_{2n}}{T_{2n}} \frac{a'_n}{4n+1} \frac{P_{2n}(\mu)}{\rho + \mu^2} - \frac{T}{\mathsf{P}} \frac{d\mathsf{P}}{d\rho} \sum{}' \frac{a_n}{T_{2n}} \frac{P_{2n}(\mu)}{\rho + \mu^2},$$

où la première somme s'étend à toutes les valeurs de n de 0 à ∞, pendant que, dans les deux autres, on doit exclure la valeur $n = \frac{m}{2}$, ce qui est indiqué par un accent.

On voit que la première somme se réduit à une fonction rationnelle de μ: elle est, en effet, égale à τ^2.

La deuxième représentera aussi une fonction rationnelle, puisque a'_n se réduira à zéro pour des valeurs assez grandes de n. En effet, dès que n dépasse $m-1$, la formule (5) se réduit à

$$a_n = (-1)^n \frac{\mathsf{P}^2 \mathsf{Q}_{2n}}{\sqrt{\rho}}$$

et l'on a, par suite, $a'_n = 0$.

Quant enfin à la troisième somme, elle ne semble pas être réductible à une expression finie. Mais, comme elle est multipliée par T, elle ne figurera pas dans l'expression définitive de τ_1, laquelle expression sera ainsi rationnelle par rapport à μ.

En remplaçant la première somme par sa valeur, nous aurons

$$\tau_1 = \frac{1}{\mathsf{P}} \frac{d\mathsf{P}}{d\rho} \tau^2 + \frac{\sqrt{\rho}}{2\mathsf{P}^2} \sum{}' \frac{\mathsf{P}_{2n}}{4n+1} \frac{a'_n}{T_{2n}} \frac{P_{2n}(\mu)}{\rho + \mu^2} - \frac{T}{\mathsf{P}} \frac{d\mathsf{P}}{d\rho} \sum{}' \frac{a_n}{T_{2n}} \frac{P_{2n}(\mu)}{\rho + \mu^2}.$$

47. Passant à présent à l'évaluation de la fonction φ, nous remarquons que

$$\left(\tau, \frac{1}{\rho + \mu^2}\right) = \frac{1}{4\pi} \lim \frac{\partial}{\partial v} \int \frac{G(v)\tau'}{(\rho + \mu'^2) D(u, v)} d\sigma' + \frac{1}{4\pi} \frac{1}{\rho + \mu^2} \lim \frac{\partial}{\partial u} \int \frac{G(v)\tau'}{D(u, v)} d\sigma',$$

car la dérivée

$$\frac{\partial}{\partial u}\int\frac{G(v)\,d\sigma'}{(\rho+\mu'^2)\,D(u,v)}$$

se réduit à zéro pour $v=\rho$.

En remarquant ensuite que la dérivée

$$\frac{\partial}{\partial v}\int\frac{G(v)\,\tau'\,d\sigma'}{(\rho+\mu'^2)\,D(u,v)}$$

est égale, dans la même hypothèse, à

$$\frac{\partial}{\partial v}\left[\frac{1}{\sqrt{v}}\int\frac{\tau'\,d\sigma'}{D(u,v)}\right]-\frac{\partial}{\partial\rho}\left[\frac{1}{\sqrt{v}}\int\frac{\tau'\,d\sigma'}{D(u,v)}\right]$$

et en supposant que le développement de τ suivant les polynômes de Legendre soit

$$\tau=\sum x_n P_{2n}(\mu),$$

nous aurons, en procédant comme plus haut,

$$\left(\tau,\frac{1}{\rho+\mu^2}\right)=\sum\frac{\mathrm{P}_{2n}}{4n+1}\left(x_n\frac{d}{d\rho}\frac{\mathrm{Q}_{2n}}{\sqrt{\rho}}-\frac{dx_n}{d\rho}\frac{\mathrm{Q}_{2n}}{\sqrt{\rho}}\right)P_{2n}(\mu)+\frac{1}{2m+1}\frac{d\mathrm{P}}{d\rho}\frac{\mathrm{Q}}{\sqrt{\rho}}\tau.$$

De là on déduit

$$\left(\tau,\frac{1}{\rho+\mu^2}\right)=\sum\overline{x}_n P_{2n}(\mu),$$

où

$$\overline{x}_n=\frac{\mathrm{P}_{2n}}{4n+1}\left(x_n\frac{d}{d\rho}\frac{\mathrm{Q}_{2n}}{\sqrt{\rho}}-\frac{dx_n}{d\rho}\frac{\mathrm{Q}_{2n}}{\sqrt{\rho}}\right)+\frac{x_n}{2m+1}\frac{d\mathrm{P}}{d\rho}\frac{\mathrm{Q}}{\sqrt{\rho}},$$

ce qu'on peut encore présenter sous la forme

$$\overline{x}_n=\frac{\mathrm{P}_{2n}}{\mathrm{P}}\frac{x'_n}{4n+1}+\frac{\frac{d\mathrm{P}}{d\rho}}{\mathrm{P}\sqrt{\rho}}(T_{2n}-T)x_n,$$

en posant

$$x_n\frac{d}{d\rho}\frac{\mathrm{P}\mathrm{Q}_{2n}}{\sqrt{\rho}}-\frac{dx_n}{d\rho}\frac{\mathrm{P}\mathrm{Q}_{2n}}{\sqrt{\rho}}=x'_n.$$

Quant à la constante $\varkappa_n$, on aura

$$\varkappa_n = (4n+1)\int_0^1 \frac{P(x)P_{2n}(x)}{\rho+x^2}\,dx,$$

ce qui fait voir que,

$$\text{pour } n \leqq \frac{m}{2}, \qquad \varkappa_n = (-1)^{n+\frac{m}{2}}\frac{4n+1}{2m+1}\frac{\mathsf{P}_{2n}\mathsf{Q}}{\sqrt{\rho}},$$

$$\text{pour } n \geqq \frac{m}{2}, \qquad \varkappa_n = (-1)^{n+\frac{m}{2}}\frac{\mathsf{P}\mathsf{Q}_{2n}}{\sqrt{\rho}}.$$

On en conclut que $\varkappa'_n$ se réduira à zéro, toutes les fois que $n \geqq \frac{m}{2}$, et que, pour $n \leqq \frac{m}{2}$, il viendra

$$\varkappa'_n = (-1)^{n+\frac{m}{2}}\frac{4n+1}{2m+1}\left(\frac{\mathsf{P}_{2n}\mathsf{Q}}{\sqrt{\rho}}\frac{d}{d\rho}\frac{\mathsf{P}\mathsf{Q}_{2n}}{\sqrt{\rho}} - \frac{\mathsf{P}\mathsf{Q}_{2n}}{\sqrt{\rho}}\frac{d}{d\rho}\frac{\mathsf{P}_{2n}\mathsf{Q}}{\sqrt{\rho}}\right).$$

Or la quantité qui se trouve entre les parenthèses peut se mettre sous la forme

$$\left(\mathsf{Q}\frac{d\mathsf{P}}{d\rho} - \mathsf{P}\frac{d\mathsf{Q}}{d\rho}\right)\frac{\mathsf{P}_{2n}\mathsf{Q}_{2n}}{\rho} - \left(\mathsf{Q}_{2n}\frac{d\mathsf{P}_{2n}}{d\rho} - \mathsf{P}_{2n}\frac{d\mathsf{Q}_{2n}}{d\rho}\right)\frac{\mathsf{P}\mathsf{Q}}{\rho}.$$

Elle est donc égale à

$$\frac{(2m+1)\mathsf{P}_{2n}\mathsf{Q}_{2n} - (4n+1)\mathsf{P}\mathsf{Q}}{2(\rho+1)\rho^{\frac{3}{2}}} = \frac{(2m+1)(4n+1)}{2(\rho+1)\rho^{\frac{3}{2}}}(T - T_{2n}).$$

Par suite, nous aurons:

$$\text{pour } n \leqq \frac{m}{2}, \qquad \varkappa'_n = \frac{(-1)^{n+\frac{m}{2}}(4n+1)^2}{2(\rho+1)\rho^{\frac{3}{2}}}(T - T_{2n}),$$

$$\text{pour } n \geqq \frac{m}{2}, \qquad \varkappa'_n = 0.$$

Cela posé, reportons-nous à l'équation dont dépend la fonction φ.

En y faisant

$$C' = \frac{\mathsf{Q}}{\sqrt{\rho}}\frac{d\mathsf{P}}{d\rho}T,$$

nous en tirons

$$\varphi = \sqrt{\rho}\sum{}' \frac{\overline{\varkappa}_n}{T_{2n}} \frac{P_{2n}(\mu)}{\rho + \mu^2} + \frac{\mathrm{Q}}{\sqrt{\rho}} \frac{d\mathrm{P}}{d\rho} \frac{P(\mu)}{\rho + \mu^2},$$

ce qui, d'après les formules précédentes, se réduit à

$$\varphi = \frac{1}{\mathrm{P}} \frac{d\mathrm{P}}{d\rho} \frac{\tau_1}{\rho + \mu^2} + \frac{\sqrt{\rho}}{\mathrm{P}} \sum{}' \frac{\mathrm{P}_{2n}}{4n+1} \frac{\varkappa_n'}{T_{2n}} \frac{P_{2n}(\mu)}{\rho + \mu^2} - \frac{T}{\mathrm{P}} \frac{d\mathrm{P}}{d\rho} \sum{}' \frac{\varkappa_n}{T_{2n}} \frac{P_{2n}(\mu)}{\rho + \mu^2},$$

en continuant d'employer un accent pour indiquer qu'en faisant une sommation on ne doit pas donner à n la valeur $\frac{m}{2}$.

48. Revenons à la formule

$$\zeta_{20} = \tau_1 + C_{10}\varphi + \frac{C_{20}}{\rho + \mu^2}.$$

En y substituant les expressions obtenues de τ_1 et de φ, nous aurons un résultat de la forme

$$\zeta_{20} = F(\mu) - \frac{T}{\mathrm{P}} \frac{d\mathrm{P}}{d\rho} \sum{}' \frac{a_n + C_{10}\varkappa_n}{T_{2n}} \frac{P_{2n}(\mu)}{\rho + \mu^2},$$

$F(\mu)$ étant une fonction rationnelle de μ.

On voit par là que l'expression générale de ζ_{20}, quand on ne veut pas tenir compte de l'équation $T = 0$, ne se présente pas sous une forme finie.

Cette expression devient toutefois une fonction rationnelle de μ, sitôt qu'on y pose $T = 0$.

D'autre part, si l'on a

$$C_{10} = -(-1)^{\frac{m}{2}}\mathrm{P},$$

la même expression doit devenir une fonction rationnelle de μ quel que soit T, car, C_{10} ayant cette valeur, on pourra rendre ζ_{20} une fonction entière de μ en choisissant convenablement la constante C_{20} (nº 35). Et en effet, nous avons vu au nº 46 que, pour $n > m - 1$, on a

$$a_n = (-1)^n \frac{\mathrm{P}^2 \mathrm{Q}_{2n}}{\sqrt{\rho}}.$$

On aura donc alors

$$a_n = (-1)^{\frac{m}{2}} \mathrm{P}\varkappa_n,$$

et, par suite, pour la valeur considérée de C_{10}, la somme dans l'expression ci-dessus de ζ_{20} ne contiendra qu'un nombre limité de termes.

Voyons maintenant comment s'exprimera la fonction ζ_{30}.

49. En nous reportant à la formule

$$W_{30} = 2(\zeta_{20}, \zeta_{10}) + (\zeta_{10}, \zeta_{10}, \zeta_{10})$$

et tenant compte de l'égalité (2), nous obtenons

$$\begin{aligned} W_{30} = 2(\tau_1, \tau) + (\tau, \tau, \tau) &+ C_{10}\left[2(\tau, \varphi) + 2\left(\tau_1, \frac{1}{\rho+\mu^2}\right) + 3\left(\tau, \tau, \frac{1}{\rho+\mu^2}\right)\right] \\ &+ C_{10}^2\left[2\left(\varphi, \frac{1}{\rho+\mu^2}\right) + 3\left(\tau, \frac{1}{\rho+\mu^2}, \frac{1}{\rho+\mu^2}\right)\right] \\ &+ 2C_{20}\left(\tau, \frac{1}{\rho+\mu^2}\right). \end{aligned}$$

Nous pouvons donc poser

$$\zeta_{30} = \tau_2 + C_{10}\varphi_1 + C_{10}^2\chi + C_{20}\varphi + \frac{C_{30}}{\rho+\mu^2},$$

en entendant par τ_2, φ_1, χ les fonctions définies par les équations

$$R(\rho+\mu^2)\tau_2 - \frac{1}{4\pi}\int\frac{(\rho+\mu'^2)\tau_2'}{D}d\sigma' = \frac{\sqrt{\rho}}{2}[2(\tau_1, \tau) + (\tau, \tau, \tau)] + CP(\mu),$$

$$\begin{aligned} R(\rho+\mu^2)\varphi_1 - \frac{1}{4\pi}\int\frac{(\rho+\mu'^2)\varphi_1'}{D}d\sigma' \\ = \frac{\sqrt{\rho}}{2}\left[2(\tau, \varphi) + 2\left(\tau_1, \frac{1}{\rho+\mu^2}\right) + 3\left(\tau, \tau, \frac{1}{\rho+\mu^2}\right)\right] + C'P(\mu), \end{aligned}$$

$$\begin{aligned} R(\rho+\mu^2)\chi - \frac{1}{4\pi}\int\frac{(\rho+\mu'^2)\chi'}{D}d\sigma' \\ = \frac{\sqrt{\rho}}{2}\left[2\left(\varphi, \frac{1}{\rho+\mu^2}\right) + 3\left(\tau, \frac{1}{\rho+\mu^2}, \frac{1}{\rho+\mu^2}\right)\right] + C''P(\mu), \end{aligned}$$

où C, C', C'' sont des constantes dont les valeurs pourront être quelconques, pourvu que les équations ne deviennent pas impossibles quand on pose $T=0$.

Quant aux fonctions τ_1 et φ, nous avons

$$\tau_1 = \frac{1}{\mathbf{P}}\frac{d\mathbf{P}}{d\rho}\tau^2 + \sum{}' \alpha_n \frac{P_{2n}(\mu)}{\rho+\mu^2},$$

$$\varphi = \frac{1}{\mathbf{P}}\frac{d\mathbf{P}}{d\rho}\frac{\tau}{\rho+\mu^2} + \sum{}' \beta_n \frac{P_{2n}(\mu)}{\rho+\mu^2},$$

avec ces expressions pour α_n et β_n:

$$\alpha_n = \frac{\sqrt{\rho}\,\mathbf{P}_{2n}}{2\mathbf{P}^2}\frac{a'_n}{(4n+1)T_{2n}} - \frac{T}{\mathbf{P}}\frac{d\mathbf{P}}{d\rho}\frac{a_n}{T_{2n}},$$

$$\beta_n = \frac{\sqrt{\rho}\,\mathbf{P}_{2n}}{\mathbf{P}}\frac{x'_n}{(4n+1)T_{2n}} - \frac{T}{\mathbf{P}}\frac{d\mathbf{P}}{d\rho}\frac{x_n}{T_{2n}}.$$

Commençons par la recherche de la fonction τ_2.

50. Cherchons le développement de (τ_1, τ) suivant les polynômes de Legendre. Nous avons

$$(\tau_1, \tau) = \frac{1}{\mathbf{P}}\frac{d\mathbf{P}}{d\rho}(\tau^2, \tau) + \sum{}' \alpha_n \left(\frac{P_{2n}(\mu)}{\rho+\mu^2}, \tau\right).$$

$$(\tau^2, \tau) = \sum a_n \left(\frac{P_{2n}(\mu)}{\rho+\mu^2}, \tau\right),$$

La question se ramène ainsi à la recherche du développement de la fonction

$$\left(\frac{P_{2n}(\mu)}{\rho+\mu^2}, \tau\right)$$

pour une valeur quelconque de n.

Reportons-nous donc à l'expression de cette fonction, savoir,

$$\left(\frac{P_{2n}(\mu)}{\rho+\mu^2}, \tau\right) = \frac{1}{4\pi}\lim \frac{\partial}{\partial v}\int \frac{G(v)\,P_{2n}(\mu')\,\tau'}{(\rho+\mu'^2)\,D(u,v)}\,d\sigma' + \frac{1}{4\pi\sqrt{\rho}}\frac{P_{2n}(\mu)}{\rho+\mu^2}\lim\frac{\partial}{\partial u}\int\frac{P(\mu')}{D(u,\rho)}\,d\sigma'$$
$$+ \frac{1}{4\pi\sqrt{\rho}}\frac{P(\mu)}{\rho+\mu^2}\lim\frac{\partial}{\partial u}\int\frac{P_{2n}(\mu')}{D(u,\rho)}\,d\sigma'.$$

Cette expression se réduit évidemment à

$$\frac{1}{4\pi}\lim\left\{\frac{\partial}{\partial v}\left[\frac{1}{\sqrt{v}}\int\frac{P_{2n}(\mu')\,\tau'}{D(u,v)}\,d\sigma'\right] - \frac{\partial}{\partial\rho}\left[\frac{1}{\sqrt{v}}\int\frac{P_{2n}(\mu')\,\tau'}{D(u,v)}\,d\sigma'\right]\right\}$$
$$+ \left(\frac{1}{2m+1}\frac{d\mathbf{P}}{d\rho}\frac{\mathbf{Q}}{\sqrt{\rho}} + \frac{1}{4n+1}\frac{d\mathbf{P}_{2n}}{d\rho}\frac{\mathbf{Q}_{2n}}{\sqrt{\rho}}\right)P_{2n}(\mu)\,\tau;$$

d'où l'on voit que, si l'on pose

$$(6)\qquad P_{2n}(\mu)\tau = \frac{P(\mu)\,P_{2n}(\mu)}{\rho+\mu^2} = \sum_{(l)} a_{nl}\,P_{2l}(\mu),$$

$$\left(\frac{P_{2n}(\mu)}{\rho+\mu^2}, \tau\right) = \sum_{(l)} \overline{a}_{nl}\,P_{2l}(\mu),$$

il viendra

$$(7)\quad \overline{a}_{nl} = \frac{\mathsf{P}_{2l}}{4l+1}\left(a_{nl}\frac{d}{d\rho}\frac{\mathsf{Q}_{2l}}{\sqrt{\rho}} - \frac{da_{nl}}{d\rho}\frac{\mathsf{Q}_{2l}}{\sqrt{\rho}}\right) + \left(\frac{1}{2m+1}\frac{d\mathsf{P}}{d\rho}\frac{\mathsf{Q}}{\sqrt{\rho}} + \frac{1}{4n+1}\frac{d\mathsf{P}_{2n}}{d\rho}\frac{\mathsf{Q}_{2n}}{\sqrt{\rho}}\right)a_{nl},$$

ce qu'on peut encore écrire

$$\overline{a}_{nl} = \frac{\mathsf{P}_{2l}}{(4l+1)\mathsf{P}\mathsf{P}_{2n}}\left(a_{nl}\frac{d}{d\rho}\frac{\mathsf{P}\mathsf{P}_{2n}\mathsf{Q}_{2l}}{\sqrt{\rho}} - \frac{da_{nl}}{d\rho}\frac{\mathsf{P}\mathsf{P}_{2n}\mathsf{Q}_{2l}}{\sqrt{\rho}}\right)$$
$$+\left(\frac{1}{\mathsf{P}}\frac{d\mathsf{P}}{d\rho}\frac{T_{2l}-T}{\sqrt{\rho}} + \frac{1}{\mathsf{P}_{2n}}\frac{d\mathsf{P}_{2n}}{d\rho}\frac{T_{2l}-T_{2n}}{\sqrt{\rho}}\right)a_{nl}.$$

De là, en posant pour abréger

$$a_{nl}\frac{d}{d\rho}\frac{\mathsf{P}\mathsf{P}_{2n}\mathsf{Q}_{2l}}{\sqrt{\rho}} - \frac{da_{nl}}{d\rho}\frac{\mathsf{P}\mathsf{P}_{2n}\mathsf{Q}_{2l}}{\sqrt{\rho}} = a'_{nl},$$

on déduit

$$(8)\quad \left(\frac{P_{2n}(\mu)}{\rho+\mu^2}, \tau\right) = \frac{1}{\mathsf{P}\mathsf{P}_{2n}}\sum_{(l)}\frac{\mathsf{P}_{2l}}{4l+1}a'_{nl}P_{2l}(\mu) + \frac{1}{\mathsf{P}\mathsf{P}_{2n}\sqrt{\rho}}\frac{d\mathsf{P}\mathsf{P}_{2n}}{d\rho}\sum_{(l)}T_{2l}a_{nl}P_{2l}(\mu)$$
$$-\left(\frac{T}{\mathsf{P}\sqrt{\rho}}\frac{d\mathsf{P}}{d\rho} + \frac{T_{2n}}{\mathsf{P}_{2n}\sqrt{\rho}}\frac{d\mathsf{P}_{2n}}{d\rho}\right)\tau P_{2n}(\mu).$$

Remarquons que la première somme du second membre ne contiendra qu'un nombre limité de termes, puisque a'_{nl} se réduira à zéro, dès que l deviendra assez grand.

En effet, l'égalité (6) donne

$$(9)\qquad a_{nl} = (4l+1)\int_0^1 \frac{P(x)\,P_{2n}(x)\,P_{2l}(x)}{\rho+x^2}\,dx,$$

ce qui, pour $l > n+\frac{m}{2}-1$, se réduit à

$$a_{nl} = (-1)^{n+l+\frac{m}{2}}\frac{\mathsf{P}\mathsf{P}_{2n}\mathsf{Q}_{2l}}{\sqrt{\rho}}.$$

On aura donc $a'_{nl}=0$, toutes les fois que

$$l > n + \frac{m}{2} - 1.$$

La formule (8) nous servira pour former le développement de la somme

$$\sum{}' a_n \left(\frac{P_{2n}(\mu)}{\rho+\mu^2}, \tau\right).$$

Quant au développement de la somme

$$\sum a_n \left(\frac{P_{2n}(\mu)}{\rho+\mu^2}, \tau\right)$$

par laquelle s'exprime (τ^2, τ), nous le formerons en faisant usage de l'égalité

$$\left(\frac{P_{2n}(\mu)}{\rho+\mu^2}, \tau\right) = \sum_{(l)} \frac{\mathrm{P}_{2l}}{4l+1}\left(a_{nl}\frac{d}{d\rho}\frac{\mathrm{Q}_{2l}}{\sqrt{\rho}} - \frac{da_{nl}}{d\rho}\frac{\mathrm{Q}_{2l}}{\sqrt{\rho}}\right)P_{2l}(\mu)$$
$$+\left(\frac{1}{2m+1}\frac{d\mathrm{P}}{d\rho}\frac{\mathrm{Q}}{\sqrt{\rho}} + \frac{1}{4n+1}\frac{d\mathrm{P}_{2n}}{d\rho}\frac{\mathrm{Q}_{2n}}{\sqrt{\rho}}\right)\tau P_{2n}(\mu), \tag{10}$$

qu'on déduit immédiatement de la formule (7).

Supposons pour cela qu'on a ce développement:

$$\frac{[P(\mu)]^3}{\rho+\mu^2} = \sum b_n P_{2n}(\mu),$$

de sorte que

$$b_n = (4n+1)\int_0^1 \frac{[P(x)]^3 P_{2n}(x)}{\rho+x^2}\,dx. \tag{11}$$

Alors, comme on a

$$\sum a_n P_{2n}(\mu) = \frac{[P(\mu)]^2}{\rho+\mu^2},$$

la formule (9) donnera

$$\sum_{(n)} a_n a_{nl} = -\frac{db_l}{d\rho}, \qquad \sum_{(n)} a_n \frac{da_{nl}}{d\rho} = -\frac{1}{2}\frac{d^2 b_l}{d\rho^2}.$$

Par suite, nous aurons

$$(\tau^2, \tau) = \sum \frac{\mathsf{P}_{2n}}{4n+1}\left(\frac{1}{2}\frac{d^2 b_n}{d\rho^2}\frac{\mathsf{Q}_{2n}}{\sqrt{\rho}} - \frac{db_n}{d\rho}\frac{d}{d\rho}\frac{\mathsf{Q}_{2n}}{\sqrt{\rho}}\right)P_{2n}(\mu)$$

$$+ \tau \sum \frac{a_n}{4n+1}\frac{d\mathsf{P}_{2n}}{d\rho}\frac{\mathsf{Q}_{2n}}{\sqrt{\rho}}P_{2n}(\mu) + \frac{\tau^2}{2m+1}\frac{d\mathsf{P}}{d\rho}\frac{\mathsf{Q}}{\sqrt{\rho}}P(\mu),$$

où

$$\tau^2 P(\mu) = -\sum \frac{db_n}{d\rho}P_{2n}(\mu). \tag{12}$$

51. Pour déterminer la fonction τ_2, on doit avoir le développement de l'expression

$$2(\tau_1, \tau) + (\tau, \tau, \tau). \tag{13}$$

Il nous reste donc encore à former le développement de (τ, τ, τ) suivant les polynômes de Legendre.

Nous avons

$$(\tau, \tau, \tau) = \frac{1}{12\pi}\lim \frac{\partial^2}{\partial v^2}\int \frac{G(v)\tau'^3}{D(u,v)}d\sigma'$$

$$+ \frac{\tau}{4\pi}\lim \frac{\partial}{\partial u}\left[\frac{\partial}{\partial v}\int \frac{G(v)\tau'^2}{D(u,v)}d\sigma' + \tau\frac{\partial}{\partial u}\int \frac{G(v)\tau'}{D(u,v)}d\sigma'\right],$$

et, pour l'expression qui se trouve à la deuxième ligne, nous obtenons, en procédant comme au n° 46,

$$\tau \sum \frac{1}{4n+1}\frac{d\mathsf{P}_{2n}}{d\rho}\left(a_n \frac{d}{d\rho}\frac{\mathsf{Q}_{2n}}{\sqrt{\rho}} - \frac{da_n}{d\rho}\frac{\mathsf{Q}_{2n}}{\sqrt{\rho}}\right)P_{2n}(\mu) + \frac{1}{2m+1}\frac{d^2\mathsf{P}}{d\rho^2}\frac{\mathsf{Q}}{\sqrt{\rho}}\tau^2 P(\mu).$$

Quant à la dérivée

$$\frac{\partial^2}{\partial v^2}\int \frac{G(v)\tau'^3}{D(u,v)}d\sigma',$$

qui est égale, pour $v = \rho$, à

$$\frac{\partial^2}{\partial v^2}\left[\frac{1}{\sqrt{v}}\int \frac{\tau'^2 P(\mu')}{D(u,v)}d\sigma'\right] + 2\frac{\partial}{\partial v}\left[\frac{1}{\sqrt{v}}\int \frac{\tau'^3}{D(u,v)}d\sigma'\right],$$

nous pouvons la mettre sous la forme

$$\frac{\partial^3}{\partial v\,\partial \rho^2}\left[\frac{1}{\sqrt{v}}\int \frac{[P(\mu')]^3\,d\sigma'}{(\rho+\mu'^2)\,D(u,v)}\right]-\frac{\partial^3}{\partial v^2\,\partial \rho}\left[\frac{1}{\sqrt{v}}\int \frac{[P(\mu')]^3\,d\sigma'}{(\rho+\mu'^2)\,D(u,v)}\right].$$

Par suite, en faisant usage des coefficients b_n définis plus haut, nous arrivons à cette formule:

$$\begin{aligned}(\tau,\tau,\tau) = \quad & \frac{1}{3}\sum \frac{\mathsf{P}_{2n}}{4n+1}\left(\frac{d^2 b_n}{d\rho^2}\frac{d}{d\rho}\frac{\mathsf{Q}_{2n}}{\sqrt{\rho}}-\frac{db_n}{d\rho}\frac{d^2}{d\rho^2}\frac{\mathsf{Q}_{2n}}{\sqrt{\rho}}\right)P_{2n}(\mu)\\ & + \tau\sum \frac{1}{4n+1}\frac{d\mathsf{P}_{2n}}{d\rho}\left(a_n\frac{d}{d\rho}\frac{\mathsf{Q}_{2n}}{\sqrt{\rho}}-\frac{da_n}{d\rho}\frac{\mathsf{Q}_{2n}}{\sqrt{\rho}}\right)P_{2n}(\mu)+\frac{\tau^2}{2m+1}\frac{d^2\mathsf{P}}{d\rho^2}\frac{\mathsf{Q}}{\sqrt{\rho}}P(\mu),\end{aligned}$$

d'où l'on tire tout de suite le développement cherché.

52. Reportons-nous maintenant à l'expression (13), qui est égale à

$$\frac{2}{\mathsf{P}}\frac{d\mathsf{P}}{d\rho}(\tau^2,\tau)+(\tau,\tau,\tau)+2\sum{}'\alpha_n\left(\frac{P_{2n}(\mu)}{\rho+\mu^2},\tau\right),$$

et voyons à quoi elle se réduira.

Tout d'abord, d'après les expressions trouvées pour (τ^2,τ) et (τ,τ,τ), nous obtenons, pour

$$\frac{2}{\mathsf{P}}\frac{d\mathsf{P}}{d\rho}(\tau^2,\tau)+(\tau,\tau,\tau),$$

une expression qu'on met facilement sous la forme

$$\begin{aligned}&\frac{1}{3\mathsf{P}^3}\sum \frac{\mathsf{P}_{2n}}{4n+1}\left(\frac{d^2 b_n}{d\rho^2}\frac{d}{d\rho}\frac{\mathsf{P}^3\mathsf{Q}_{2n}}{\sqrt{\rho}}-\frac{db_n}{d\rho}\frac{d^2}{d\rho^2}\frac{\mathsf{P}^3\mathsf{Q}_{2n}}{\sqrt{\rho}}\right)P_{2n}(\mu)\\ &+\frac{1}{3\mathsf{P}^3}\frac{d^2\mathsf{P}^3}{d\rho^2}\left[\sum \frac{\mathsf{P}_{2n}\mathsf{Q}_{2n}}{(4n+1)\sqrt{\rho}}\frac{db_n}{d\rho}P_{2n}(\mu)+\frac{\mathsf{P}\mathsf{Q}}{(2m+1)\sqrt{\rho}}\tau^2 P(\mu)\right]\\ &+\frac{\tau}{\mathsf{P}^2}\sum \frac{1}{4n+1}\frac{d\mathsf{P}_{2n}}{d\rho}\left(a_n\frac{d}{d\rho}\frac{\mathsf{P}^2\mathsf{Q}_{2n}}{\sqrt{\rho}}-\frac{da_n}{d\rho}\frac{\mathsf{P}^2\mathsf{Q}_{2n}}{\sqrt{\rho}}\right)P_{2n}(\mu),\end{aligned}$$

où d'ailleurs, d'après (12), l'expression en crochets à la deuxième ligne peut s'écrire

$$\sum \frac{T-T_{2n}}{\sqrt{\rho}}\frac{db_n}{d\rho}P_{2n}(\mu).$$

De cette façon, en remarquant que

$$a_n \frac{d}{d\rho} \frac{\mathbf{P}^2\mathbf{Q}_{2n}}{\sqrt{\rho}} - \frac{da_n}{d\rho} \frac{\mathbf{P}^2\mathbf{Q}_{2n}}{\sqrt{\rho}}$$

est ce que nous avons désigné au n° 46 par a'_n et en posant, pour abréger,

$$\frac{d^2 b_n}{d\rho^2} \frac{d}{d\rho} \frac{\mathbf{P}^3\mathbf{Q}_{2n}}{\sqrt{\rho}} - \frac{db_n}{d\rho} \frac{d^2}{d\rho^2} \frac{\mathbf{P}^3\mathbf{Q}_{2n}}{\sqrt{\rho}} = b'_n, \tag{14}$$

nous pouvons écrire

$$\frac{2}{\mathbf{P}} \frac{d\mathbf{P}}{d\rho}(\tau^2, \tau) + (\tau, \tau, \tau) = \frac{1}{3\mathbf{P}^3} \sum \frac{\mathbf{P}_{2n} b'_n}{4n+1} P_{2n}(\mu) + \frac{1}{3\mathbf{P}^3} \frac{d^2\mathbf{P}^3}{d\rho^2} \sum \frac{T - T_{2n}}{\sqrt{\rho}} \frac{db_n}{d\rho} P_{2n}(\mu)$$
$$+ \frac{\tau}{\mathbf{P}^2} \sum \frac{d\mathbf{P}_{2n}}{d\rho} \frac{a'_n}{4n+1} P_{2n}(\mu).$$

D'autre part, nous avons d'après (8)

$$\sum{}' \alpha_n \left(\frac{P_{2n}(\mu)}{\rho + \mu^2}, \tau \right) = \sum_{(n)}{}' \frac{\alpha_n}{\mathbf{P}\mathbf{P}_{2n}} \sum_{(l)} \frac{\mathbf{P}_{2l}}{4l+1} a'_{nl} P_{2l}(\mu) + \sum_{(n)}{}' \frac{\alpha_n}{\mathbf{P}\mathbf{P}_{2n}\sqrt{\rho}} \frac{d\mathbf{P}\mathbf{P}_{2n}}{d\rho} \sum_{(l)} T_{2l} a_{nl} P_{2l}(\mu)$$
$$- \sum{}' \left(\frac{T\alpha_n}{\mathbf{P}\sqrt{\rho}} \frac{d\mathbf{P}}{d\rho} + \frac{T_{2n}\alpha_n}{\mathbf{P}_{2n}\sqrt{\rho}} \frac{d\mathbf{P}_{2n}}{d\rho} \right) \tau P_{2n}(\mu),$$

et il ne reste qu'à substituer la valeur de α_n donnée à la fin du n° 49.

Faisons-le donc, mais ne considérons que les termes qui n'ont pas T en facteur. Nous aurons

$$2 \sum{}' \alpha_n \left(\frac{P_{2n}(\mu)}{\rho + \mu^2}, \tau \right) = \frac{\sqrt{\rho}}{\mathbf{P}^3} \sum_{(n)}{}' \frac{a'_n}{(4n+1) T_{2n}} \sum_{(l)} \frac{\mathbf{P}_{2l}}{4l+1} a'_{nl} P_{2l}(\mu)$$
$$+ \frac{1}{\mathbf{P}^3} \sum_{(n)}{}' \frac{a'_n}{(4n+1) T_{2n}} \frac{d\mathbf{P}\mathbf{P}_{2n}}{d\rho} \sum_{(l)} T_{2l} a_{nl} P_{2l}(\mu)$$
$$- \frac{\tau}{\mathbf{P}^2} \sum{}' \frac{d\mathbf{P}_{2n}}{d\rho} \frac{a'_n}{4n+1} P_{2n}(\mu) + \cdots,$$

les autres termes étant affectés du facteur T.

Ajoutons maintenant cette expression avec celle de

$$\frac{2}{\mathsf{P}}\frac{d\mathsf{P}}{d\rho}(\tau^2,\tau)+(\tau,\tau,\tau),$$

obtenue plus haut.

En remarquant que la somme multipliée par $\frac{\tau}{\mathsf{P}^2}$ est étendue, dans l'une de ces expressions, à toutes les valeurs de n, dans l'autre, à toutes les valeurs à l'exception de $n=\frac{m}{2}$, nous obtiendrons ainsi, pour la quantité (13), cette expression:

$$\frac{1}{3\mathsf{P}^3}\sum\frac{\mathsf{P}_{2n}}{4n+1}b'_n P_{2n}(\mu)-\frac{1}{3\mathsf{P}^3}\frac{d^2\mathsf{P}^3}{d\rho^2}\sum\frac{T_{2n}}{\sqrt{\rho}}\frac{db_n}{d\rho}P_{2n}(\mu)$$

$$+\frac{\sqrt{\rho}}{\mathsf{P}^3}\sum_{(n)}{}'\frac{a'_n}{(4n+1)T_{2n}}\sum_{(l)}\frac{\mathsf{P}_{2l}}{4l+1}a'_{nl}P_{2l}(\mu)+\frac{1}{\mathsf{P}^3}\sum{}'\frac{a'_n}{(4n+1)T_{2n}}\frac{d\mathsf{P}\mathsf{P}_{2n}}{d\rho}\sum_{(l)}T_{2l}a_{nl}P_{2l}(\mu)$$

$$+\frac{1}{2m+1}\frac{1}{\mathsf{P}^2}\frac{d\mathsf{P}}{d\rho}a'_{\frac{m}{2}}\tau P(\mu)+\frac{2}{\sqrt{\rho}}T\sum L_n P_{2n}(\mu),$$

les L_n étant certains coefficients que nous ne rechercherons pas.

Remarquons que la quantité $a'_{\frac{m}{2}}$, qui figure dans le terme en $\tau P(\mu)$, s'exprime très simplement au moyen de la constante que nous avons désignée par A.

En effet, pour cette constante, qui est égale dans le cas considéré à A_2, nous avons obtenu au n° 1 l'expression

$$A=\frac{1}{(\rho+1)\mathsf{P}}\left(\mathsf{J}\frac{d}{d\rho}\frac{\mathsf{P}^2\mathsf{Q}}{\sqrt{\rho}}-\frac{\mathsf{P}^2\mathsf{Q}}{\sqrt{\rho}}\frac{d\mathsf{J}}{d\rho}\right),$$

où

$$\mathsf{J}=\int_0^1\frac{[P(x)]^3}{\rho+x^2}dx=\frac{1}{2m+1}a_{\frac{m}{2}}.$$

On a donc

$$a'_{\frac{m}{2}}=(2m+1)(\rho+1)\mathsf{P}A.$$

Eu égard à cela, et en posant pour abréger

$$\sum_{(n)}{}'\frac{\sqrt{\rho}}{T_{2n}}\frac{a'_n a'_{nl}}{4n+1}=\frac{1}{3}h_l, \tag{15}$$

nous aurons

$$2(\tau_1, \tau) + (\tau, \tau, \tau) = \frac{1}{3\mathrm{P}^3}\sum \frac{\mathrm{P}_{2n}}{4n+1}(b'_n + h_n)P_{2n}(\mu) - \frac{1}{3\mathrm{P}^3}\frac{d^2\mathrm{P}^3}{d\rho^2}\sum \frac{T_{2n}}{\sqrt{\rho}}\frac{db_n}{d\rho}P_{2n}(\mu)$$

$$+ \frac{1}{\mathrm{P}^3}\sum_{(n)}{}' \frac{a'_n}{(4n+1)T_{2n}}\frac{d\mathrm{P}\mathrm{P}_{2n}}{d\rho}\sum_{(l)} T_{2l}\, a_{nl}\, P_{2l}(\mu)$$

$$+ A\frac{\rho+1}{\mathrm{P}}\frac{d\mathrm{P}}{d\rho}\tau P(\mu) + \frac{2}{\sqrt{\rho}}T\sum L_n P_{2n}(\mu).$$

53. Maintenant, en nous reportant à l'équation dont dépend τ_2 et en faisant une hypothèse convenable au sujet de C, nous pouvons présenter le second membre sous la forme de cette série :

$$\frac{\sqrt{\rho}}{6\mathrm{P}^3}\sum{}' \frac{\mathrm{P}_{2n}}{4n+1}(b'_n + h_n)P_{2n}(\mu) - \frac{1}{6\mathrm{P}^3}\frac{d^2\mathrm{P}^3}{d\rho^2}\sum T_{2n}\frac{db_n}{d\rho}P_{2n}(\mu)$$

$$+ \frac{\sqrt{\rho}}{2\mathrm{P}^3}\sum_{(n)}{}' \frac{a'_n}{(4n+1)T_{2n}}\frac{d\mathrm{P}\mathrm{P}_{2n}}{d\rho}\sum_{(l)} T_{2l}\, a_{nl}\, P_{2l}(\mu)$$

$$+ A\frac{(\rho+1)\sqrt{\rho}}{2\mathrm{P}}\frac{d\mathrm{P}}{d\rho}\sum{}' a_n P_{2n}(\mu) + T\sum{}' L_n P_{2n}(\mu).$$

D'après cela, en tenant compte des égalités

$$\sum \frac{db_n}{d\rho}P_{2n}(\mu) = -\tau^2 P(\mu), \qquad \sum_{(l)} a_{nl}\, P_{2l}(\mu) = \tau P_{2n}(\mu),$$

nous obtenons

$$\tau_2 = \frac{1}{6\mathrm{P}^3}\frac{d^2\mathrm{P}^3}{d\rho^2}\tau^3 + \frac{\sqrt{\rho}}{2\mathrm{P}^3}\tau\sum{}' \frac{1}{4n+1}\frac{d\mathrm{P}\mathrm{P}_{2n}}{d\rho}\frac{a'_n}{T_{2n}}\frac{P_{2n}(\mu)}{\rho+\mu^2} + \frac{\sqrt{\rho}}{6\mathrm{P}^3}\sum{}' \frac{\mathrm{P}_{2n}}{4n+1}\frac{b'_n + h_n}{T_{2n}}\frac{P_{2n}(\mu)}{\rho+\mu^2}$$

$$+ A\frac{(\rho+1)\sqrt{\rho}}{2\mathrm{P}}\frac{d\mathrm{P}}{d\rho}\sum{}' \frac{a_n}{T_{2n}}\frac{P_{2n}(\mu)}{\rho+\mu^2} + T\sum{}' \frac{L_n}{T_{2n}}\frac{P_{2n}(\mu)}{\rho+\mu^2}.$$

Envisageons de plus près cette expression.

Elle contient quatre sommes, dont celles, qui sont multipliées par A et par T, renferment une infinité de termes, et il ne semble pas qu'on puisse les présenter sous une forme finie.

Quant aux deux autres sommes, elles se réduiront à des fonctions rationnelles de μ, car il est facile de voir qu'elles ne renferment qu'un nombre limité de termes.

Pour ce qui concerne la somme qui est multipliée par τ, et qui dépend des a'_n, on le voit immédiatement, puisque nous savons déjà que a'_n s'annule, sitôt que n dépasse $m-1$ (n° 46); et, pour la somme dépendant des b'_n et des h_n, on s'en assure en considérant de plus près les expressions de ces constantes.

Tout d'abord, en se reportant à la formule (11), on voit que, pour $n > \frac{3m}{2} - 1$, il viendra

$$b_n = (-1)^{n+\frac{m}{2}} \frac{P^3 Q_{2n}}{\sqrt{\rho}},$$

et que, pour $n = \frac{3m}{2} - 1$, b_n ne différera du second membre que d'un terme indépendant de ρ.

Or, dans les deux cas, d'après (14), on aura $b'_n = 0$.

Donc b'_n s'annulera, dès que n dépasse $\frac{3m}{2} - 2$.

Et la même chose se présentera aussi pour h_n.

En effet, a'_n s'annulant pour $n > m - 1$, on peut supposer dans la formule (15) $n \leqq m-1$. Or nous avons vu au n° 50 que a'_{nl} se réduit à zéro, dés que $l > n + \frac{m}{2} - 1$. On aura donc $h_l = 0$, toutes les fois que $l > \frac{3m}{2} - 2$.

On voit ainsi bien que les deux sommes en question ne contiendront qu'un nombre limité de termes.

54. Passons à la recherche de la fonction φ_1.

Nous devons pour cela rechercher la valeur de l'expression

$$(16) \qquad 2(\tau, \varphi) + 2\left(\tau_1, \frac{1}{\rho + \mu^2}\right) + 3\left(\tau, \tau, \frac{1}{\rho + \mu^2}\right).$$

D'après l'expression de φ donnée au n° 49, il vient

$$(\tau, \varphi) = \frac{1}{P} \frac{dP}{d\rho} \left(\frac{\tau}{\rho + \mu^2}, \tau\right) + \sum' \beta_n \left(\frac{P_{2n}(\mu)}{\rho + \mu^2}, \tau\right).$$

En substituant la valeur de β_n, donnée dans le même numéro, et faisant usage de la formule (8), nous obtenons

$$\sum{}' \beta_n\left(\frac{P_{2n}(\mu)}{\rho+\mu^2}, \tau\right) = \frac{\sqrt{\rho}}{\mathrm{P}^2}\sum_{(n)}{}' \frac{\varkappa'_n}{(4n+1)T_{2n}} \sum_{(l)} \frac{\mathrm{P}_{2l}}{4l+1} a'_{nl} P_{2l}(\mu)$$

$$+ \frac{1}{\mathrm{P}^2}\sum_{(n)}{}' \frac{\varkappa'_n}{(4n+1)T_{2n}} \frac{d\mathrm{P}\mathrm{P}_{2n}}{d\rho} \sum_{(l)} T_{2l} a_{nl} P_{2l}(\mu)$$

$$- \frac{\tau}{\mathrm{P}}\sum{}' \frac{d\mathrm{P}_{2n}}{d\rho} \frac{\varkappa'_n}{4n+1} P_{2n}(\mu) + \cdots,$$

en n'écrivant que les termes dépourvus du facteur T.

D'autre part, nous avons

$$\left(\frac{\tau}{\rho+\mu^2}, \tau\right) = \sum \varkappa_n \left(\frac{P_{2n}(\mu)}{\rho+\mu^2}, \tau\right),$$

où nous calculerons le second membre, en nous servant de la formule (10).

A cet effet nous remarquons que, d'après les formules (9) et (5), on a

$$\sum_{(n)} \varkappa_n a_{nl} = -\frac{da_l}{d\rho}, \qquad \sum_{(n)} \varkappa_n \frac{da_{nl}}{d\rho} = -\frac{1}{2}\frac{d^2 a_l}{d\rho^2}.$$

Vu cela, nous aurons

$$\left(\frac{\tau}{\rho+\mu^2}, \tau\right) = \sum \frac{\mathrm{P}_{2n}}{4n+1}\left(\frac{1}{2}\frac{d^2 a_n}{d\rho^2}\frac{\mathrm{Q}_{2n}}{\sqrt{\rho}} - \frac{da_n}{d\rho}\frac{d}{d\rho}\frac{\mathrm{Q}_{2n}}{\sqrt{\rho}}\right) P_{2n}(\mu)$$

$$+ \tau \sum \frac{\varkappa_n}{4n+1}\frac{d\mathrm{P}_{2n}}{d\rho}\frac{\mathrm{Q}_{2n}}{\sqrt{\rho}} P_{2n}(\mu) + \frac{1}{2m+1}\frac{d\mathrm{P}}{d\rho}\frac{\mathrm{Q}}{\sqrt{\rho}}\tau^2.$$

Puis, nous avons

$$\left(\tau_1, \frac{1}{\rho+\mu^2}\right) = \frac{1}{\mathrm{P}}\frac{d\mathrm{P}}{d\rho}\left(\tau^2, \frac{1}{\rho+\mu^2}\right) + \sum{}' \alpha_n \left(\frac{P_{2n}(\mu)}{\rho+\mu^2}, \frac{1}{\rho+\mu^2}\right),$$

et l'on a

$$\left(\tau^2, \frac{1}{\rho+\mu^2}\right) = \frac{1}{4\pi}\lim \frac{\partial}{\partial v}\int \frac{G(v)\,[P(\mu')]^2}{(\rho+\mu'^2)^3 D(u,v)}\,d\sigma'$$

$$+ \frac{1}{4\pi\sqrt{\rho}}\frac{1}{\rho+\mu^2}\lim \frac{\partial}{\partial u}\int \frac{[P(\mu')]^2}{(\rho+\mu'^2)D(u,\rho)}\,d\sigma',$$

$$\left(\frac{P_{2n}(\mu)}{\rho+\mu^2}, \frac{1}{\rho+\mu^2}\right) = \frac{1}{4\pi}\lim \frac{\partial}{\partial v}\int \frac{G(v)\,P_{2n}(\mu')}{(\rho+\mu'^2)^2 D(u,v)}\,d\sigma' + \frac{1}{4\pi\sqrt{\rho}}\frac{1}{\rho+\mu^2}\lim \frac{\partial}{\partial u}\int \frac{P_{2n}(\mu')}{D(u,\rho)}\,d\sigma',$$

ce qui, par des transformations semblables à celles que nous avons effectuées dans ce qui précède, se réduit à

$$\left(\tau^2, \frac{1}{\rho+\mu^2}\right) = \sum \frac{\mathsf{P}_{2n}}{4n+1}\left(\frac{1}{2}\frac{d^2 a_n}{d\rho^2}\frac{\mathsf{Q}_{2n}}{\sqrt{\rho}} - \frac{da_n}{d\rho}\frac{d}{d\rho}\frac{\mathsf{Q}_{2n}}{\sqrt{\rho}}\right) P_{2n}(\mu)$$
$$+ \sum \frac{a_n}{4n+1}\frac{d\mathsf{P}_{2n}}{d\rho}\frac{\mathsf{Q}_{2n}}{\sqrt{\rho}}\frac{P_{2n}(\mu)}{\rho+\mu^2},$$

$$\left(\frac{P_{2n}(\mu)}{\rho+\mu^2}, \frac{1}{\rho+\mu^2}\right) = \sum_{(l)} \frac{\mathsf{P}_{2l}}{4l+1}\left(\varkappa_{nl}\frac{d}{d\rho}\frac{\mathsf{Q}_{2l}}{\sqrt{\rho}} - \frac{d\varkappa_{nl}}{d\rho}\frac{\mathsf{Q}_{2l}}{\sqrt{\rho}}\right) P_{2l}(\mu) + \frac{1}{4n+1}\frac{d\mathsf{P}_{2n}}{d\rho}\frac{\mathsf{Q}_{2n}}{\sqrt{\rho}}\frac{P_{2n}(\mu)}{\rho+\mu^2},$$

les $\varkappa_{nl}$ étant les coefficients du développement

$$\frac{P_{2n}(\mu)}{\rho+\mu^2} = \sum_{(l)} \varkappa_{nl} P_{2l}(\mu). \tag{17}$$

D'ailleurs, si l'on pose

$$\varkappa_{nl}\frac{d}{d\rho}\frac{\mathsf{P}_{2n}\mathsf{Q}_{2l}}{\sqrt{\rho}} - \frac{d\varkappa_{nl}}{d\rho}\frac{\mathsf{P}_{2n}\mathsf{Q}_{2l}}{\sqrt{\rho}} = \varkappa'_{nl}, \tag{18}$$

la dernière formule pourra se mettre sous la forme

$$\left(\frac{P_{2n}(\mu)}{\rho+\mu^2}, \frac{1}{\rho+\mu^2}\right) = \frac{1}{\mathsf{P}_{2n}}\sum_{(l)} \frac{\mathsf{P}_{2l}}{4l+1}\varkappa'_{nl} P_{2l}(\mu)$$
$$+ \frac{1}{\mathsf{P}_{2n}\sqrt{\rho}}\frac{d\mathsf{P}_{2n}}{d\rho}\sum_{(l)} T_{2l}\varkappa_{nl}P_{2l}(\mu) - \frac{T_{2n}}{\mathsf{P}_{2n}\sqrt{\rho}}\frac{d\mathsf{P}_{2n}}{d\rho}\frac{P_{2n}(\mu)}{\rho+\mu^2};$$

et d'après cela, en remplaçant α_n par sa valeur (n° 49), nous aurons

$$\sum{}' \alpha_n\left(\frac{P_{2n}(\mu)}{\rho+\mu^2}, \frac{1}{\rho+\mu^2}\right) = \frac{\sqrt{\rho}}{2\mathsf{P}^2}\sum_{(n)}{}' \frac{a'_n}{(4n+1)T_{2n}}\sum_{(l)}\frac{\mathsf{P}_{2l}}{4l+1}\varkappa'_{nl}P_{2l}(\mu)$$
$$+ \frac{1}{2\mathsf{P}^2}\sum_{(n)}{}' \frac{a'_n}{(4n+1)T_{2n}}\frac{d\mathsf{P}_{2n}}{d\rho}\sum_{(l)} T_{2l}\varkappa_{nl}P_{2l}(\mu)$$
$$- \frac{1}{2\mathsf{P}^2}\sum{}' \frac{d\mathsf{P}_{2n}}{d\rho}\frac{a'_n}{4n+1}\frac{P_{2n}(\mu)}{\rho+\mu^2} + \cdots,$$

les termes non écrits ayant T en facteur.

Nous avons enfin

$$3\left(\tau, \tau, \frac{1}{\rho+\mu^2}\right) = \frac{1}{4\pi} \lim \frac{\partial^2}{\partial v^2} \int \frac{G(v)\,\tau'^2\,d\sigma'}{(\rho+\mu'^2)\,D(u,v)} + \frac{\tau}{2\pi} \lim \frac{\partial^2}{\partial u\,\partial v} \int \frac{G(v)\,\tau'\,d\sigma'}{(\rho+\mu'^2)\,D(u,v)}$$

$$+ \frac{1}{\rho+\mu^2}\left[\frac{1}{4\pi} \lim \frac{\partial^2}{\partial u\,\partial v} \int \frac{G(v)\,\tau'^2\,d\sigma'}{D(u,v)} + \frac{\tau}{2\pi} \lim \frac{\partial^2}{\partial u^2} \int \frac{G(v)\,\tau'\,d\sigma'}{D(u,v)}\right],$$

où l'expression qui se trouve à la seconde ligne, d'après ce que nous avons vu au nº 46, est égale à

$$\sum \frac{1}{4n+1} \frac{d\mathbf{P}_{2n}}{d\rho}\left(a_n \frac{d}{d\rho} \frac{\mathbf{Q}_{2n}}{\sqrt{\rho}} - \frac{da_n}{d\rho} \frac{\mathbf{Q}_{2n}}{\sqrt{\rho}}\right) \frac{P_{2n}(\mu)}{\rho+\mu^2} + \frac{2}{2m+1} \frac{d^2\mathbf{P}}{d\rho^2} \frac{\mathbf{Q}}{\sqrt{\rho}} \tau^2.$$

Une transformation toute semblable donne

$$\lim \frac{\partial^2}{\partial u\,\partial v} \int \frac{G(v)\,\tau'\,d\sigma'}{(\rho+\mu'^2)\,D(u,v)} = \sum \frac{4\pi}{4n+1} \frac{d\mathbf{P}_{2n}}{d\rho}\left(\varkappa_n \frac{d}{d\rho} \frac{\mathbf{Q}_{2n}}{\sqrt{\rho}} - \frac{d\varkappa_n}{d\rho} \frac{\mathbf{Q}_{2n}}{\sqrt{\rho}}\right) P_{2n}(\mu)$$

et, en procédant comme au nº 51, on trouve

$$\lim \frac{\partial^2}{\partial v^2} \int \frac{G(v)\,\tau'^2\,d\sigma'}{(\rho+\mu'^2)\,D(u,v)} = \sum \frac{4\pi\,\mathbf{P}_{2n}}{4n+1}\left(\frac{d^2a_n}{d\rho^2} \frac{d}{d\rho} \frac{\mathbf{Q}_{2n}}{\sqrt{\rho}} - \frac{da_n}{d\rho} \frac{d^2}{d\rho^2} \frac{\mathbf{Q}_{2n}}{\sqrt{\rho}}\right) P_{2n}(\mu).$$

On a donc

$$3\left(\tau, \tau, \frac{1}{\rho+\mu^2}\right) = \sum \frac{\mathbf{P}_{2n}}{4n+1}\left(\frac{d^2a_n}{d\rho^2} \frac{d}{d\rho} \frac{\mathbf{Q}_{2n}}{\sqrt{\rho}} - \frac{da_n}{d\rho} \frac{d^2}{d\rho^2} \frac{\mathbf{Q}_{2n}}{\sqrt{\rho}}\right) P_{2n}(\mu)$$

$$+ \sum \frac{1}{4n+1} \frac{d\mathbf{P}_{2n}}{d\rho}\left(a_n \frac{d}{d\rho} \frac{\mathbf{Q}_{2n}}{\sqrt{\rho}} - \frac{da_n}{d\rho} \frac{\mathbf{Q}_{2n}}{\sqrt{\rho}}\right) \frac{P_{2n}(\mu)}{\rho+\mu^2}$$

$$+ 2\tau \sum \frac{1}{4n+1} \frac{d\mathbf{P}_{2n}}{d\rho}\left(\varkappa_n \frac{d}{d\rho} \frac{\mathbf{Q}_{2n}}{\sqrt{\rho}} - \frac{d\varkappa_n}{d\rho} \frac{\mathbf{Q}_{2n}}{\sqrt{\rho}}\right) P_{2n}(\mu) + \frac{2}{2m+1} \frac{d^2\mathbf{P}}{d\rho^2} \frac{\mathbf{Q}}{\sqrt{\rho}} \tau^2.$$

D'après ces formules, en tenant compte de l'égalité

$$\tau^2 = -\sum \frac{da_n}{d\rho} P_{2n}(\mu)$$

et en posant

$$\frac{d^2a_n}{d\rho^2} \frac{d}{d\rho} \frac{\mathbf{P}^2\mathbf{Q}_{2n}}{\sqrt{\rho}} - \frac{da_n}{d\rho} \frac{d^2}{d\rho^2} \frac{\mathbf{P}^2\mathbf{Q}_{2n}}{\sqrt{\rho}} = a_n'', \tag{19}$$

nous obtenons, pour la somme

$$\frac{2}{\mathrm{P}}\frac{d\mathrm{P}}{d\rho}\left(\frac{\tau}{\rho+\mu^2},\tau\right)+\frac{2}{\mathrm{P}}\frac{d\mathrm{P}}{d\rho}\left(\tau^2,\frac{1}{\rho+\mu^2}\right)+3\left(\tau,\tau,\frac{1}{\rho+\mu^2}\right),$$

une expression qui se réduit à

$$\frac{1}{\mathrm{P}^2}\sum\frac{\mathrm{P}_{2n}}{4n+1}a''_n P_{2n}(\mu)+\frac{1}{\mathrm{P}^2}\frac{d^2\mathrm{P}^2}{d\rho^2}\sum\frac{T-T_{2n}}{\sqrt{\rho}}\frac{da_n}{d\rho}P_{2n}(\mu)$$

$$+\frac{1}{\mathrm{P}^2}\sum\frac{d\mathrm{P}_{2n}}{d\rho}\frac{a'_n}{4n+1}\frac{P_{2n}(\mu)}{\rho+\mu^2}+\frac{2\tau}{\mathrm{P}}\sum\frac{d\mathrm{P}_{2n}}{d\rho}\frac{\varkappa'_n}{4n+1}P_{2n}(\mu).$$

En même temps, en posant pour abréger

$$\sum_{(n)}{}'\frac{\sqrt{\rho}}{T_{2n}}\frac{2\varkappa'_n a'_{nl}+a'_n\varkappa'_{nl}}{4n+1}=g_l, \tag{20}$$

$$\sum_{(n)}{}'\frac{1}{(4n+1)T_{2n}}\left(2\frac{d\mathrm{P}\mathrm{P}_{2n}}{d\rho}\varkappa'_n a_{nl}+\frac{d\mathrm{P}_{2n}}{d\rho}a'_n\varkappa_{nl}\right)=f_l, \tag{21}$$

nous obtenons

$$2\sum{}'\beta_n\left(\frac{P_{2n}(\mu)}{\rho+\mu^2},\tau\right)+2\sum{}'\alpha_n\left(\frac{P_{2n}(\mu)}{\rho+\mu^2},\frac{1}{\rho+\mu^2}\right)$$

$$=\frac{1}{\mathrm{P}^2}\sum\frac{\mathrm{P}_{2n}}{4n+1}g_n P_{2n}(\mu)+\frac{1}{\mathrm{P}^2}\sum T_{2n}f_n P_{2n}(\mu)$$

$$-\frac{1}{\mathrm{P}^2}\sum{}'\frac{d\mathrm{P}_{2n}}{d\rho}\frac{a'_n}{4n+1}\frac{P_{2n}(\mu)}{\rho+\mu^2}-\frac{2\tau}{\mathrm{P}}\sum{}'\frac{d\mathrm{P}_{2n}}{d\rho}\frac{\varkappa'_n}{4n+1}P_{2n}(\mu)+\cdots,$$

les termes remplacés par les points ayant T en facteur.

Maintenant, pour arriver à la valeur cherchée de la formule (16), il ne reste qu'à ajouter les deux expressions obtenues.

De cette manière, en tenant compte des égalités

$$\varkappa'_{\frac{m}{2}}=0,$$

$$a'_{\frac{m}{2}}=(2m+1)(\rho+1)\mathrm{P}A$$

(n°s 47 et 52), nous parvenons au résultat suivant:

$$2(\tau,\varphi)+2\left(\tau_1,\frac{1}{\rho+\mu^2}\right)+3\left(\tau,\tau,\frac{1}{\rho+\mu^2}\right)$$

$$=\frac{1}{\mathrm{P}^2}\sum\frac{\mathrm{P}_{2n}}{4n+1}(a_n''+g_n)P_{2n}(\mu)-\frac{1}{\mathrm{P}^2}\frac{d^2\mathrm{P}^2}{d\rho^2}\sum\frac{T_{2n}}{\sqrt{\rho}}\frac{da_n}{d\rho}P_{2n}(\mu)$$

$$+\frac{1}{\mathrm{P}^2}\sum T_{2n}f_nP_{2n}(\mu)+A\frac{\rho+1}{\mathrm{P}}\frac{d\mathrm{P}}{d\rho}\tau+\frac{2}{\sqrt{\rho}}T\sum M_nP_{2n}(\mu),$$

où les M_n sont certaines constantes, dont nous ne rechercherons pas les valeurs.

55. En multipliant l'expression obtenue par $\frac{\sqrt{\rho}}{2}$ et en y ajoutant un terme en $P(\mu)$, affecté d'un coefficient indéterminé C', nous aurons le second membre de l'équation qui définit la fonction φ_1, et, pour en tirer cette fonction, il n'y aura qu'à tenir compte du développement

$$\tau=\sum\varkappa_nP_{2n}(\mu).$$

De cette façon, en attribuant à C' une valeur particulière convenablement choisie, nous obtiendrons

$$\varphi_1=\frac{\sqrt{\rho}}{2\mathrm{P}^2}\sum'\frac{\mathrm{P}_{2n}}{4n+1}\frac{a_n''+g_n}{T_{2n}}\frac{P_{2n}(\mu)}{\rho+\mu^2}-\frac{1}{2\mathrm{P}^2}\frac{d^2\mathrm{P}^2}{d\rho^2}\sum\frac{da_n}{d\rho}\frac{P_{2n}(\mu)}{\rho+\mu^2}$$

$$+\frac{\sqrt{\rho}}{2\mathrm{P}^2}\sum f_n\frac{P_{2n}(\mu)}{\rho+\mu^2}+A\frac{(\rho+1)\sqrt{\rho}}{2\mathrm{P}}\frac{d\mathrm{P}}{d\rho}\sum'\frac{\varkappa_n}{T_{2n}}\frac{P_{2n}(\mu)}{\rho+\mu^2}+T\sum'\frac{M_n}{T_{2n}}\frac{P_{2n}(\mu)}{\rho+\mu^2};$$

ce qu'on peut d'ailleurs simplifier, en tenant compte des égalités

$$\sum\frac{da_n}{d\rho}P_{2n}(\mu)=-\tau^2,$$

$$\sum_{(l)}a_{nl}P_{2l}(\mu)=\tau P_{2n}(\mu),\qquad\sum_{(l)}\varkappa_{nl}P_{2l}(\mu)=\frac{P_{2n}(\mu)}{\rho+\mu^2},$$

dont les deux dernières donnent, d'après (21),

$$\sum_{(l)}f_lP_{2l}(\mu)=\sum_{(n)}'\frac{1}{(4n+1)T_{2n}}\left(2\frac{d\mathrm{P}\mathrm{P}_{2n}}{d\rho}\varkappa_n'\tau+\frac{d\mathrm{P}_{2n}}{d\rho}\frac{a_n'}{\rho+\mu^2}\right)P_{2n}(\mu).$$

Eu égard à cela, nous aurons

$$\varphi_1 = \frac{1}{2P^2}\frac{d^2P^2}{d\rho^2}\frac{\tau^2}{\rho+\mu^2} + \frac{\sqrt{\rho}}{P^2}\tau\sum{}'\frac{1}{4n+1}\frac{dPP_{2n}}{d\rho}\frac{\varkappa'_n}{T_{2n}}\frac{P_{2n}(\mu)}{\rho+\mu^2} + \frac{\sqrt{\rho}}{2P^2}\sum{}'\frac{P_{2n}}{4n+1}\frac{a''_n+g_n}{T_{2n}}\frac{P_{2n}(\mu)}{\rho+\mu^2}$$

$$+\frac{\sqrt{\rho}}{2P^2}\sum{}'\frac{1}{4n+1}\frac{dP_{2n}}{d\rho}\frac{a'_n}{T_{2n}}\frac{P_{2n}(\mu)}{(\rho+\mu^2)^2}$$

$$+A\frac{(\rho+1)\sqrt{\rho}}{2P}\frac{dP}{d\rho}\sum{}'\frac{\varkappa_n}{T_{2n}}\frac{P_{2n}(\mu)}{\rho+\mu^2} + T\sum{}'\frac{M_n}{T_{2n}}\frac{P_{2n}(\mu)}{\rho+\mu^2}.$$

Voyons maintenant ce qu'on peut dire au sujet de cette expression.

Tout d'abord, on voit immédiatement que les sommes, où figurent les $\varkappa'_n$ et les a'_n, ne renferment qu'un nombre limité de termes, car $\varkappa'_n$ et a'_n s'annulent, sitôt que n devient assez grand.

Or, on s'assure facilement que la somme, où figurent les a''_n et les g_n, sera dans le même cas.

En effet, nous savons que, pour $n > m-1$,

$$a_n = (-1)^n \frac{P^2 Q_{2n}}{\sqrt{\rho}};$$

et, pour $n = m-1$, il n'y aura qu'à ajouter au second membre un terme indépendant de ρ.

Par suite, d'après (19), on aura $a''_n = 0$, toutes les fois que $n > m-2$.

Montrons qu'on aura alors aussi $g_n = 0$.

Pour cela, remarquons d'abord que les $\varkappa_{nl}$, qui sont les coefficients du développement (17), seront donnés par la formule

$$\varkappa_{nl} = (4l+1)\int_0^1 \frac{P_{2n}(x)P_{2l}(x)}{\rho+x^2}dx;$$

et cette formule montre que, pour $l \geqq n$, on aura

$$\varkappa_{nl} = (-1)^{n+l}\frac{P_{2n}Q_{2l}}{\sqrt{\rho}}.$$

Par suite, pour les mêmes valeurs de l, la formule (18) donnera $\varkappa'_{nl} = 0$.

On en conclut que le produit $a'_n \varkappa'_{nl}$ s'annulera, toutes les fois que $l > m-2$.

En effet, si $n > m-1$, a'_n s'annule et, si $n \leqq m-1$, on aura, en vertu de l'inégalité ci-dessus, $l > n-1$ et, par suite, $\varkappa'_{nl}$ s'annulera.

De même, $\varkappa'_n$ s'annulant toutes les fois que $n > \frac{m}{2} - 1$, et a'_{nl} s'annulant toutes les fois que $l > n + \frac{m}{2} - 1$, le produit $\varkappa'_n a'_{nl}$ se réduira à zéro toutes les fois que $l > m - 2$.

Par conséquent, en nous reportant à la formule (20), nous pouvons conclure que g_l se réduira à zéro, dès que $l > m - 2$.

On voit donc bien que la somme en question ne contiendra qu'un nombre limité de termes.

De cette façon, l'expression considérée de φ_1, pareillement à celle obtenue précédemment pour τ_2, est telle que, si l'on en retranche la partie dépendant des constantes A et T, le reste représentera une fonction rationnelle de μ. Quant à cette partie, elle se présente sous forme d'une série infinie qui ne semble pas être sommable à l'aide des fonctions connues.

56. Nous avons encore à calculer la fonction χ, ce qui demande tout d'abord l'évaluation de la formule

$$2\left(\varphi, \frac{1}{\rho+\mu^2}\right) + 3\left(\tau, \frac{1}{\rho+\mu^2}, \frac{1}{\rho+\mu^2}\right).$$

Par l'expression de la fonction φ (n° 49), on a

$$\left(\varphi, \frac{1}{\rho+\mu^2}\right) = \frac{1}{\mathrm{P}}\frac{d\mathrm{P}}{d\rho}\left(\frac{\tau}{\rho+\mu^2}, \frac{1}{\rho+\mu^2}\right) + \sum{}' \beta_n\left(\frac{P_{2n}(\mu)}{\rho+\mu^2}, \frac{1}{\rho+\mu^2}\right).$$

Or, au n° 54, nous avons trouvé une expression pour

$$\left(\frac{P_{2n}(\mu)}{\rho+\mu^2}, \frac{1}{\rho+\mu^2}\right).$$

En nous en servant et en tenant compte de l'expression de β_n (n° 49), nous aurons, en continuant de négliger les termes multipliés par T,

$$\begin{aligned}\sum{}' \beta_n\left(\frac{P_{2n}(\mu)}{\rho+\mu^2}, \frac{1}{\rho+\mu^2}\right) = {} & \frac{\sqrt{\rho}}{\mathrm{P}}\sum_{(n)}{}' \frac{\varkappa'_n}{(4n+1)T_{2n}}\sum_{(l)}\frac{\mathrm{P}_{2l}}{4l+1}\varkappa'_{nl}P_{2l}(\mu)\\ & + \frac{1}{\mathrm{P}}\sum_{(n)}{}' \frac{\varkappa'_n}{(4n+1)T_{2n}}\frac{d\mathrm{P}_{2n}}{d\rho}\sum_{(l)} T_{2l}\varkappa_{nl}P_{2l}(\mu)\\ & - \frac{1}{\mathrm{P}}\sum{}' \frac{d\mathrm{P}_{2n}}{d\rho}\frac{\varkappa'_n}{4n+1}\frac{P_{2n}(\mu)}{\rho+\mu^2} + \ldots.\end{aligned}$$

Quant à la fonction

$$\left(\frac{\tau}{\rho+\mu^2}, \frac{1}{\rho+\mu^2}\right),$$

nous en aurons une expression, en nous reportant à celle trouvée au nº 54 pour la fonction

$$\left(\tau^2, \frac{1}{\rho+\mu^2}\right)$$

et en y remplaçant les a_n par les $\varkappa_n$.

De cette manière nous obtiendrons

$$\left(\frac{\tau}{\rho+\mu^2}, \frac{1}{\rho+\mu^2}\right) = \sum \frac{\mathrm{P}_{2n}}{4n+1}\left(\frac{1}{2}\frac{d^2\varkappa_n}{d\rho^2}\frac{\mathrm{Q}_{2n}}{\sqrt{\rho}} - \frac{d\varkappa_n}{d\rho}\frac{d}{d\rho}\frac{\mathrm{Q}_{2n}}{\sqrt{\rho}}\right)P_{2n}(\mu)$$
$$+\sum \frac{\varkappa_n}{4n+1}\frac{d\mathrm{P}_{2n}}{d\rho}\frac{\mathrm{Q}_{2n}}{\sqrt{\rho}}\frac{P_{2n}(\mu)}{\rho+\mu^2}.$$

Venons ensuite à l'évaluation de

$$\left(\tau, \frac{1}{\rho+\mu^2}, \frac{1}{\rho+\mu^2}\right).$$

Nous avons vu au nº 45 que toutes les expressions de la forme (3) se réduisent à zéro quand on y pose $v=\rho$.

Eu égard à cela, nous aurons

$$3\left(\tau, \frac{1}{\rho+\mu^2}, \frac{1}{\rho+\mu^2}\right) = \frac{1}{4\pi}\lim\frac{\partial^2}{\partial v^2}\int\frac{G(v)\,\tau'\,d\sigma'}{(\rho+\mu'^2)^2 D(u,v)} + \frac{1}{4\pi(\rho+\mu^2)^2}\lim\frac{\partial^2}{\partial u^2}\int\frac{G(v)\,\tau'\,d\sigma'}{D(u,v)}$$
$$+\frac{1}{2\pi(\rho+\mu^2)}\lim\frac{\partial^2}{\partial u\,\partial v}\int\frac{G(v)\,\tau'\,d\sigma'}{(\rho+\mu'^2)D(u,v)},$$

ce qui, par des transformations semblables à celles effectuées plusieurs fois, se réduit à

$$3\left(\tau, \frac{1}{\rho+\mu^2}, \frac{1}{\rho+\mu^2}\right) = \sum \frac{\mathrm{P}_{2n}}{4n+1}\left(\frac{d^2\varkappa_n}{d\rho^2}\frac{d}{d\rho}\frac{\mathrm{Q}_{2n}}{\sqrt{\rho}} - \frac{d\varkappa_n}{d\rho}\frac{d^2}{d\rho^2}\frac{\mathrm{Q}_{2n}}{\sqrt{\rho}}\right)P_{2n}(\mu)$$
$$+\sum \frac{2}{4n+1}\frac{d\mathrm{P}_{2n}}{d\rho}\left(\varkappa_n\frac{d}{d\rho}\frac{\mathrm{Q}_{2n}}{\sqrt{\rho}} - \frac{d\varkappa_n}{d\rho}\frac{\mathrm{Q}_{2n}}{\sqrt{\rho}}\right)\frac{P_{2n}(\mu)}{\rho+\mu^2}$$
$$+\frac{1}{2m+1}\frac{d^2\mathrm{P}}{d\rho^2}\frac{\mathrm{Q}}{\sqrt{\rho}}\frac{\tau}{\rho+\mu^2}.$$

Calculons maintenant, d'après ces formules, la somme

$$\frac{2}{\mathsf{P}}\frac{d\mathsf{P}}{d\rho}\left(\frac{\tau}{\rho+\mu^2}, \frac{1}{\rho+\mu^2}\right) + 3\left(\tau, \frac{1}{\rho+\mu^2}, \frac{1}{\rho+\mu^2}\right).$$

En faisant quelques réductions et en posant

$$\frac{d^2\varkappa_n}{d\rho^2}\frac{d}{d\rho}\frac{\mathsf{P}\mathsf{Q}_{2n}}{\sqrt{\rho}} - \frac{d\varkappa_n}{d\rho}\frac{d^2}{d\rho^2}\frac{\mathsf{P}\mathsf{Q}_{2n}}{\sqrt{\rho}} = \varkappa''_n,$$

nous parviendrons au résultat suivant:

$$\frac{1}{\mathsf{P}}\sum\frac{\mathsf{P}_{2n}}{4n+1}\varkappa''_n P_{2n}(\mu) + \frac{1}{\mathsf{P}}\frac{d^2\mathsf{P}}{d\rho^2}\sum\frac{T-T_{2n}}{\sqrt{\rho}}\frac{d\varkappa_n}{d\rho}P_{2n}(\mu) + \frac{2}{\mathsf{P}}\sum\frac{d\mathsf{P}_{2n}}{d\rho}\frac{\varkappa'_n}{4n+1}\frac{P_{2n}(\mu)}{\rho+\mu^2}.$$

D'après tout cela, et en posant encore

$$\sum_{(n)}{}' \frac{\sqrt{\rho}}{T_{2n}}\frac{\varkappa'_n\varkappa'_{nl}}{4n+1} = \frac{1}{2}k_l,$$

nous obtenons en définitive

$$\frac{\sqrt{\rho}}{2}\left[2\left(\varphi, \frac{1}{\rho+\mu^2}\right) + 3\left(\tau, \frac{1}{\rho+\mu^2}, \frac{1}{\rho+\mu^2}\right)\right]$$

$$= \frac{\sqrt{\rho}}{2\mathsf{P}}\sum\frac{\mathsf{P}_{2n}}{4n+1}(\varkappa''_n + k_n)P_{2n}(\mu) - \frac{1}{2\mathsf{P}}\frac{d^2\mathsf{P}}{d\rho^2}\sum T_{2n}\frac{d\varkappa_n}{d\rho}P_{2n}(\mu)$$

$$+ \frac{\sqrt{\rho}}{\mathsf{P}}\sum_{(n)}{}'\frac{\varkappa'_n}{(4n+1)T_{2n}}\frac{d\mathsf{P}_{2n}}{d\rho}\sum_{(l)}T_{2l}\varkappa_{nl}P_{2l}(\mu) + T\sum N_n P_{2n}(\mu),$$

les N_n étant certaines constantes, dont nous ne nous occuperons pas.

57. En ajoutant à l'expression obtenue un terme de la forme $C''P(\mu)$, nous aurons le second membre de l'équation dont dépend la fonction χ.

Par suite, en tenant compte des égalités

$$\sum\frac{d\varkappa_n}{d\rho}P_{2n}(\mu) = -\frac{\tau}{\rho+\mu^2}, \qquad \sum_{(l)}\varkappa_{nl}P_{2l}(\mu) = \frac{P_{2n}(\mu)}{\rho+\mu^2},$$

et en faisant une hypothèse convenable au sujet de C'', nous pouvons écrire

$$\chi = \frac{1}{2\mathsf{P}} \frac{d^2\mathsf{P}}{d\rho^2} \frac{\tau}{(\rho + \mu^2)^2} + \frac{\sqrt{\rho}}{2\mathsf{P}} \sum{}' \frac{\mathsf{P}_{2n}}{4n+1} \frac{\varkappa_n'' + k_n}{T_{2n}} \frac{P_{2n}(\mu)}{\rho + \mu^2}$$

$$+ \frac{\sqrt{\rho}}{\mathsf{P}} \sum{}' \frac{1}{4n+1} \frac{d\mathsf{P}_{2n}}{d\rho} \frac{\varkappa_n'}{T_{2n}} \frac{P_{2n}(\mu)}{(\rho + \mu^2)^2} + T \sum{}' \frac{N_n}{T_{2n}} \frac{P_{2n}(\mu)}{\rho + \mu^2}.$$

De cette façon nous obtenons pour χ une expression, qui donne lieu à des remarques toutes semblables à celles que nous avons faites au sujet de τ_2 et de φ_1.

En effet, nous savons que $\varkappa_n'$ se réduit à zéro, dès que n dépasse $\frac{m}{2} - 1$, et il est facile de s'assurer que $\varkappa_n''$ et k_n se réduiront à zéro, toutes les fois que $n > \frac{m}{2} - 2$.

Par suite, les sommes où figurent ces constantes ne contiendront qu'un nombre limité de termes, en sorte que, si l'on retranche de notre expression de χ la somme multipliée par T, le reste représentera une fonction rationnelle de μ.

58. Maintenant revenons à la formule

$$\zeta_{30} = \tau_2 + C_{10}\varphi_1 + C_{10}^2\chi + C_{20}\varphi + \frac{C_{30}}{\rho + \mu^2}$$

et substituons-y les expressions obtenues des fonctions τ_2, φ_1, χ et φ.

Nous aurons évidemment un résultat de la forme

$$\zeta_{30} = \Phi(\mu) + A \frac{(\rho+1)\sqrt{\rho}}{2\mathsf{P}} \frac{d\mathsf{P}}{d\rho} \sum{}' \frac{a_n + C_{10}\varkappa_n'}{T_{2n}} \frac{P_{2n}(\mu)}{\rho + \mu^2} + T \sum{}' K_n \frac{P_{2n}(\mu)}{\rho + \mu^2},$$

où $\Phi(\mu)$ est une fonction rationnelle de μ et les K_n représentent certaines constantes dépendant de C_{10} et C_{20}.

Ainsi l'on voit que l'expression générale de ζ_{30} ne se présente pas sous une forme finie même si l'on tient compte de l'équation $T = 0$.

Mais il suffit de poser

$$C_{10} = -(-1)^{\frac{m}{2}} \mathsf{P},$$

pour qu'elle devienne réductible, en vertu de cette équation, à une fonction rationnelle de μ. En effet, la somme qui contient A en facteur est la même que celle qui figurait dans l'expression de ζ_{20} du n° 48, et nous avons vu que, dans l'hypothèse considérée au sujet de C_{10}, elle se réduit à une fonction rationnelle de μ.

On pourrait du reste le prévoir, car, avec la valeur ci-dessus de C_{10}, la fonction ζ_{30} doit devenir telle qu'on puisse la rendre entière par rapport à μ, en choisissant convenablement les constantes C_{20} et C_{30}, et cela quelle que soit la valeur de T.

59. Les calculs précédents illustrent assez clairement les opérations qu'on a à effectuer en recherchant les fonctions ζ_{r0}, et nous ne les pousserons pas plus loin. Mais, avant de quitter cette matière, nous devons encore nous arrêter aux conclusions qu'on peut tirer de ce qui précède au sujet des ζ_{rs}, pour lesquelles s n'est pas nul.

Nous avons calculé les trois premières fonctions de la série

$$\zeta_{10},\quad \zeta_{20},\quad \zeta_{30},\quad \ldots.$$

Mais, pour ce qui concerne ζ_{30}, nous n'avons pas recherché les termes ayant T en facteur, et l'expression que nous avons obtenue nous apprend seulement ce que devient cette fonction en vertu de l'équation $T=0$.

Quant à ζ_{10} et ζ_{20}, nous avons obtenu des expressions valables quel que soit T, ce qui suffit, comme nous le savons, pour pouvoir obtenir des expressions de tous les ζ_{rs} pour lesquels r ne dépasse pas 2.

Bornons-nous au cas où la fonction ζ se réduit, pour $\alpha=0$, à $\delta\rho$.

Alors, d'après ce que nous avons vu au n° 42, nous pourrons poser

$$\zeta_{rs}=\frac{1}{1\cdot 2\cdots s}\,\frac{d^s\zeta_{r0}}{d^s\Omega},$$

ce qui sera valable même pour $r=0$, si nous convenons de prendre $\zeta_{00}=\rho$.

Par cette formule, en partant des expressions obtenues de ζ_{10} et ζ_{20} et en posant

$$\frac{1}{1\cdot 2\cdots s}\,\frac{d^sC_{10}}{d\Omega^s}=C_{1s},\qquad \frac{1}{1\cdot 2\cdots s}\,\frac{d^sC_{20}}{d\Omega^s}=C_{2s},$$

nous obtiendrons certaines expressions pour tous les ζ_{1s} et pour tous les ζ_{2s}, avec de nouvelles constantes arbitraires C_{1i}, C_{2i}.

Ce ne seront pas les expressions les plus générales dont ζ_{1s} et ζ_{2s} sont susceptibles dans le cas considéré, car, en calculant les fonctions ζ_{10} et ζ_{20}, nous avons fait des hypothèses particulières à l'égard des constantes c_{10} et c_{20}. Mais les expressions générales s'en déduiront tout de suite, comme nous l'avons indiqué au n° 43, de sorte que nous pouvons nous en tenir aux expressions précédentes.

Cela posé, l'expression de ζ_{10} étant

$$\zeta_{10} = \frac{P(\mu) + C_{10}}{\rho + \mu^2},$$

nous obtiendrons pour tous les ζ_{1s} des expressions rationnelles par rapport à μ, quel que soit T.

Ainsi, en faisant pour abréger

$$\frac{d\rho}{d\Omega} = w, \qquad \frac{1}{2}\frac{d^2\rho}{d\Omega^2} = w_1,$$

nous aurons par exemple

$$\zeta_{11} = -\frac{P(\mu) + C_{10}}{(\rho + \mu^2)^2} w + \frac{C_{11}}{\rho + \mu^2},$$

$$\zeta_{12} = -\frac{P(\mu) + C_{10}}{(\rho + \mu^2)^2}\left(w_1 - \frac{w^2}{\rho + \mu^2}\right) - \frac{C_{11} w}{(\rho + \mu^2)^2} + \frac{C_{12}}{\rho + \mu^2}.$$

Quant aux ζ_{2s}, ces fonctions ne seront pas en général exprimables sous une forme finie, même si l'on tient compte de l'équation $T = 0$.

En effet, nous avons pour ζ_{20} une expression de la forme

$$\zeta_{20} = F(\mu) - \frac{T}{\mathsf{P}}\frac{d\mathsf{P}}{d\rho}\sum{}' \frac{a_n + C_{10}\varkappa_n}{T_{2n}} \frac{P_{2n}(\mu)}{\rho + \mu^2},$$

où $F(\mu)$ est une fonction rationnelle de μ à coefficients dépendant de ρ et des constantes C_{10} et C_{20}.

Si l'on différentie cette expression par rapport à Ω, les dérivées de $F(\mu)$ représenteront encore des fonctions rationnelles de μ, mais la différentiation des autres termes introduira les dérivées de T multipliées par des séries infinies.

Ainsi, par exemple pour ζ_{21}, nous aurons, en tenant compte de l'équation $T = 0$, une expression de la forme

$$\zeta_{21} = F_1(\mu) - \frac{1}{\mathsf{P}}\frac{d\mathsf{P}}{d\rho}\frac{dT}{d\Omega}\sum{}' \frac{a_n + C_{10}\varkappa_n}{T_{2n}} \frac{P_{2n}(\mu)}{\rho + \mu^2},$$

$F_1(\mu)$ étant une fonction rationnelle de μ.

60. Reportons-nous maintenant à la série

$$\zeta = \sum \zeta_{rs}\alpha^r\eta^s,$$

en nous bornant toujours à la supposition que ζ se réduise pour $\alpha=0$ à $\delta\rho$, et remplaçons-y η par sa valeur en fonction de α.

Nous savons que, si l'on entend par α l'expression

$$\frac{2m+1}{4\pi}\int(\rho+\mu^2)\zeta P(\mu)\,d\sigma, \tag{22}$$

cette valeur sera de la forme

$$\eta=\eta_1\alpha+\eta_2\alpha^2+\eta_3\alpha^3+\ldots. \tag{23}$$

Or, il est facile de voir que, dans l'hypothèse générale au sujet de α, que nous avons introduite au n° 42, on aura pour η une expression de la même forme, sauf dans un cas particulier sans intérêt. Seulement les coefficients η_i seront, en général, changés.

En effet, soient α_0 l'intégrale (22) et

$$\eta=\eta_1\alpha_0+\eta_2\alpha_0^2+\eta_3\alpha_0^3+\ldots$$

l'expression de η en fonction de α_0.

En substituant cette expression dans le développement

$$\alpha_0=\frac{2m+1}{4\pi}\int(\rho+\mu^2)\zeta P(\mu)\,d\sigma=\sum c_{rs}\alpha^r\eta^s,$$

nous aurons une équation, d'où l'on pourra tirer α_0 sous forme d'une série procédant suivant les puissances entières et positives de α, sauf, peut-être, dans le cas où

$$c_{01}\eta_1=1.$$

Donc, sauf dans ce cas, on aura pour η une expression de la forme (23).

Du reste, le cas exceptionnel indiqué ne se présentera pas ici, puisque, la fonction ζ se réduisant pour $\alpha=0$ à $\delta\rho$, tous les c_{0s} seront nuls.

Nous aurons ainsi toujours une égalité de la forme (23), où d'ailleurs le coefficient η_1 aura la même valeur que dans l'hypothèse de $\alpha=\alpha_0$, puisque nous avons admis $c_{10}=1$.

Nous aurons donc

$$\eta_1=-\frac{A}{B},$$

A étant la constante que nous avons recherchée dans la première Section et B la constante, pour laquelle nous avons obtenu dans la première Partie (n° 75) l'expression

$$B = -\frac{2}{(\rho+1)\sqrt{\rho}}\frac{dT}{d\Omega}.$$

Cela posé, considérons la série

$$\zeta = \zeta_1\alpha + \zeta_2\alpha^2 + \zeta_3\alpha^3 + \cdots$$

que l'on obtient en développant ζ suivant les puissances de α après y avoir remplacé η par sa valeur.

Nous savons que tous les coefficients de cette série doivent se réduire, en vertu de l'équation $T=0$, à des fonctions rationnelles de μ.

Vérifions-le pour ce qui concerne les trois premiers coefficients, en partant des formules précédentes.

Nous avons

$$\zeta_1 = \zeta_{10} + \eta_1\zeta_{01},$$

$$\zeta_2 = \zeta_{20} + \eta_1\zeta_{11} + \eta_1^2\zeta_{02} + \eta_2\zeta_{01},$$

$$\zeta_3 = \zeta_{30} + \eta_1\zeta_{21} + \eta_1^2\zeta_{12} + \eta_1^3\zeta_{03} + 2\eta_1\eta_2\zeta_{02} + \eta_2\zeta_{11} + \eta_3\zeta_{01}.$$

Or, tous les ζ_{0s} sont des constantes, tous les ζ_{1s} des fonctions rationnelles de μ, et ζ_{02} se réduit à une fonction rationnelle, sitôt qu'on tient compte de l'équation $T=0$.

Donc ζ_1 et ζ_2 se réduisent à des fonctions rationnelles.

Quant à ζ_3, pour qu'il en soit de même, il faut et il suffit que l'expression

$$\zeta_{30} + \eta_1\zeta_{21}$$

se réduise à une fonction rationnelle de μ.

Or il en sera bien ainsi, comme cela résulte de nos formules.

En effet, l'expression que nous avons obtenue pour ζ_{30} (n° 58) se réduit, en y posant $T=0$, à

$$\zeta_{30} = \Phi(\mu) + A\frac{(\rho+1)\sqrt{\rho}}{2P}\frac{dP}{d\rho}\sum{}'\frac{a_n + C_{10}\varkappa_n}{T_{2n}}\frac{P_{2n}(\mu)}{\rho+\mu^2},$$

et l'expression de ζ_{21}, indiquée au numéro précédent, peut être écrite comme il suit:

$$\zeta_{21} = F_1(\mu) + B\frac{(\rho+1)\sqrt{\rho}}{2P}\frac{dP}{d\rho}\sum{}'\frac{a_n + C_{10}\varkappa_n}{T_{2n}}\frac{P_{2n}(\mu)}{\rho+\mu^2}.$$

Par suite, comme on a

$$A + B\eta_1 = 0,$$

il viendra

$$\zeta_{30} + \eta_1\zeta_{21} = \Phi(\mu) + \eta_1 F_1(\mu),$$

ce qui est une fonction rationnelle de μ.

C'est ainsi que les ζ_i deviennent des fonctions rationnelles de μ, pendant que les ζ_{rs} ne se présentent pas même sous une forme finie.

Modification du principe de la méthode.

61. Pour arriver, en suivant notre méthode de calcul, à l'expression définitive de ζ,

$$\zeta = \zeta_1\alpha + \zeta_2\alpha^2 + \zeta_3\alpha^3 + \cdots, \tag{1}$$

on doit d'abord calculer les coefficients ζ_{rs} d'une certaine série à deux paramètres indépendants,

$$\sum \zeta_{rs}\alpha^r\eta^s, \tag{2}$$

et c'est en cela que consiste la principale chose à faire.

Or, cette série intermédiaire peut être choisie de plusieurs manières différentes, car il faut seulement qu'elle se réduise, en y remplaçant η par une certaine fonction de α, à une série de la forme (1), satisfaisant à l'équation

$$R(\rho + \mu^2)\zeta - \frac{1}{4\pi}\int \frac{(\rho + \mu'^2)\zeta'}{D}\,d\sigma' = \frac{\sqrt{\rho}}{2}W + \text{const.},$$

où η (qui figure explicitement dans W) doit être remplacé par la même fonction de α.

Dans ce qui précède, nous avons supposé que la série (2) fût une solution de l'équation

$$R(\rho + \mu^2)\zeta - \frac{1}{4\pi}\int \frac{(\rho + \mu'^2)\zeta'}{D}\,d\sigma' = \frac{\sqrt{\rho}}{2}(W - \mathbf{A}Y) + \text{const.}, \tag{3}$$

et c'est là une des plus simples hypothèses qu'on pouvait faire à priori.

Cependant cette hypothèse n'est pas la plus avantageuse au point de vue des calculs.

En effet, dans le cas des figures d'équilibre de révolution, nous avons obtenu pour les ζ_{rs} des expressions embarrassées par des séries infinies qui devaient se détruire mutuellement dans le résultat définitif. Nous étions donc conduits à une complication inutile, ce qui ne tenait qu'à la définition que nous avons adoptée pour la série (2).

Cherchons donc maintenant à modifier cette définition de telle manière que l'inconvénient dont il s'agit ne se présente pas.

En nous reportant aux nos 39 et 40, nous pouvons conclure qu'il suffit pour cela de remplacer l'équation (3) par une équation qui ne change pas quand on fait une transformation, se réduisant à remplacer une figure par une figure homothétique par rapport à l'origine des coordonnées.

Cette remarque est relative au cas des figures d'équilibre de révolution. Mais nous allons en profiter aussi dans le cas général, pour lequel le cas particulier précédent donne des renseignements utiles.

Commençons par des considérations générales, relatives non seulement au cas des ellipsoïdes de Maclaurin, mais encore à celui des ellipsoïdes de Jacobi.

62. Soit E un ellipsoïde de Maclaurin ou de Jacobi, défini par l'équation

$$\frac{x^2}{\rho+1}+\frac{y^2}{\rho+q}+\frac{z^2}{\rho}=1,$$

et supposons que l'on veuille chercher une figure f peu différente de cet ellipsoïde et telle que, avec les notations de la première Partie, on ait sur la surface

$$U+\Omega(x^2+y^2)=K\left(\frac{x^2}{\rho+1}+\frac{y^2}{\rho+q}+\frac{z^2}{\rho}\right)+\text{const.}, \tag{4}$$

K étant une constante inconnue et Ω ayant la valeur correspondant à l'ellipsoïde E.

En représentant la surface de la figure f par les équations

$$x=\sqrt{\rho+\zeta+1}\,\sin\theta\cos\psi,$$
$$y=\sqrt{\rho+\zeta+q}\,\sin\theta\sin\psi,$$
$$z=\sqrt{\rho+\zeta}\,\cos\theta,$$

nous aurons sur cette surface

$$\frac{x^2}{\rho+1}+\frac{y^2}{\rho+q}+\frac{z^2}{\rho}=1+\frac{H\zeta}{\Delta^2},$$

et en même temps il viendra (1, n° 7)

$$U + \Omega(x^2 + y^2) = \frac{2}{\Delta}\left(\frac{1}{4\pi}\int \frac{H'\zeta' d\sigma'}{D} - RH\zeta\right) + U_2 + U_3 + \cdots + \text{const.}$$

Par suite, si l'on pose, pour abréger,

$$\frac{K}{2\Delta} = L,$$

l'équation précédente prendra la forme

$$RH\zeta - \frac{1}{4\pi}\int \frac{H'\zeta' d\sigma'}{D} = \frac{\Delta}{2}(U_2 + U_3 + \cdots) - LH\zeta + \text{const.},$$

où, avec les notations du n° 44, on aura

$$U_2 = (\zeta, \zeta), \qquad U_3 = (\zeta, \zeta, \zeta), \qquad \cdots.$$

Telle est l'équation qui servira à déterminer la fonction ζ avec la valeur correspondante de la constante L.

Pour fixer les idées, nous supposerons que le volume de la figure f soit égal au volume de l'ellipsoïde E, ce qui donnera cette équation de condition:

$$\sum_{i=0}^{\infty} \frac{1}{(i+1)!}\int \frac{\partial^i}{\partial \rho^i}\left(\frac{H}{\Delta}\right)\zeta^{i+1} d\sigma = 0.$$

Nous supposerons ensuite que la fonction ζ renferme un paramètre arbitraire α et que, $|\alpha|$ étant assez petit, elle puisse être développée en une série de la forme

$$\zeta = \zeta_1 \alpha + \zeta_2 \alpha^2 + \zeta_3 \alpha^3 + \cdots,$$

où le coefficient ζ_1 ne soit pas identiquement nul. D'ailleurs, au sujet des coefficients ζ_i, nous ferons des hypothèses semblables à celles que nous avons faites, dans la première Partie (n° 62), au sujet des ζ_{rs}.

Cela posé, voyons comment on calculera les ζ_i.

Soit

$$L = L_0 + L_1 \alpha + L_2 \alpha^2 + \cdots,$$

les L_i étant indépendants de α.

Nous aurons tout d'abord l'équation

$$(5)\qquad RH\zeta_1 - \frac{1}{4\pi}\int \frac{H'\zeta_1' d\sigma'}{D} = - L_0 H\zeta_1,$$

la constante qu'on pourrait ajouter au second membre étant nulle, puisque, d'après l'équation de condition ci-dessus, il vient

$$(6)\qquad \int H\zeta_1 d\sigma = 0.$$

Or, quels que soient les nombres n et l, on aura, en vertu de l'équation (5),

$$(T_{n,l} + L_0)\int H\zeta_1 E_{n,l}(\mu) E_{n,l}(\nu) d\sigma = 0,$$

$T_{n,l}$ ayant la signification générale, adoptée dans la première Partie (nº 21).

On aura donc

$$(7)\qquad \int H\zeta_1 E_{n,l}(\mu) E_{n,l}(\nu) d\sigma = 0,$$

toutes les fois que $T_{n,l} + L_0$ n'est pas nul; et, en vertu de (6), la même égalité aura lieu dans le cas de $n = l = 0$, quel que soit $T_{0,0} + L_0$.

Par suite, si dans les cas autres que celui-ci la quantité $T_{n,l} + L_0$ était toujours différente de zéro, on aurait l'égalité (7) quels que fussent n et l, et alors la fonction ζ_1, qu'on suppose continue, se réduirait identiquement à zéro, ce qui est contraire à l'hypothèse que nous avons faite.

Il faut donc que la quantité $T_{n,l} + L_0$ se réduise à zéro pour une certaine couple de valeurs de n et de l, où n ne soit pas nul.

Pour que notre analyse soit applicable à la recherche que nous avons en vue, nous supposerons que cela arrive pour $n = m$, $l = 2k$, où m est un nombre plus grand que 2 et $m - k$ est un nombre pair.

Nous aurons ainsi

$$L_0 = - T_{m,2k},$$

et nous supposerons que $T_{m,2k}$ ne soit égal à aucun des autres $T_{n,l}$, à l'exception, peut-être, de $T_{m,2k-1}$, qui sera toujours égal à $T_{m,2k}$ si l'ellipsoïde E est de révolution. Mais, si cet ellipsoïde a ses trois axes inégaux, $T_{m,2k-1}$ sera supposé être différent de $T_{m,2k}$.

Dès lors, si l'on s'arrête à un choix déterminé du paramètre α, et si l'on considère le cas où l'ellipsoïde E a ses trois axes inégaux, on obtiendra pour tous les ζ_i des expressions parfaitement déterminées.

En effet, en posant par exemple, comme nous l'avons fait dans la première Partie,

$$\alpha = \frac{1}{\gamma} \int H\zeta\, E_{m,2k}(\mu)\, E_{m,2k}(\nu)\, d\sigma,$$

nous aurons tout d'abord

$$\zeta_1 = \frac{E_{m,2k}(\mu)\, E_{m,2k}(\nu)}{H}.$$

Nous aurons ensuite à considérer l'équation

$$(R-T)\, H\zeta_2 - \frac{1}{4\pi} \int \frac{H'\zeta_2'\, d\sigma'}{D} = \frac{\Delta}{2}(\zeta_1, \zeta_1) - L_1 Y + \text{const.},$$

où nous avons écrit T au lieu de $T_{m,2k}$, et où

$$Y = E_{m,2k}(\mu)\, E_{m,2k}(\nu).$$

En multipliant les deux membres de cette équation par

$$E_{n,l}(\mu)\, E_{n,l}(\nu)\, d\sigma$$

et intégrant sur toute la surface de la sphère, nous en déduirons, dans le cas de $n = m$, $l = 2k$, l'équation

$$\frac{\Delta}{2} \int (\zeta_1, \zeta_1)\, Y\, d\sigma - L_1 \int Y^2\, d\sigma = 0$$

qui donnera L_1, et, dans tous les autres cas où n n'est pas nul, l'équation

$$(T_{n,l} - T) \int H\zeta_2 E_{n,l}(\mu)\, E_{n,l}(\nu)\, d\sigma = \frac{\Delta}{2} \int (\zeta_1, \zeta_1)\, E_{n,l}(\mu)\, E_{n,l}(\nu)\, d\sigma,$$

qui donnera la valeur de l'intégrale

$$\int H\zeta_2 E_{n,l}(\mu)\, E_{n,l}(\nu)\, d\sigma.$$

Cette intégrale sera, par suite, connue dans tous les cas où n n'est pas nul et où l'on n'a pas simultanément $n = m$, $l = 2k$.

Or, dans le cas de $n=0$ (où l'on aura aussi $l=0$), cette intégrale sera donnée par la condition relative au volume de la figure f et, dans le cas de $n=m$, $l=2k$, elle sera nulle en vertu de l'expression que nous avons adoptée pour α.

Cette intégrale sera donc connue pour toutes les valeurs de n et de l, ce qui suffit pour définir complètement la fonction ζ_2 qu'on suppose continue. On aura d'ailleurs immédiatement, pour la fonction $H\zeta_2$, une expression sous forme d'une série.

Ayant ainsi déterminé ζ_2 et L_1, on déterminera d'une manière toute semblable ζ_3 et L_2, puis ζ_4 et L_3, et ainsi de suite.

On obtiendra donc tous les ζ_i, et l'on voit que ces fonctions ne renfermeront rien d'arbitraire. On voit d'ailleurs que ce seront des fonctions uniformes de $\cos^2\theta$ et de $\sin\theta\cos\psi$, de sorte que les plans coordonnés seront pour la figure f des plans de symétrie.

Nous avons supposé que l'ellipsoïde E fût à trois axes inégaux.

Quant au cas où c'est un ellipsoïde de révolution, il y aura une certaine indétermination, dépendant de ce qu'on pourra alors faire tourner la figure f autour de l'axe des z sans changer l'équation (4). Mais, pour que cette indétermination disparaisse, il suffira d'introduire une condition complémentaire déjà considérée, à savoir

$$\int H\zeta P_{m,k}(\cos\theta)\sin k\psi\, d\sigma = 0,$$

et il n'y aura alors rien à changer dans les conclusions précédentes.

On parviendra du reste au même résultat en supposant tout simplement que les ζ_i soient des fonctions paires de ψ.

Ayant montré comment on calculera les ζ_i, nous avons encore à examiner la convergence de la série

$$\zeta_1\alpha + \zeta_2\alpha^2 + \zeta_3\alpha^3 + \cdots.$$

Mais nous pouvons nous borner à renvoyer pour cela à la première Partie (n° 70), où l'on trouvera exposé tout ce qui est nécessaire pour qu'on puisse conclure à l'instant que, dans les hypothèses que nous avons admises et pour des valeurs assez petites de $|\alpha|$, notre série sera convergente et représentera effectivement une fonction satisfaisant aux conditions du problème que nous nous sommes proposé.

63. Nous allons maintenant supposer que notre ellipsoïde E soit un ellipsoïde variable, et qu'il diffère toujours suffisamment peu d'un ellipsoïde fixe E_0 appartenant à la même série de figures d'équilibre ellipsoïdales.

En entendant par Ω_0 la valeur de Ω pour l'ellipsoïde E_0, nous poserons pour l'ellipsoïde E

$$\Omega = \Omega_0 + \eta.$$

En même temps, nous changerons de notation, en désignant par $\rho + \delta\rho$ et $q + \delta q$ ce que nous avons désigné par ρ et q, de sorte que les demi-axes de l'ellipsoïde E seront maintenant représentés par

$$\sqrt{\rho + \delta\rho + 1}, \quad \sqrt{\rho + \delta\rho + q + \delta q}, \quad \sqrt{\rho + \delta\rho}.$$

Quant aux demi-axes de l'ellipsoïde E_0, nous les désignerons par

$$\sqrt{\rho + 1}, \quad \sqrt{\rho + q}, \quad \sqrt{\rho}.$$

De cette façon, ρ et q seront des nombres fixes, tandis que $\delta\rho$ et δq seront des fonctions connues du paramètre η, tendant vers zéro pour $\eta = 0$.

Cela posé, l'équation (4) s'écrira maintenant comme il suit:

$$(8) \quad U + (\Omega_0 + \eta)(x^2 + y^2) = K\left(\frac{x^2}{\rho + \delta\rho + 1} + \frac{y^2}{\rho + \delta\rho + q + \delta q} + \frac{z^2}{\rho + \delta\rho}\right) + \text{const.},$$

et si, en cherchant d'après cette équation la figure f, on prend, pour figure de comparaison, l'ellipsoïde E, on aura les formules du numéro précédent, où l'on devra seulement remplacer ρ et q par $\rho + \delta\rho$ et $q + \delta q$.

Or, prenons à présent l'ellipsoïde E_0 pour figure de comparaison et posons, par suite, dans l'équation ci-dessus

$$x = \sqrt{\rho + \zeta + 1}\,\sin\theta\cos\psi,$$

$$y = \sqrt{\rho + \zeta + q}\,\sin\theta\sin\psi,$$

$$z = \sqrt{\rho + \zeta}\,\cos\theta,$$

ζ ayant maintenant une signification différente de celle que nous lui avons attribuée au numéro précédent.

Alors il viendra (**1**, n° 7)

$$U + (\Omega_0 + \eta)(x^2 + y^2) = \frac{2}{\Delta}\left(\frac{1}{4\pi}\int\frac{H'\zeta'\,d\sigma'}{D} - RH\zeta\right) + W + \text{const.},$$

en posant, comme nous l'avons déjà fait,

$$\eta(\rho + \cos^2\psi + q\sin^2\psi + \zeta)\sin^2\theta + U_2 + U_3 + \cdots = W;$$

et, d'autre part, on aura

$$\frac{x^2}{\rho+\delta\rho+1} + \frac{y^2}{\rho+\delta\rho+q+\delta q} + \frac{z^2}{\rho+\delta\rho} = 1 + \frac{\overline{H}}{\overline{\Delta}^2}(\zeta-\zeta_0),$$

où $\overline{H}$ et $\overline{\Delta}$ sont ce que deviennent H et Δ en y remplaçant ρ et q par $\rho+\delta\rho$ et $q+\delta q$, et

$$\zeta_0 = \delta\rho + \frac{\sin^2\theta\sin^2\psi}{\overline{H}}(\rho+\delta\rho+1)(\rho+\delta\rho)\delta q,$$

de sorte que ζ_0 sera ce que devient ζ quand la figure f se réduit à l'ellipsoïde E.

D'après cela l'équation (8) prendra la forme

$$RH\zeta - \frac{1}{4\pi}\int\frac{H'\zeta' d\sigma'}{D} = \frac{\Delta}{2}W - L\overline{H}(\zeta-\zeta_0) + \text{const.}, \tag{9}$$

où

$$L = \frac{\Delta K}{2\overline{\Delta}^2}.$$

Cela étant, nous allons chercher la fonction ζ sous forme d'une série procédant suivant les puissances entières et positives de α et η.

Nous poserons donc

$$\zeta = \sum_{r+s>0}\zeta_{rs}\alpha^r\eta^s,$$

en admettant pour L une expression de la forme

$$L = L_{00} + \sum_{r+s>0}L_{rs}\alpha^r\eta^s,$$

où les coefficients L_{rs} sont à calculer en même temps que les ζ_{rs}.

Alors, si l'on retient, pour α, la définition du numéro précédent, en remplaçant seulement ρ et q par $\rho+\delta\rho$ et $q+\delta q$, il viendra

$$\sum\zeta_{0s}\eta^s = \zeta_0, \tag{10}$$

puisque la figure f se réduira pour $\alpha=0$ à l'ellipsoïde E.

D'autre part, on aura

$$L_{00} + \sum_{s>0} L_{0s}\eta^s = -\frac{\Delta}{\overline{\Delta}}\overline{T}_{m,2k}, \tag{11}$$

le trait servant toujours à indiquer que ρ et q doivent être remplacés par $\rho + \delta\rho$ et $q + \delta q$.

En effet, la constante L que nous considérons ici s'obtient en multipliant la constante L du numéro précédent par $\frac{\Delta}{\overline{\Delta}}$. C'est ce qu'on voit par les expressions de ces constantes, où K ne dépend point du choix de l'ellipsoïde que l'on veut prendre pour figure de comparaison.

Par suite, comme la constante L du numéro précédent se réduisait pour $\alpha = 0$ à $-\overline{T}_{m,2k}$, on aura l'égalité (11).

Nous nous arrêterons ici toutefois à une définition un peu différente de α.

Posons, pour abréger,

$$E_{m,2k}(\mu)E_{m,2k}(\nu) = Y,$$

en entendant par $\overline{Y}$ ce que devient cette fonction lorsqu'on y remplace q par $q + \delta q$ après avoir remplacé μ et ν par leurs expressions en fonction de θ et ψ.

Alors, si l'on pose

$$\int \overline{Y}^2 d\sigma = \overline{\gamma},$$

et que l'on désigne par $\overline{\zeta}$ la fonction ζ du numéro précédent, l'expression que nous y avons prise pour α, s'écrira comme il suit:

$$\frac{1}{\overline{\gamma}}\int \overline{H}\,\overline{\zeta}\,\overline{Y}\,d\sigma; \tag{12}$$

et à présent nous poserons

$$\alpha = \frac{1}{\gamma}\int \overline{H}\,\zeta\,Y\,d\sigma,$$

où

$$\gamma = \int Y^2 d\sigma.$$

Néanmoins les égalités (10) et (11) subsisteront, puisqu'il suffit pour cela que l'expression prise pour α s'annule quand l'intégrale (12) devient égale à zéro, et cette condition est remplie pour notre expression de α, car, l'intégrale (12) s'annulant, la fonction ζ se réduit à ζ_0, et l'on a

$$\int \overline{H}\zeta_0 Y d\sigma = 0,$$

comme on le voit immédiatement en tenant compte de ce que le nombre m a été supposé être plus grand que 2.

Ainsi tous les ζ_{0s} seront connus à priori, et de même les constantes L_{0s}, pour lesquelles on aura

$$L_{0s} = -\frac{\Delta}{1\cdot 2\cdots s}\frac{d^s}{d\Omega^s}\frac{T}{\Delta},$$

en écrivant, pour abréger, T au lieu de $T_{m,2k}$.

On aura donc, par exemple,

$$L_{00} = -T$$

et, si T s'annule pour l'ellipsoïde $\mathbf{E}_0$,

$$L_{01} = -\frac{dT}{d\Omega}.$$

Voyons maintenant comment on calculera les ζ_{rs} et les L_{rs} pour lesquels r n'est pas nul.

Pour simplifier l'exposition, nous admettrons d'avance que tous les ζ_{rs} soient des fonctions paires de $\cos\theta$ et de ψ, ce qui est permis d'après ce que nous avons vu au numéro précédent.

Alors toutes les intégrales telles que

$$\int H\zeta_{rs} E_{n,2l-1}(\mu) E_{n,2l-1}(\nu)\, d\sigma$$

seront nulles, et il en sera de même des intégrales telles que

$$\int H\zeta_{rs} E_{n,2l}(\mu) E_{n,2l}(\nu)\, d\sigma,$$

si $n+l$ est un nombre impair.

Il n'y aura donc à considérer que les intégrales de cette dernière espèce en y supposant que $n+l$ soit un nombre pair, et, lorsque, pour une fonction ζ_{rs}, on pourra les évaluer toutes sans aucune ambiguïté, cette fonction sera complètement définie.

Nous supposerons que $T = T_{m,2k}$ ne soit égal, pour l'ellipsoïde E_0, à aucun des autres $T_{n,2l}$ pour lesquels $n+l$ est pair; c'est ce qui aura lieu, en particulier, dans le cas que nous avons principalement en vue, où T s'annule pour l'ellipsoïde E_0. Nous savons, en effet, par la première Partie que, dans ce cas, les $T_{n,2l}$ autres que $T_{1,0}$ et $T_{m,2k}$ ne seront certainement pas nuls.

Cela posé, le calcul des ζ_{rs} et des L_{rs} ne présentera aucune difficulté, et, si l'on retient, pour ce qui concerne le volume de la figure f, la condition du numéro précédent, on obtiendra pour ces inconnues des expressions parfaitement déterminées.

En effet, on aura évidemment

$$\zeta_{10} = \frac{Y}{H},$$

et nous allons montrer que toute fonction ζ_{rs} pourra être calculée, et cela sans aucune ambiguïté, dès qu'on connaît tous les ζ_{ij} pour lesquels

$$i \leqq r, \qquad j \leqq s, \qquad i+j < r+s. \tag{13}$$

Montrons d'abord que sous la même condition on pourra calculer la constante $L_{r-1\,s}$.

En nous reportant à l'équation (9), multiplions-la par $Y d\sigma$ et intégrons sur toute la surface de la sphère. En tenant compte de notre définition de α, nous parviendrons alors à l'équation suivante:

$$L\alpha = \frac{\Delta}{2\gamma}\int W Y d\sigma - \frac{T}{\gamma}\int H\zeta\, Y d\sigma. \tag{14}$$

De là, en substituant au lieu de ζ la série

$$\sum \zeta_{rs}\alpha^r\eta^s,$$

on déduira pour L une expression de la forme admise, savoir

$$L = L_{00} + \sum L_{rs}\alpha^r\eta^s,$$

puisque le second membre de l'équation ne contiendra que des termes s'annulant pour $\alpha = 0$. En effet, l'ensemble des termes qui ne dépendent pas de α s'y réduit à

$$\frac{\Delta}{2\gamma}\int W_0 Y d\sigma - \frac{T}{\gamma}\int H\zeta_0 Y d\sigma,$$

W_0 étant ce que devient W en y remplaçant ζ par ζ_0. Cet ensemble est donc identiquement nul, puisque la fonction ζ_0 satisfait à l'équation (9), ce qui donne

$$RH\zeta_0 - \frac{1}{4\pi}\int \frac{H'\zeta_0' d\sigma'}{D} = \frac{\Delta}{2} W_0 + \text{const.}$$

De cette façon, le développement de W étant

$$W = \sum W_{rs}\alpha^r \eta^s,$$

nous aurons

$$L_{r-1s} = \frac{\Delta}{2\gamma}\int W_{rs} Y d\sigma - \frac{T}{\gamma}\int H\zeta_{rs} Y d\sigma.$$

Or le second membre ne dépendra que des ζ_{ij} pour lesquels les conditions (13) sont remplies, car W_{rs} ne dépend que de pareils ζ_{ij} et, d'autre part, la formule

$$\frac{1}{\gamma}\int \overline{H}\zeta Y d\sigma = \alpha,$$

en y remplaçant $\overline{H}$ par son développement

$$\overline{H} = H + H_1\eta + H_2\eta^2 + \cdots,$$

donne

$$\frac{1}{\gamma}\int H\zeta_{10} Y d\sigma = 1$$

et, si l'on n'a pas simultanément $r = 1$, $s = 0$,

$$\text{(15)} \qquad \frac{1}{\gamma}\int H\zeta_{rs} Y d\sigma = -\sum_{j=0}^{s-1}\frac{1}{\gamma}\int H_{s-j}\zeta_{rj} Y d\sigma,$$

où la somme, si $s = 0$, doit être remplacée par 0.

On voit donc que, si l'on connaît tous les ζ_{ij} pour lesquels les conditions (13) sont remplies, on connaîtra aussi toutes les constantes L_{ij} pour lesquelles

$$i \leqq r-1, \qquad j \leqq s.$$

Cela posé, nous remarquons que l'équation (9) donne

$$RH\zeta_{rs} - \frac{1}{4\pi}\int \frac{H'\zeta'_{rs} d\sigma'}{D} = \frac{\Delta}{2} W_{rs} - \sum L_{i'j'} H_h \zeta_{ij} + \text{const.},$$

où la somme s'étend aux valeurs des indices i, j, i', j', h satisfaisant aux conditions

$$i+i'=r, \qquad j+j'+h=s, \qquad i>0.$$

Cette somme contiendra donc un terme dépendant de ζ_{rs}, qui sera

$$-TH\zeta_{rs},$$

et, à cela près, ne renfermera que les ζ_{ij} pour lesquels on a les inégalités (13). D'ailleurs, pour les constantes $L_{i'j'}$ dont elle dépend on aura

$$i' \leqq r-1, \qquad j' \leqq s,$$

puisque i ne prend pas, dans cette somme, la valeur *zéro*.

Par suite, si l'on fait passer le terme en ζ_{rs} dans le premier membre, l'équation considérée prendra la forme

$$(R-T)H\zeta_{rs} - \frac{1}{4\pi}\int \frac{H'\zeta'_{rs}\,d\sigma'}{D} = Z + \text{const.},$$

où Z sera une fonction connue, dès qu'on connaîtra tous les ζ_{ij} pour lesquels les conditions (13) sont remplies; et dès lors on aura

$$\int H\zeta_{rs}E_{n,2l}(\mu)E_{n,2l}(\nu)\,d\sigma = \frac{1}{T_{n,2l}-T}\int ZE_{n,2l}(\mu)E_{n,2l}(\nu)\,d\sigma,$$

sauf dans les deux cas

$$n=l=0 \qquad \text{et} \qquad n=m, \quad l=k.$$

Quant à ces deux cas, dans le premier, l'intégrale

$$\int H\zeta_{rs}E_{n,2l}(\mu)E_{n,2l}(\nu)\,d\sigma$$

se calculera d'après la condition relative au volume de la figure f et, dans le second, par la formule (15).

On connaîtra donc toutes les intégrales de cette espèce, et la fonction ζ_{rs} sera, par suite, connue.

De cette manière on pourra calculer autant de coefficients de la série

$$\sum \zeta_{rs} \alpha^r \eta^s$$

qu'on voudra, et tous ces coefficients seront des fonctions parfaitement déterminées de $\cos^2\theta$ et de $\sin\theta\cos\psi$.

Quant à la convergence de cette série, on la démontrera facilement, en supposant $|\alpha|$ et $|\eta|$ suffisamment petits, d'après les principes développés dans la première Partie. Il est donc inutile de nous y arrêter ici.

64. Supposons maintenant que T se réduit à zéro pour l'ellipsoïde E_0.

Alors il viendra $L_{00} = 0$ et l'on pourra poser $L = 0$, ce qui donnera cette équation entre α et η:

$$\sum L_{rs} \alpha^r \eta^s = 0. \tag{16}$$

Or, en faisant $L = 0$ dans l'équation (9), on la réduira à celle que doit vérifier la fonction ζ pour les figures d'équilibre peu différentes de l'ellipsoïde E_0.

Par suite, sous la condition (16), la série

$$\zeta = \sum \zeta_{rs} \alpha^r \eta^s$$

que nous venons de considérer définira une figure d'équilibre.

Cette figure sera d'ailleurs une figure non ellipsoïdale, car, d'après notre choix de l'expression qui définit α, on aura pour les figures d'équilibre ellipsoïdales $\alpha = 0$, et cette valeur de α, η n'étant pas nul, ne satisfait pas à l'équation (16), où le coefficient L_{01}, pour lequel nous avons trouvé l'expression

$$L_{01} = -\frac{dT}{d\Omega},$$

ne sera jamais nul. Du reste, ce coefficient n'étant pas nul, l'équation (16) ne pourra donner pour η, $|\alpha|$ et $|\eta|$ étant assez petits, qu'une seule valeur en fonction de α, laquelle valeur se présentera sous forme d'une série entière en α, comme cela doit être pour les figures d'équilibre non ellipsoïdales *).

---

*) Dans la première Partie, en étudiant la relation entre α et η, nous avons entendu par α l'expression

$$\frac{1}{\gamma}\int H\zeta Y\, d\sigma.$$

Ainsi, pour arriver à l'expression de ζ correspondant aux figures d'équilibre qui nous intéressent, on pourra remplacer la série à deux paramètres considérée auparavant par celle du numéro précédent et introduire ensuite l'équation (16), qui ne sera autre chose que l'équation $\mathsf{A} = 0$, débarrassée de la solution correspondant aux figures ellipsoïdales. C'est cette nouvelle série à deux paramètres que nous allons considérer dans la suite.

On voit facilement que cette série satisfera à la condition dont il a été parlé au n° 61.

En effet, l'équation (9) dont elle est une solution est une transformée de l'équation (8), et cette dernière ne change pas évidemment quand la figure f qui y satisfait est remplacée par une figure homothétique par rapport à l'origine des coordonnées.

En tenant compte de cette remarque, on pourra, en calculant les ζ_{rs}, faire abstraction de la condition relative au volume de la figure f, ce qui permettra d'introduire, dans chacune des fonctions ζ_{rs}, un terme de la forme

$$\frac{C_{rs}}{H},$$

où C_{rs} est une constante dont on pourra disposer de manière à rendre l'expression obtenue pour ζ_{rs} la plus simple possible. Quel que soit alors le volume de la figure f, les formules obtenues permettront d'écrire tout de suite les équations de la figure homothétique de volume donné, et de là on déduira facilement les expressions correspondantes des ζ_{rs}.

D'autre part, on pourra simplifier les calculs en faisant abstraction de la condition que α soit la valeur de l'intégrale

$$\frac{1}{\gamma}\int \overline{H}\zeta\, Y\, d\sigma.$$

Or, avec la définition actuelle de α et de la série à deux paramètres représentant ζ, cette expression, que nous désignerons ici par α_0, se développera évidemment en une série de la forme

$$\alpha_0 = \alpha + \sum_{r+s>1} c_{rs}\,\alpha^r \eta^s.$$

Par suite, la solution

$$\eta = \eta_1\alpha_0 + \eta_2\alpha_0^2 + \eta_3\alpha_0^3 + \cdots,$$

que nous avons trouvée pour les figures d'équilibre non ellipsoïdales, pourra être mise, en remplaçant α_0 par sa valeur et en résolvant par rapport à η, sous la forme

$$\eta = \eta_1\alpha + \eta_2'\alpha^2 + \eta_3'\alpha^3 + \cdots.$$

Alors chacune des fonctions ζ_{rs} renfermera un terme de la forme

$$\frac{c_{rs} Y}{H},$$

affecté d'un coefficient c_{rs} disponible à volonté.

Il convient toutefois de conserver aux ζ_{0s} leurs expressions primitives, répondant aux figures ellipsoïdales, ce qui revient à prendre pour α une expression s'annulant quand l'intégrale ci-dessus se réduit à zéro.

65. Revenons au cas des ellipsoïdes de Maclaurin et reprenons nos notations particulières qui s'y rapportent.

Dans ce cas, la méthode précédente est susceptible d'une simplification importante, provenant de ce qu'il y a alors une relation simple et connue à priori entre les fonctions $\overline{\zeta}$ et ζ, qui définissent le passage à la figure f, la première, de l'ellipsoïde E, la seconde, de l'ellipsoïde E_0. En effet, on aura alors

$$\overline{\zeta} = \zeta - \delta\rho. \tag{17}$$

En partant de là, et en supposant que la fonction ζ se réduise pour $\alpha = 0$ à $\delta\rho$, on pourra obtenir pour les ζ_{rs} des formules semblables à celles du n° 42.

Pour y parvenir, il n'y aura qu'à comparer l'expression de ζ obtenue par la méthode du n° 63 avec celle qui résulte de la relation (17), la fonction $\overline{\zeta}$ étant calculée en prenant l'ellipsoïde E pour figure de comparaison. Alors, si l'on entend par α dans ces deux expressions de ζ la même quantité, on arrivera aux formules identiques à celles (6) du n° 42.

Nous avons considéré précédemment deux hypothèses différentes au sujet de α, en prenant pour ce paramètre l'une ou l'autre des deux expressions

$$\frac{1}{\overline{\gamma}} \int \overline{H}\, \overline{\zeta}\, \overline{Y}\, d\sigma \qquad \text{et} \qquad \frac{1}{\gamma} \int \overline{H} \zeta\, Y\, d\sigma,$$

suivant que l'ellipsoïde E ou l'ellipsoïde E_0 nous servait de figure de comparaison.

Or, dans le cas actuel, on peut prendre

$$Y = P_{m,k}(\mu) \cos k\psi,$$

et, comme alors on aura

$$\overline{Y} = Y,$$

il viendra

$$\frac{1}{\overline{\gamma}} \int \overline{H}\, \overline{\zeta}\, \overline{Y}\, d\sigma - \frac{1}{\gamma} \int \overline{H} \zeta\, Y\, d\sigma = -\frac{\delta\rho}{\gamma} \int \overline{H}\, Y\, d\sigma = 0,$$

de sorte que les deux expressions de α auront la même valeur, qui sera

$$\frac{\rho+\delta\rho+1}{\gamma}\int(\rho+\delta\rho+\mu^2)\zeta\,Y\,d\sigma.$$

Posons donc, en supprimant, pour simplifier, le facteur $\rho+\delta\rho+1$,

$$\alpha=\frac{1}{\gamma}\int(\rho+\delta\rho+\mu^2)\zeta\,Y\,d\sigma,$$

Y étant défini par la formule ci-dessus, et supposons que l'on ait trouvé, par un calcul direct, d'une part,

$$\bar\zeta=\bar\zeta_1\alpha+\bar\zeta_2\alpha^2+\bar\zeta_3\alpha^3+\dots,$$

en prenant l'ellipsoïde E pour figure de comparaison, d'autre part,

$$\zeta=\sum\zeta_{rs}\alpha^r\eta^s,$$

en prenant l'ellipsoïde E_0 pour figure de comparaison.

Alors, si, dans les deux cas, les calculs ont été faits, comme précédemment, dans l'hypothèse que le volume de la figure cherchée soit égal, quels que soient α et η, au volume de l'ellipsoïde E, tous les $\bar\zeta_r$ et les ζ_{rs}, qu'on suppose être des fonctions paires de $\cos\theta$ et de ψ, auront des expressions parfaitement déterminées, et les expressions obtenues de $\bar\zeta$ et de ζ ne pourront correspondre qu'à une seule et même figure.

Nous aurons donc l'égalité (17), et, par suite, il viendra

$$\zeta_{rs}=\frac{1}{1\cdot2\cdots s}\left(\frac{d^s\bar\zeta_r}{d\eta^s}\right)_{\eta=0}. \tag{18}$$

Or, pour obtenir les $\bar\zeta_r$, il suffit évidemment d'avoir les expressions des ζ_{r0}, calculées sans tenir compte de l'équation $T=0$, et de remplacer, dans ces expressions, ρ par $\rho+\delta\rho$.

Par suite, en partant desdites expressions, on aura, comme au n° 42,

$$\zeta_{rs}=\frac{1}{1\cdot2\cdots s}\frac{d^s\zeta_{r0}}{d\Omega^s}, \tag{19}$$

avec la même signification du symbole de la dérivée.

Ainsi il suffira de calculer les ζ_{r0}, pourvu qu'on le fasse sans tenir compte de l'équation $T=0$, après quoi l'on aura immédiatement tous les autres ζ_{rs}.

Mais il y a plus: en calculant les ζ_{r0}, on calculera en même temps les constantes L_{r0}, et dès qu'on connaîtra les expressions de ces constantes, obtenues sans tenir compte de l'équation $T=0$, on pourra en déduire les expressions de toutes les autres constantes L_{rs}, comme nous allons le montrer tout de suite.

Remarquons d'abord que l'équation (9) se réduira, dans le cas actuel, à

$$R(\rho+\mu^2)\zeta-\frac{1}{4\pi}\int\frac{(\rho+\mu'^2)\zeta'\,d\sigma'}{D}=\frac{\sqrt{\rho}}{2}W-L(\rho+\delta\rho+\mu^2)(\zeta-\delta\rho)+\text{const.},$$

en remplaçant, pour simplifier, L par $\frac{\rho+1}{\rho+\delta\rho+1}L$.

Dans cette équation,

$$W=\eta(\rho+1+\zeta)\sin^2\theta+U_2+U_3+\cdots$$

et L est une série entière en α et η, se réduisant pour $\alpha=\eta=0$ à $-T$, c'est-à-dire à zéro; mais on ne tiendra compte de l'égalité $T=0$ qu'après avoir fait tous les calculs.

Quant à l'équation que doit vérifier la fonction $\overline{\zeta}$, elle sera de la forme

$$\overline{R}(\rho+\delta\rho+\mu^2)\overline{\zeta}-\frac{1}{4\pi}\int\frac{(\rho+\delta\rho+\mu'^2)\overline{\zeta}'\,d\sigma'}{\overline{D}}$$
$$=\frac{\sqrt{\rho+\delta\rho}}{2}\left(\overline{U}_2+\overline{U}_3+\cdots\right)-\overline{L}(\rho+\delta\rho+\mu^2)\overline{\zeta}+\text{const.},$$

où $\overline{L}$ sera une série entière en α, se réduisant pour $\alpha=0$ à $-\overline{T}$, et où le trait sert à indiquer que ρ doit être remplacer par $\rho+\delta\rho$ et ζ par $\overline{\zeta}$.

Or les expressions

$$\frac{2}{\sqrt{\rho}}\left[\frac{1}{4\pi}\int\frac{(\rho+\mu'^2)\zeta'\,d\sigma'}{D}-R(\rho+\mu^2)\zeta\right]+W$$

et

$$\frac{2}{\sqrt{\rho+\delta\rho}}\left[\frac{1}{4\pi}\int\frac{(\rho+\delta\rho+\mu'^2)\overline{\zeta}'\,d\sigma'}{\overline{D}}-\overline{R}(\rho+\delta\rho+\mu^2)\overline{\zeta}\right]+\overline{U}_2+\overline{U}_3+\cdots,$$

à une constante additive près, sont égales, puisque chacune d'entre elles est une transformée de l'expression

$$U+(\Omega_0+\eta)(x^2+y^2),$$

augmentée d'une certaine constante.

On doit donc avoir

$$L = \frac{\sqrt{\rho}}{\sqrt{\rho + \delta\rho}} \overline{L}.$$

Par suite, en remplaçant L et $\overline{L}$ par leurs expressions

$$L = -T + \sum L_{rs} \alpha^r \eta^s,$$

$$\overline{L} = -\overline{T} + \overline{L}_1 \alpha + \overline{L}_2 \alpha^2 + \cdots,$$

nous aurons

$$(20) \qquad L_{rs} = \frac{\sqrt{\rho}}{1\cdot 2\cdots s} \left(\frac{d^s}{d\eta^s} \frac{\overline{L}_r}{\sqrt{\rho + \delta\rho}} \right)_{\eta=0},$$

où, dans le cas de $r=0$, on doit poser

$$\overline{L}_0 = -\overline{T}.$$

Or $\overline{L}_r$ ne sera autre chose que L_{r0} où ρ est remplacé par $\rho + \delta\rho$. Nous pouvons donc écrire

$$(21) \qquad L_{rs} = \frac{\sqrt{\rho}}{1\cdot 2\cdots s} \frac{d^s}{d\Omega^s} \frac{L_{r0}}{\sqrt{\rho}},$$

ce qui pour $r=0$ se réduira à

$$L_{0s} = -\frac{\sqrt{\rho}}{1\cdot 2\cdots s} \frac{d^s}{d\Omega^s} \frac{T}{\sqrt{\rho}}.$$

De cette façon, ayant calculé les ζ_{r0} et les L_{r0} sans supposer préalablement $T=0$, on aura à l'instant tous les autres ζ_{rs} et L_{rs}, de sorte qu'on pourra former tout de suite, d'une part, la série

$$\sum \zeta_{rs} \alpha^r \eta^s$$

représentant la fonction ζ, d'autre part, l'équation $L=0$, par laquelle doivent être liés les paramètres α et η, et laquelle, en tenant compte de l'égalité $T=0$, s'écrira

$$\sum L_{rs} \alpha^r \eta^s = 0.$$

Quant aux ζ_{r0} et aux L_{r0}, on les obtiendra en considérant l'équation

$$R(\rho+\mu^2)\zeta - \frac{1}{4\pi}\int\frac{(\rho+\mu'^2)\zeta' d\sigma'}{D} = \frac{\sqrt{\rho}}{2}(U_2+U_3+\cdots) - L(\rho+\mu^2)\zeta + \text{const.},$$

où l'on posera

$$\zeta = \zeta_{10}\alpha + \zeta_{20}\alpha^2 + \zeta_{30}\alpha^3 + \ldots,$$

$$L = -T + L_{10}\alpha + L_{20}\alpha^2 + \ldots,$$

et l'on sera ainsi amené au problème du n° 62.

66. Nous avons obtenu les formules précédentes en faisant une hypothèse déterminée au sujet du volume de la figure cherchée et en entendant par α l'expression

$$\frac{1}{\gamma}\int(\rho+\delta\rho+\mu^2)\zeta Y d\sigma.$$

Or on pourrait faire des hypothèses plus générales.

Tout d'abord, on pourrait entendre par α une quantité quelconque, telle qu'on eût un développement de la forme

$$\frac{1}{\gamma}\int(\rho+\delta\rho+\mu^2)\zeta Y d\sigma = \sum c_{rs}\alpha^r\eta^s,$$

ne renfermant que les termes s'annulant pour $\alpha=0$.

En même temps, on pourrait assujettir le volume de la figure f à une condition plus générale, laquelle doit seulement être telle que ce volume se présente sous forme d'une série entière en α et η, et qu'il se réduise, pour $\alpha=0$, au volume de l'ellipsoïde E, ce qui est nécessaire pour que ζ se réduise pour $\alpha=0$ à $\delta\rho$.

Il sera toutefois plus simple de considérer ici, au lieu du volume, l'intégrale

$$\int(\rho+\delta\rho+\mu^2)\zeta d\sigma,$$

en supposant qu'on ait

$$\frac{1}{4\pi}\int(\rho+\delta\rho+\mu^2)(\zeta-\delta\rho)d\sigma = \sum C_{rs}\alpha^r\eta^s,$$

le second membre ne contenant que les termes qui s'annulent pour $\alpha=0$.

Dans ces hypothèses générales, on aura encore les égalités (18) et (20).

Quant aux égalités (19) et (21), elles n'auront lieu que si l'on envisage les constantes c_{i0} et C_{i0}, qui figureront dans les expressions des ζ_{r0}, comme des fonctions de Ω, telles qu'on ait

$$\frac{1}{1\cdot2\cdots s}\frac{d^s c_{i0}}{d\Omega^s} = c_{is}, \qquad \frac{1}{1\cdot2\cdots s}\frac{d^s C_{i0}}{d\Omega^s} = C_{is}.$$

Cela est toujours possible si ces constantes sont laissées arbitraires. Mais, si on leur attribue des valeurs particulières, comme il convient de le faire pour simplifier les calculs, les formules (19) et (21) pourront ne pas avoir lieu.

Toutefois, on conçoit bien que ces formules donneront toujours des expressions des ζ_{rs} et des L_{rs} correspondant à certaines valeurs particulières des constantes c_{ij} et C_{ij}. On pourra donc les admettre quand on ne fait d'avance aucune hypothèse particulière au sujet de ces constantes, en se réservant d'en disposer dans le cours des calculs.

Du reste il importe peu quelles sont les valeurs attribuées aux constantes c_{rs} et C_{rs} pendant les calculs, car, ayant obtenu pour les ζ_{rs} des expressions particulières quelconques, on en déduira tout de suite, par de simples transformations algébriques, les expressions générales.

De cette façon tout se réduira à la recherche des expressions particulières quelconques pour les fonctions ζ_{r0} et les constantes L_{r0}, que l'on calculera sans tenir compte de l'équation $T=0$, après quoi l'on pourra déterminer les autres ζ_{rs} par les formules (19), et les formules (21) donneront ensuite les valeurs correspondantes pour les constantes L_{rs}.

On voit que notre méthode actuelle est plus simple que celle employée dans ce qui précède, puisqu'à présent nous pouvons attribuer des valeurs particulières voulues non seulement aux constantes c_{rs}, mais encore à celles C_{rs}.

En appliquant cette méthode au cas des figures d'équilibre de révolution, nous pouvons être certains d'obtenir pour tous les ζ_{rs} des expressions rationnelles par rapport à μ, quelles que soient les valeurs attribuées aux constantes.

Il est d'ailleurs facile de le vérifier en revoyant les calculs des n°s 46 — 56. Mais, au lieu de nous y arrêter, nous allons appliquer notre méthode au cas des figures d'équilibre autres que celles de révolution.

Calculs dans le cas des figures d'équilibre qui ne sont pas de révolution.

67. En supposant que l'ellipsoïde E_0 soit défini par l'équation

$$T_{m,k} = 0 \text{ *)},$$

*) Nous reprenons nos notations particulières, relatives au cas des ellipsoïdes de révolution.

nous allons chercher les expressions aussi simples que possible, que pourront avoir les premiers termes de la série

$$\zeta_{10}, \quad \zeta_{20}, \quad \zeta_{30}, \quad \zeta_{40}, \quad \ldots,$$

quand on ne tient pas compte de l'équation précédente.

Tout d'abord, on pourra prendre

$$\zeta_{10} = \frac{Y}{\rho + \mu^2} = \tau,$$

où

$$Y = P_{m,k}(\mu) \cos k\psi;$$

après quoi, pour déterminer ζ_{20}, on aura cette équation:

$$(R - T)(\rho + \mu^2)\zeta_{20} - \frac{1}{4\pi}\int \frac{(\rho + \mu'^2)\zeta'_{20}}{D} d\sigma' = \frac{\sqrt{\rho}}{2}(\tau, \tau) - L_{10} Y + \text{const.},$$

en écrivant T au lieu de $T_{m,k}$.

De là il vient

$$\frac{\sqrt{\rho}}{2}\int (\tau, \tau) Y d\sigma - L_{10}\int Y^2 d\sigma = 0.$$

Or, si k n'est pas nul, l'intégrale

$$\int (\tau, \tau) Y d\sigma$$

se réduira à zéro.

Donc, en le supposant, on aura

$$L_{10} = 0.$$

Par suite, si l'on introduit la fonction τ_1 définie par l'équation

$$(R - T)(\rho + \mu^2)\tau_1 - \frac{1}{4\pi}\int \frac{(\rho + \mu'^2)\tau_1'}{D} d\sigma' = \frac{\sqrt{\rho}}{2}(\tau, \tau),$$

à condition d'être paire par rapport à $\cos\theta$ et ψ, on pourra prendre

$$\zeta_{20} = \tau_1.$$

Cherchons donc cette fonction τ_1, que nous définirons avec plus de précision en supposant qu'on ait

$$\int (\rho + \mu^2)\tau_1 Y d\sigma = 0.$$

68. Posons, comme au n° 7,

$$\frac{Y^2}{\rho + \mu^2} = \tau Y = \sum a_i Y_i, \tag{1}$$

Y_i étant une fonction sphérique de l'une des deux formes

$$P_{2n}(\mu) \qquad \text{ou} \qquad P_{2n+2k,2k}(\mu)\cos 2k\psi.$$

Alors, pour (τ, τ), on aura un développement tout semblable,

$$(\tau, \tau) = \sum \overline{a}_i Y_i,$$

où

$$\overline{a}_i = \frac{1}{\gamma_i}\int (\tau, \tau) Y_i d\sigma.$$

Or, en reprenant les notations du n° 7, nous avons, d'après ce qui a été trouvé au n° 8 (p. 23),

$$\overline{a}_i = \frac{1}{4N_i + 1}\left(a_i \frac{d}{d\rho}\frac{\mathbf{Q}_{(i)}}{\sqrt{\rho}} - \frac{\mathbf{Q}_{(i)}}{\sqrt{\rho}}\frac{da_i}{d\rho}\right)\mathbf{P}_{(i)} + \frac{2}{2m+1}\frac{d\mathbf{P}}{d\rho}\frac{\mathbf{Q}}{\sqrt{\rho}} a_i,$$

et cela, en remarquant que

$$\frac{\mathbf{Q}}{2m+1} = \frac{T_{(i)} - T}{\mathbf{P}} + \frac{\mathbf{P}_{(i)}\mathbf{Q}_{(i)}}{(4N_i + 1)\mathbf{P}},$$

se réduit à

$$\overline{a}_i = \frac{2}{\sqrt{\rho}}\frac{1}{\mathbf{P}}\frac{d\mathbf{P}}{d\rho}(T_{(i)} - T) a_i + \frac{q_i}{4N_i + 1}\frac{\mathbf{P}_{(i)}}{\mathbf{P}^2},$$

q_i étant défini par la formule (6) du n° 8.

D'après cela nous obtenons

$$\tau_1 = \frac{1}{\mathbf{P}}\frac{d\mathbf{P}}{d\rho}\sum a_i \frac{Y_i}{\rho + \mu^2} + \frac{\sqrt{\rho}}{2\mathbf{P}^2}\sum \frac{\mathbf{P}_{(i)}}{T_{(i)} - T}\frac{q_i}{4N_i + 1}\frac{Y_i}{\rho + \mu^2},$$

ou bien, en ayant égard à (1),

$$\tau_1 = \frac{1}{\mathsf{P}}\frac{d\mathsf{P}}{d\rho}\tau^2 + \frac{\sqrt{\rho}}{2\mathsf{P}^2}\sum \frac{\mathsf{P}_{(i)}}{4N_i+1}\,\frac{q_i}{T_{(i)}-T}\,\frac{Y_i}{\rho+\mu^2}, \tag{2}$$

la somme s'étendant à la même suite de valeurs de i que dans la formule qui donne le développement de τY.

Or, si nous faisons à l'égard de cette suite la même convention qu'au n° 11, nous aurons, comme il a été observé au n° 12, $q_i=0$, toutes les fois que i est plus grand que $2m-1$ et en outre, toutes les fois que i est un nombre impair dépassant $2(m-k)$.

Par suite, la somme dans l'expression obtenue de τ_1 ne contient qu'un nombre limité de termes, d'où l'on voit que la fonction τ_1 est de la forme

$$\frac{F(\mu)+\Phi(\mu)(1-\mu^2)^k\cos 2k\psi}{(\rho+\mu^2)^2}, \tag{3}$$

où $F(\mu)$ et $\Phi(\mu)$ sont des fonctions entières et paires de μ.

Il est d'ailleurs facile de voir quels sont les degrés de ces fonctions.

En effet, on voit d'abord immédiatement que pour la fonction τ^2, qui sera précisément de la forme indiquée, la fonction $F(\mu)$ sera de degré $2m$ et la fonction $\Phi(\mu)$, de degré $2m-2k$.

Puis, en considérant la somme, et en se rappelant que $2N_i$ représente l'ordre de la fonction sphérique Y_i, on conclut que les termes de cette somme seront de la forme

$$\frac{F_i(\mu)}{\rho+\mu^2} \quad \text{ou} \quad \frac{\Phi_i(\mu)(1-\mu^2)^k\cos 2k\psi}{\rho+\mu^2},$$

selon que i est pair ou impair, $F_i(\mu)$ et $\Phi_i(\mu)$ étant des fonctions entières de μ respectivement des degrés $2N_i$ et $2N_i-2k$.

Or, pour i pair, $2N_i=i$ et, pour i impair, $2N_i=i-1+2k$ (page 34).

Par suite, comme la plus grande valeur paire qu'on devra donner à i dans notre somme est égale à $2m-2$ et la plus grande valeur impaire de i est $2(m-k)-1$, la plus grande valeur de N_i sera $m-1$.

Donc les degrés des fonctions $F_i(\mu)$ et $\Phi_i(\mu)$ ne dépasseront pas respectivement $2m-2$ et $2m-2k-2$.

De là on conclut à l'instant que les degrés des fonctions $F(\mu)$ et $\Phi(\mu)$ pour la fonction τ_1, présentée sous la forme (3), ne dépasseront pas respectivement les nombres $2m$ et $2m-2k$, auxquels ils seront d'ailleurs égaux, si certains termes semblables de l'expression de τ_1 ne se détruisent pas mutuellement.

Passons à la recherche de ζ_{30}.

69. En partant des égalités

$$\zeta_{10} = \tau, \qquad \zeta_{20} = \tau_1$$

et en tenant compte de ce que $L_{10} = 0$, nous aurons, pour calculer la fonction ζ_{30} et la constante L_{20}, l'équation suivante:

$$(R-T)(\rho+\mu^2)\zeta_{30} - \frac{1}{4\pi}\int\frac{(\rho+\mu'^2)\zeta'_{30}}{D}d\sigma' = \frac{\sqrt{\rho}}{2}[2(\tau,\tau_1)+(\tau,\tau,\tau)] - L_{20}Y + \text{const.}$$

De là on tire tout d'abord

$$\frac{\sqrt{\rho}}{2}\int[2(\tau,\tau)+(\tau,\tau,\tau)]\,Y\,d\sigma - L_{20}\int Y^2 d\sigma = 0,$$

ce qui fait voir que l'on aura

$$L_{20} = \frac{(\rho+1)\sqrt{\rho}}{2}A,$$

A étant la constante considérée précédemment, qui sera à présent égale à la constante A_3 du nº 6 *).

Cela posé, nous devons en venir à la recherche du développement de l'expression

$$2(\tau,\tau_1) + (\tau,\tau,\tau)$$

suivant les fonctions sphériques.

Cherchons d'abord une expression pour (τ,τ_1).

70. En posant, pour abréger,

$$\frac{\sqrt{\rho}}{2\mathrm{P}^2}\,\frac{\mathrm{P}_{(i)}}{4N_i+1}\,\frac{q_i}{T_{(i)}-T} = \alpha_i, \tag{4}$$

nous présenterons la formule (2) comme il suit:

$$\tau_1 = \frac{1}{\mathrm{P}}\frac{d\mathrm{P}}{d\rho}\tau^2 + \sum\alpha_i\frac{Y_i}{\rho+\mu^2}.$$

*) L'expression (9), que nous avons trouvée pour A au nº10, suppose que l'on a $T=0$. Mais il suffit d'y remplacer $T_{(i)}$ par $T_{(i)}-T$ pour avoir une expression indépendante de cette supposition. C'est cette dernière expression que l'on doit entendre ici par A.

Nous aurons donc

$$(\tau, \tau_1) = \frac{1}{\mathsf{P}} \frac{d\mathsf{P}}{d\rho} (\tau, \tau^2) + \sum \alpha_i \left(\frac{Y_i}{\rho + \mu^2}, \tau \right).$$

En procédant ensuite comme au n° 50, nous obtenons

$$\left(\frac{Y_i}{\rho + \mu^2}, \tau \right) = \frac{1}{4\pi} \lim \left\{ \frac{\partial}{\partial v} \left[\frac{1}{\sqrt{v}} \int \frac{Y_i' \tau' d\sigma'}{D(u, v)} \right] - \frac{\partial}{\partial \rho} \left[\frac{1}{\sqrt{v}} \int \frac{Y_i' \tau' d\sigma'}{D(u, v)} \right] \right\}$$
$$+ \left(\frac{1}{2m+1} \frac{d\mathsf{P}}{d\rho} \frac{\mathsf{Q}}{\sqrt{\rho}} + \frac{1}{4N_i + 1} \frac{d\mathsf{P}_{(i)}}{d\rho} \frac{\mathsf{Q}_{(i)}}{\sqrt{\rho}} \right) Y_i \tau.$$

Développons maintenant la fonction $Y_i \tau$ en une série de fonctions sphériques. Cette série ne contiendra évidemment que les fonctions sphériques de l'une des deux formes

$$P_{2n+k,k}(\mu) \cos k\psi, \qquad P_{2n+3k,3k}(\mu) \cos 3k\psi,$$

n étant un entier non négatif arbitraire, et nous désignerons une quelconque de ces fonctions par Y_{j1}. Alors nous pourrons écrire

$$Y_i \tau = \frac{Y Y_i}{\rho + \mu^2} = \sum_{(j)} \mathrm{a}_{ij} Y_{j1}, \tag{5}$$

où les a_{ij} seront donnés par la formule

$$\mathrm{a}_{ij} = \frac{1}{\gamma_{j1}} \int \frac{Y Y_i Y_{j1}}{\rho + \mu^2} d\sigma, \tag{6}$$

en faisant

$$\int (Y_{j1})^2 d\sigma = \gamma_{j1}.$$

Cela étant, si nous posons de même

$$\left(\frac{Y_i}{\rho + \mu^2}, \tau \right) = \sum_{(j)} \overline{\mathrm{a}}_{ij} Y_{j1},$$

et si nous désignons par N_{j1} l'ordre de la fonction sphérique Y_{j1} et par $\mathsf{P}_{(j1)}$, $\mathsf{Q}_{(j1)}$ les fonctions correspondantes de ρ, il viendra

$$\overline{\mathrm{a}}_{ij} = \frac{\mathsf{P}_{(j1)}}{2N_{j1}+1} \left(\mathrm{a}_{ij} \frac{d}{d\rho} \frac{\mathsf{Q}_{(j1)}}{\sqrt{\rho}} - \frac{d\mathrm{a}_{ij}}{d\rho} \frac{\mathsf{Q}_{(j1)}}{\sqrt{\rho}} \right) + \left(\frac{1}{2m+1} \frac{d\mathsf{P}}{d\rho} \frac{\mathsf{Q}}{\sqrt{\rho}} + \frac{1}{4N_i+1} \frac{d\mathsf{P}_{(i)}}{d\rho} \frac{\mathsf{Q}_{(i)}}{\sqrt{\rho}} \right) \mathrm{a}_{ij}. \tag{7}$$

On peut d'ailleurs présenter cette expression sous la forme

$$(8)\quad \overline{a}_{ij} = \frac{P_{(j1)}}{(2N_{j1}+1)PP_{(i)}} a'_{ij} + \frac{1}{P_{(i)}} \frac{dP_{(i)}}{d\rho} \frac{T - T_{(i)}}{\sqrt{\rho}} a_{ij} + \frac{1}{PP_{(i)}} \frac{dPP_{(i)}}{d\rho} \frac{T_{(j1)} - T}{\sqrt{\rho}} a_{ij},$$

où

$$(9)\quad a'_{ij} = a_{ij} \frac{d}{d\rho} \frac{PP_{(i)}Q_{(j1)}}{\sqrt{\rho}} - \frac{da_{ij}}{d\rho} \frac{PP_{(i)}Q_{(j1)}}{\sqrt{\rho}},$$

$$T_{(j1)} = R - \frac{P_{(j1)}Q_{(j1)}}{2N_{j1}+1}.$$

Posons ensuite

$$(10)\quad \sum_{(i)} \frac{\sqrt{\rho}}{T_{(i)} - T} \frac{q_i a'_{ij}}{4N_i + 1} = \frac{1}{3} h_j.$$

Alors, en nous servant de la formule (8) et en remplaçant α_i par sa valeur (4), nous aurons, eu égard à (5),

$$\sum \alpha_i \left(\frac{Y_i}{\rho + \mu^2}, \tau \right) = \frac{1}{6P^3} \sum \frac{P_{(j1)}}{2N_{j1}+1} h_j Y_{j1} - \frac{\tau}{2P^2} \sum \frac{q_i}{4N_i+1} \frac{dP_{(i)}}{d\rho} Y_i$$
$$+ \frac{1}{2P^3} \sum_{(i)} \frac{q_i}{4N_i+1} \frac{dPP_{(i)}}{d\rho} \sum_{(j)} \frac{T_{(j1)} - T}{T_{(i)} - T} a_{ij} Y_{j1}.$$

Il ne reste donc qu'à chercher une expression pour (τ, τ^2)

A cet effet, en remarquant que, d'après (1), on a

$$\tau^2 = \sum a_i \frac{Y_i}{\rho + \mu^2},$$

nous partirons de la formule

$$(\tau, \tau^2) = \sum a_i \left(\frac{Y_i}{\rho + \mu^2}, \tau \right) = \sum_{(i)} \sum_{(j)} a_i \overline{a}_{ij} Y_{j1},$$

où nous remplacerons $\overline{a}_{ij}$ par son expression (7).

Comme on a

$$\sum_{(i)} \sum_{(j)} a_i a_{ij} Y_{j1} = \tau \sum_{(i)} a_i Y_i = \tau^2 Y,$$

nous aurons ainsi

$$(\tau, \tau^2) = \sum \frac{\mathbf{P}_{(j1)}}{2N_{j1}+1}\left(S_j \frac{d}{d\rho}\frac{\mathbf{Q}_{(j1)}}{\sqrt{\rho}} - S_j' \frac{\mathbf{Q}_{(j1)}}{\sqrt{\rho}}\right) Y_{j1}$$

$$+ \frac{\tau^2}{2m+1}\frac{d\mathbf{P}}{d\rho}\frac{\mathbf{Q}}{\sqrt{\rho}} Y + \tau \sum \frac{a_i}{4N_i+1}\frac{d\mathbf{P}_{(i)}}{d\rho}\frac{\mathbf{Q}_{(i)}}{\sqrt{\rho}} Y_i,$$

en posant, pour abréger,

$$\sum_{(i)} a_i \mathbf{a}_{ij} = S_j, \qquad \sum_{(i)} a_i \frac{d\mathbf{a}_{ij}}{d\rho} = S_j'.$$

Or ces deux sommes s'expriment très simplement à l'aide des coefficients du développement de τY^2 suivant les fonctions sphériques.

Comme ce développement sera évidemment de même forme que (5), posons

$$\tau Y^2 = \frac{Y^3}{\rho+\mu^2} = \sum b_j Y_{j1}, \tag{11}$$

en sorte qu'on ait

$$b_j = \frac{1}{\gamma_{j1}} \int \frac{Y^3 Y_{j1}}{\rho+\mu^2} d\sigma. \tag{12}$$

Alors, en remarquant que, d'après (6), on a

$$S_j = \frac{1}{\gamma_{j1}} \int \frac{Y^3 Y_{j1}}{(\rho+\mu^2)^2} d\sigma, \qquad S_j' = -\frac{1}{\gamma_{j1}} \int \frac{Y^3 Y_{j1}}{(\rho+\mu^2)^3} d\sigma,$$

nous aurons

$$S_j = -\frac{db_j}{d\rho}, \qquad S_j' = -\frac{1}{2}\frac{d^2 b_j}{d\rho^2}.$$

Par suite, il vient

$$(\tau, \tau^2) = \sum \frac{\mathbf{P}_{(j1)}}{2N_{j1}+1}\left(\frac{1}{2}\frac{d^2 b_j}{d\rho^2}\frac{\mathbf{Q}_{(j1)}}{\sqrt{\rho}} - \frac{db_j}{d\rho}\frac{d}{d\rho}\frac{\mathbf{Q}_{(j1)}}{\sqrt{\rho}}\right) Y_{j1}$$

$$+ \tau \sum \frac{a_i}{4N_i+1}\frac{d\mathbf{P}_{(i)}}{d\rho}\frac{\mathbf{Q}_{(i)}}{\sqrt{\rho}} Y_i + \frac{\tau^2}{2m+1}\frac{d\mathbf{P}}{d\rho}\frac{\mathbf{Q}}{\sqrt{\rho}} Y.$$

71. Passons à la recherche de (τ, τ, τ).

Avec les notations du n° 9, on a

$$(\tau, \tau, \tau) = \lim\left(W + \tau\frac{dV}{du} + \tau^2\frac{dU}{du}\right),$$

où

$$W = \frac{1}{12\pi}\left\{\frac{\partial^2}{\partial v^2}\int\frac{G(v)\tau'^3}{D(u,v)}d\sigma'\right\}_{v=\rho},$$

$$V = \frac{1}{4\pi}\left\{\frac{\partial}{\partial v}\int\frac{G(v)\tau'^2}{D(u,v)}d\sigma'\right\}_{v=\rho},$$

et quant à U, nous avons trouvé (page 21)

$$U = \frac{1}{2m+1}\frac{d\mathrm{P}(u)}{du}\frac{\mathrm{Q}}{\sqrt{\rho}}Y.$$

Or, par des transformations semblables à celles du n° 51, on trouve

$$W = \frac{1}{12\pi}\left\{\frac{\partial^3}{\partial v\,\partial\rho^2}\left[\frac{1}{\sqrt{v}}\int\frac{\tau' Y'^2 d\sigma'}{D(u,v)}\right] - \frac{\partial^3}{\partial v^2\partial\rho}\left[\frac{1}{\sqrt{v}}\int\frac{\tau' Y'^2 d\sigma'}{D(u,v)}\right]\right\}_{v=\rho},$$

$$V = \frac{1}{4\pi}\left\{\frac{\partial}{\partial v}\left[\frac{1}{\sqrt{v}}\int\frac{\tau' Y' d\sigma'}{D(u,v)}\right] - \frac{\partial}{\partial\rho}\left[\frac{1}{\sqrt{v}}\int\frac{\tau' Y' d\sigma'}{D(u,v)}\right]\right\}_{v=\rho},$$

et il ne reste qu'à remplacer $\tau' Y'$ et $\tau' Y'^2$ par leurs développements tirés de (1) et (11).

De cette manière on arrive définitivement à la formule:

$$\begin{aligned}(\tau, \tau, \tau) = {} & \frac{1}{3}\sum\frac{\mathrm{P}_{(j1)}}{2N_{j1}+1}\left(\frac{d^2 b_j}{d\rho^2}\frac{d}{d\rho}\frac{\mathrm{Q}_{(j1)}}{\sqrt{\rho}} - \frac{db_j}{d\rho}\frac{d^2}{d\rho^2}\frac{\mathrm{Q}_{(j1)}}{\sqrt{\rho}}\right)Y_{j1} \\ & + \tau\sum\frac{1}{4N_i+1}\frac{d\mathrm{P}_{(i)}}{d\rho}\left(a_i\frac{d}{d\rho}\frac{\mathrm{Q}_{(i)}}{\sqrt{\rho}} - \frac{da_i}{d\rho}\frac{\mathrm{Q}_{(i)}}{\sqrt{\rho}}\right)Y_i + \frac{\tau^2}{2m+1}\frac{d^2\mathrm{P}}{d\rho^2}\frac{\mathrm{Q}}{\sqrt{\rho}}Y.\end{aligned}$$

72. Revenons à l'expression

$$2(\tau, \tau_1) + (\tau, \tau, \tau),$$

qui est égale à

$$\frac{2}{\mathrm{P}}\frac{d\mathrm{P}}{d\rho}(\tau, \tau^2) + (\tau, \tau, \tau) + 2\sum\alpha_i\left(\frac{Y_i}{\rho+\mu^2}, \tau\right).$$

En considérant d'abord la formule

$$\frac{2}{\mathsf{P}}\frac{d\mathsf{P}}{d\rho}(\tau,\tau^2)+(\tau,\tau,\tau) \tag{13}$$

et en y substituant les expressions obtenues de (τ,τ^2) et de (τ,τ,τ), nous aurons, après quelques réductions, pour sa valeur

$$\frac{1}{3\mathsf{P}^3}\sum\frac{\mathsf{P}_{(j1)}}{2N_{j1}+1}\left(\frac{d^2b_j}{d\rho^2}\frac{d}{d\rho}\frac{\mathsf{P}^3\mathsf{Q}_{(j1)}}{\sqrt{\rho}}-\frac{db_j}{d\rho}\frac{d^2}{d\rho^2}\frac{\mathsf{P}^3\mathsf{Q}_{(j1)}}{\sqrt{\rho}}\right)Y_{j1}$$

$$+\frac{1}{3\mathsf{P}^3}\frac{d^2\mathsf{P}^3}{d\rho^2}\left[\sum\frac{\mathsf{P}_{(j1)}\mathsf{Q}_{(j1)}}{(2N_{j1}+1)\sqrt{\rho}}\frac{db_j}{d\rho}Y_{j1}+\frac{\mathsf{PQ}}{(2m+1)\sqrt{\rho}}\tau^2Y\right]$$

$$+\frac{\tau}{\mathsf{P}^2}\sum\frac{1}{4N_i+1}\frac{d\mathsf{P}_{(i)}}{d\rho}\left(a_i\frac{d}{d\rho}\frac{\mathsf{P}^2\mathsf{Q}_{(i)}}{\sqrt{\rho}}-\frac{da_i}{d\rho}\frac{\mathsf{P}^2\mathsf{Q}_{(i)}}{\sqrt{\rho}}\right)Y_i.$$

Or, d'après (11), on a

$$\tau^2Y=-\sum\frac{db_j}{d\rho}Y_{j1},$$

ce qui donne

$$\sum\frac{\mathsf{P}_{(j1)}\mathsf{Q}_{(j1)}}{2N_{j1}+1}\frac{db_j}{d\rho}Y_{j1}+\frac{\mathsf{PQ}}{2m+1}\tau^2Y=\sum(T-T_{(j1)})\frac{db_j}{d\rho}Y_{j1}.$$

Par suite, en remarquant que (page 24)

$$a_i\frac{d}{d\rho}\frac{\mathsf{P}^2\mathsf{Q}_{(i)}}{\sqrt{\rho}}-\frac{da_i}{d\rho}\frac{\mathsf{P}^2\mathsf{Q}_{(i)}}{\sqrt{\rho}}=q_i,$$

et en posant

$$\frac{d^2b_j}{d\rho^2}\frac{d}{d\rho}\frac{\mathsf{P}^3\mathsf{Q}_{(j1)}}{\sqrt{\rho}}-\frac{db_j}{d\rho}\frac{d^2}{d\rho^2}\frac{\mathsf{P}^3\mathsf{Q}_{(j1)}}{\sqrt{\rho}}=b'_j, \tag{14}$$

nous obtenons, pour la formule (13), cette expression:

$$\frac{1}{3\mathsf{P}^3}\sum\frac{\mathsf{P}_{(j1)}}{2N_{j1}+1}b'_jY_{j1}+\frac{1}{3\mathsf{P}^3}\frac{d^2\mathsf{P}^3}{d\rho^2}\sum\frac{T-T_{(j1)}}{\sqrt{\rho}}\frac{db_j}{d\rho}Y_{j1}+\frac{\tau}{\mathsf{P}^2}\sum\frac{q_i}{4N_i+1}\frac{d\mathsf{P}_{(i)}}{d\rho}Y_i.$$

Ajoutons-y maintenant

$$2\sum\alpha_i\left(\frac{Y_i}{\rho+\mu^2},\tau\right).$$

Par l'expression de cette somme, trouvée au n° 70, on voit que les sommes ayant τ en facteur se détruiront mutuellement dans le résultat. On aura donc, pour le développement cherché,

$$2(\tau,\tau_1) + (\tau,\tau,\tau) = \sum \overline{b}_j Y_{j1},$$

où

$$\overline{b}_j = \frac{1}{3\mathsf{P}^3}\frac{\mathsf{P}_{(j1)}}{2N_{j1}+1}(h_j+b'_j) - \frac{1}{3\mathsf{P}^3}\frac{d^2\mathsf{P}^3}{d\rho^2}\frac{T_{(j1)}-T}{\sqrt{\rho}}\frac{db_j}{d\rho} + \frac{1}{\mathsf{P}^3}\sum_{(i)}\frac{q_i}{4N_i+1}\frac{d\mathsf{P}\mathsf{P}_{(i)}}{d\rho}\frac{T_{(j1)}-T}{T_{(i)}-T}\mathfrak{a}_{ij}.$$

73. Reportons-nous maintenant au n° 69, et considérons l'équation dont dépend la fonction ζ_{30}.

D'après la manière même dont la constante L_{20} a été déterminée, le second membre, développé suivant les fonctions sphériques, ne renfermera pas le terme en Y. Il sera donc égal à

$$\frac{\sqrt{\rho}}{2}\sum{}' \overline{b}_j Y_{j1} + \text{const.},$$

où l'accent sert à indiquer que le terme, correspondant à la valeur de j qui donne $Y_{j1} = Y$, doit être supprimé.

Cela étant, nous aurons immédiatement

$$(\rho+\mu^2)\zeta_{30} = \frac{\sqrt{\rho}}{2}\sum{}' \frac{\overline{b}_j}{T_{(j1)}-T} Y_{j1} + cY + C,$$

où c et C sont des constantes, dont on pourra disposer à volonté.

Pour ce qui concerne C, le plus simple sera de poser $C = 0$.

Quant à c, nous poserons

$$c = -\frac{1}{6\mathsf{P}^3}\frac{d^2\mathsf{P}^3}{d\rho^2}\frac{db_{j'}}{d\rho} + \frac{\sqrt{\rho}}{2\mathsf{P}^3}\sum_{(i)}\frac{q_i}{4N_i+1}\frac{d\mathsf{P}\mathsf{P}_{(i)}}{d\rho}\frac{\mathfrak{a}_{ij'}}{T_{(i)}-T},$$

j' étant la valeur de j, pour laquelle $Y_{j1} = Y$.

Alors, si nous désignons par τ_2 ce que devient dans ces hypothèses la fonction ζ_{30}, et si nous remplaçons $\overline{b}_j$ par son expression, il viendra

$$\begin{aligned}(\rho+\mu^2)\tau_2 = {} & \frac{\sqrt{\rho}}{6\mathsf{P}^3}\sum{}' \frac{\mathsf{P}_{(j1)}}{2N_{j1}+1}\frac{h_j+b'_j}{T_{(j1)}-T}Y_{j1} - \frac{1}{6\mathsf{P}^3}\frac{d^2\mathsf{P}^3}{d\rho^2}\sum \frac{db_j}{d\rho}Y_{j1} \\ & + \frac{\sqrt{\rho}}{2\mathsf{P}^3}\sum_{(i)}\frac{1}{4N_i+1}\frac{d\mathsf{P}\mathsf{P}_{(i)}}{d\rho}\frac{q_i}{T_{(i)}-T}\sum_{(j)}\mathfrak{a}_{ij}Y_{j1}.\end{aligned}$$

Or on a

$$\sum \frac{db_j}{d\rho} Y_{j1} = -\tau^2 Y, \qquad \sum_{(j)} a_{ij} Y_{j1} = \tau Y_i.$$

On aura donc

$$(15) \qquad \tau_2 = \frac{1}{6P^3}\frac{d^2P^3}{d\rho^2}\tau^3 + \frac{\sqrt{\rho}}{2P^3}\tau \sum \frac{1}{4N_i+1}\frac{dPP_{(i)}}{d\rho}\frac{q_i}{T_{(i)}-T}\frac{Y_i}{\rho+\mu^2}$$
$$+ \frac{\sqrt{\rho}}{6P^3}\sum{}' \frac{P_{(j1)}}{2N_{j1}+1}\frac{h_j+b_j'}{T_{(j1)}-T}\frac{Y_{j1}}{\rho+\mu^2}.$$

Cela posé, voyons ce qu'on peut dire au sujet de cette expression.

74. Des deux sommes dont dépend la formule (15), celle qui est multipliée par τ, et dont les termes ont les q_i en facteur, ne contiendra, d'après ce que nous savons au sujet des q_i, qu'un nombre limité de termes. Cette somme est du reste toute semblable à celle qui figurait dans l'expression de τ_1 [formule (2)] et représente une fonction de la même forme.

Nous pouvons donc conclure immédiatement que l'expression qui figure à la première ligne de la formule (15) pourra être mise sous la forme

$$(16) \qquad \frac{F(\mu)(\sqrt{1-\mu^2})^k\cos k\psi + \Phi(\mu)(\sqrt{1-\mu^2})^{3k}\cos 3k\psi}{(\rho+\mu^2)^3},$$

$F(\mu)$ et $\Phi(\mu)$ étant des fonctions entières et paires par rapport à μ, dont les degrés ne dépasseront pas respectivement $3m-k$ et $3m-3k$.

Montrons que la somme figurant à la deuxième ligne représentera encore une expression finie, et que cette expression sera susceptible de la même forme.

Pour cela, considérons de plus près les quantités désignées par a_{ji} et par b_j, et voyons comment on pourra les exprimer.

Démontrons d'abord une formule générale.

Nous avons déjà observé au n° 11 (page 32) que l'on a

$$(17) \qquad \frac{1}{\gamma_{n,l}}\int_0^1 \frac{(\sqrt{1-x^2})^l P_{n,l}(x)}{\rho+x^2}dx = \pm\frac{1}{2\pi}(\sqrt{\rho+1})^l\frac{Q_{n,l}}{\sqrt{\rho}},$$

pourvu que $n-l$ soit un nombre pair.

Cela posé, soit $f(x^2)$ une fonction entière de x^2, ne dépendant pas de ρ.

L'intégrale

$$\int_0^1 \frac{f(x^2)-f(-\rho)}{\rho+x^2}(\sqrt{1-x^2})^l P_{n,l}(x)\,dx$$

sera alors une fonction entière de ρ, et, par suite, d'après (17), il viendra

$$\frac{1}{\gamma_{n,l}}\int_0^1 \frac{f(x^2)(\sqrt{1-x^2})^l P_{n,l}(x)}{\rho+x^2}\,dx = \pm\frac{1}{2\pi}f(-\rho)(\sqrt{\rho+1})^l\frac{Q_{n,l}}{\sqrt{\rho}} + \text{fonction entière de } \rho.$$

Or le premier membre, développé suivant les puissances décroissantes de ρ, ne contiendra que des puissances négatives.

Par suite, en nous servant de la notation employée précédemment et en posant, pour abréger,

$$f(z)(\sqrt{1-z})^l = \varphi(z),$$

nous pouvons écrire

$$(18)\qquad \frac{1}{\gamma_{n,l}}\int_0^1 \frac{\varphi(x^2)P_{n,l}(x)}{\rho+x^2}\,dx = \pm\frac{1}{2\pi}\left[\frac{\varphi(-\rho)Q_{n,l}}{\sqrt{\rho}} - \mathbf{E}\frac{\varphi(-\rho)Q_{n,l}}{\sqrt{\rho}}\right].$$

Nous aurons donc cette formule, toutes les fois que $n-l$ est un nombre pair et que le rapport

$$\frac{\varphi(z)}{(\sqrt{1-z})^l}$$

se réduit à une fonction entière de z.

Appliquons cela aux formules (6) et (12).

Considérons d'abord la formule (12).

Nous avons

$$Y = P_{m,k}(\mu)\cos k\psi,$$

et, en faisant, pour abréger, $N_{j1}=n$, nous pouvons écrire

$$Y_{j1} = P_{n,l}(\mu)\cos l\psi,$$

en entendant par l un des nombres k ou $3k$.

En posant ensuite

$$\int_0^{2\pi}\cos^3 k\psi\cos l\psi\,d\psi = \frac{1}{2}\lambda,$$

et tenant compte de ce que Y et Y_{j1} sont des fonctions paires de μ, nous aurons, en supprimant, comme toujours, les indices m et k,

$$b_j = \frac{\lambda}{\gamma_{n,l}} \int_0^1 \frac{[P(x)]^3 P_{n,l}(x)}{\rho + x^2} dx,$$

puisque γ_{j1} n'est qu'une autre notation pour la quantité désignée par $\gamma_{n,l}$.

Cela posé, appliquons la formule (18), ce qui est permis, puisque le rapport

$$\frac{[P(x)]^3}{(\sqrt{1-x^2})^l},$$

pour chacune des deux valeurs de l, se réduira à une fonction entière de x, ne renfermant que des puissances paires.

Alors, en remarquant que

$$P(\sqrt{-\rho}) = \pm \mathbf{P},$$

nous obtiendrons

$$b_j = \pm \frac{\lambda}{2\pi}\left[\frac{\mathbf{P}^3\mathbf{Q}_{n,l}}{\sqrt{\rho}} - \mathbf{E}\frac{\mathbf{P}^3\mathbf{Q}_{n,l}}{\sqrt{\rho}}\right],$$

ou bien, en reprenant nos notations,

$$b_j = \pm \frac{\lambda}{2\pi}\left[\frac{\mathbf{P}^3\mathbf{Q}_{(j1)}}{\sqrt{\rho}} - \mathbf{E}\frac{\mathbf{P}^3\mathbf{Q}_{(j1)}}{\sqrt{\rho}}\right].$$

Considérons maintenant la formule (6).

En effectuant l'intégration par rapport à ψ, on pourra la mettre sous la forme

$$\mathrm{a}_{ij} = \frac{\varkappa}{\gamma_{j1}} \int_0^1 \frac{P(x) P_{(i)}(x) P_{(j1)}(x)}{\rho + x^2} dx,$$

$\varkappa$ étant un nombre indépendant de ρ; et l'on peut remarquer que ce nombre se réduira à zéro, quand le rapport

$$\frac{P(x) P_{(i)}(x)}{(\sqrt{1-x^2})^l}$$

ne représente pas une fonction entière de x, ce qui arrive dans le cas où i est pair, et où, en même temps, $l = 3k$.

Donc, dans ce dernier cas, on aura $\mathrm{a}_{ij} = 0$, et dans tous les autres cas on pourra faire usage de la formule (18), ce qui donnera

$$\mathrm{a}_{ij} = \pm \frac{\varkappa}{2\pi}\left[\frac{\mathrm{PP}_{(i)}\mathrm{Q}_{(j1)}}{\sqrt{\rho}} - \mathbf{E}\,\frac{\mathrm{PP}_{(i)}\mathrm{Q}_{(j1)}}{\sqrt{\rho}}\right].$$

Cela posé, reportons-nous aux formules (9) et (14).

Par cette dernière formule, en tenant compte de l'expression obtenue pour b_j, on voit que b'_j se réduira à zéro, toutes les fois que

$$\mathbf{E}\,\frac{\mathrm{P}^3\mathrm{Q}_{(j1)}}{\sqrt{\rho}}$$

se réduit à une constante, et la formule (9), en ayant égard à l'expression ci-dessus de a_{ij}, fait voir que l'on aura $\mathrm{a}'_{ij} = 0$, si

$$\mathbf{E}\,\frac{\mathrm{PP}_{(i)}\mathrm{Q}_{(j1)}}{\sqrt{\rho}} = 0.$$

Voyons donc quand ce sera le cas.

En développant la fonction

$$\frac{\mathrm{P}^3\mathrm{Q}_{(j1)}}{\sqrt{\rho}}$$

suivant les puissances descendantes de ρ, on aura, pour l'exposant de la puissance la plus élevée,

$$\frac{1}{2}(3m - N_{j1}) - 1.$$

Par suite, il viendra

$$\mathbf{E}\,\frac{\mathrm{P}^3\mathrm{Q}_{(j1)}}{\sqrt{\rho}} = \text{const.},$$

toutes les fois que

$$N_{j1} \geqq 3m - 2.$$

Donc, sous la même condition, on aura $b'_j = 0$.

Quant à a'_{ij}, le développement de la fonction

$$\frac{\mathrm{PP}_{(i)}\mathrm{Q}_{(j1)}}{\sqrt{\rho}}$$

commençant par la puissance dont l'exposant est

$$\frac{1}{2}(m - N_{j1}) + N_i - 1,$$

on aura

$$\mathrm{E}\,\frac{\mathsf{P}\,\mathsf{P}_{(i)}\mathsf{Q}_{(j1)}}{\sqrt{\rho}} = 0$$

et, par suite, $a'_{ij} = 0$, toutes les fois que

$$N_{j1} > m + 2N_i - 2. \tag{19}$$

Maintenant considérons la formule (10).

Nous savons que q_i se réduit à zéro, toutes les fois que N_i devient plus grand que $m - 1$ (nº 68).

Par suite, on peut supposer dans la formule (10) $N_i \leqq m - 1$, et alors, si l'on a $N_{j1} > 3m - 4$, l'inégalité (19) sera remplie pour tous les termes qui figurent dans cette formule, de sorte que tous ces termes seront nuls.

On aura donc $h_j = 0$, toutes les fois que $N_{j1} > 3m - 4$.

De cette façon il se trouve établi que $h_j + b'_j$ se réduira à zéro, dès qu'on aura $N_{j1} \geqq 3m - 2$.

Par conséquent, $N_{j1} - m$ étant un nombre pair, on ne rencontrera, dans la somme figurant à la seconde ligne de la formule (15), que les termes, pour lesquels $N_{j1} \leqq 3m - 4$.

Cette somme sera donc constituée d'un nombre fini de termes, dont les uns seront de la forme

$$\frac{F_j(\mu)}{\rho + \mu^2}\left(\sqrt{1 - \mu^2}\right)^k \cos k\psi,$$

les autres de la forme

$$\frac{\Phi_j(\mu)}{\rho + \mu^2}\left(\sqrt{1 - \mu^2}\right)^{3k} \cos 3k\psi,$$

$F_j(\mu)$ et $\Phi_j(\mu)$ étant des fonctions entières et paires par rapport à μ, dont les degrés ne dépasseront pas respectivement $3m - k - 4$ et $3m - 3k - 4$.

On voit donc bien que la fonction définie par la somme en question pourra être mise sous la forme (16) avec la signification indiquée de $F(\mu)$ et $\Phi(\mu)$.

Par suite, la fonction τ_2 sera de la même forme.

75. La fonction τ_2 est une expression particulière de la fonction ζ_{30}, et nous pouvons prendre $\zeta_{30} = \tau_2$.

De cette façon nous aurons

$$\zeta_{10} = \tau, \qquad \zeta_{20} = \tau_1, \qquad \zeta_{30} = \tau_2.$$

Cela posé, cherchons encore la fonction ζ_{40}.

On calculera cette fonction avec la constante L_{30} par l'équation

$$(R-T)(\rho+\mu^2)\zeta_{40}-\frac{1}{4\pi}\int\frac{(\rho+\mu'^2)\zeta'_{40}}{D}d\sigma'=\frac{\sqrt{\rho}}{2}W_{40}-L_{20}(\rho+\mu^2)\tau_1-L_{30}Y+\text{const.},$$

où l'on aura

$$W_{40}=(\tau_1,\tau_1)+2(\tau_2,\tau)+3(\tau_1,\tau,\tau)+(\tau,\tau,\tau,\tau).$$

Or la constante L_{30} se réduira à zéro, puisqu'on a évidemment

$$\int W_{40}Y\,d\sigma=0,\qquad \int(\rho+\mu^2)\tau_1 Y\,d\sigma=0.$$

D'autre part, on pourra rendre nulle la constante additive du second membre. Par suite, en entendant par τ_3 une fonction satisfaisant à l'équation

$$(R-T)(\rho+\mu^2)\tau_3-\frac{1}{4\pi}\int\frac{(\rho+\mu'^2)\tau'_3}{D}d\sigma'=\frac{\sqrt{\rho}}{2}W_{40}-L_{20}(\rho+\mu^2)\tau_1,$$

on pourra prendre

$$\zeta_{40}=\tau_3.$$

Cherchons donc cette fonction τ_3, qui sera complètement définie, si nous lui imposons la condition

$$\int(\rho+\mu^2)\tau_3 Y\,d\sigma=0,$$

en supposant, comme toujours, qu'il ne s'agisse que des fonctions paires par rapport à μ et à ψ.

Nous devons pour cela rechercher la valeur de W_{40}, ce qu'on peut faire en appliquant la méthode employée dans de pareils cas auparavant.

Mais, en procédant ainsi, on serait conduit ici à des calculs fort compliqués. C'est pourquoi nous suivrons à présent une autre voie, en nous guidant par les indications que fournissent à cet égard les calculs précédents.

On peut prévoir, d'après ces calculs, qu'il ne sera pas avantageux de considérer séparément les quatre termes dont est constituée l'expression ci-dessus de W_{40}, et qu'avant d'aborder les transformations il faudra, en remplaçant les symboles

$$(\tau_1,\tau_1),\qquad(\tau_2,\tau),\qquad(\tau_1,\tau,\tau),\qquad(\tau,\tau,\tau,\tau)$$

par les expressions qui les définissent, en grouper les termes d'une manière convenable. C'est donc par cela que nous allons commencer.

76. Par la définition de nos symboles (n° 44), nous avons

$$(\tau_1, \tau_1) = \frac{1}{4\pi} \lim \frac{\partial}{\partial v} \int \frac{G(v)\,\tau_1'^2\,d\sigma'}{D(u,v)} + \frac{\tau_1}{2\pi} \lim \frac{\partial}{\partial u} \int \frac{G(v)\,\tau_1'\,d\sigma'}{D(u,v)},$$

$$2(\tau_2, \tau) = \frac{1}{2\pi} \lim \frac{\partial}{\partial v} \int \frac{G(v)\,\tau_2'\,\tau'\,d\sigma'}{D(u,v)} + \frac{\tau}{2\pi} \lim \frac{\partial}{\partial u} \int \frac{G(v)\,\tau_2'\,d\sigma'}{D(u,v)} + 2\,\frac{d\mathrm{P}}{d\rho}\,\frac{\mathrm{Q}}{\sqrt{\rho}}\,\frac{\tau_2 Y}{2m+1},$$

$$3(\tau_1, \tau, \tau) = \frac{1}{4\pi} \lim \frac{\partial^2}{\partial v^2} \int \frac{G(v)\,\tau_1'\,\tau'^2\,d\sigma'}{D(u,v)} + \frac{\tau_1}{4\pi} \lim \frac{\partial^2}{\partial u\,\partial v} \int \frac{G(v)\,\tau'^2\,d\sigma'}{D(u,v)}$$

$$+ \frac{\tau}{2\pi} \lim \frac{\partial^2}{\partial u\,\partial v} \int \frac{G(v)\,\tau_1'\,\tau'\,d\sigma'}{D(u,v)} + \frac{\tau^2}{4\pi} \lim \frac{\partial^2}{\partial u^2} \int \frac{G(v)\,\tau_1'\,d\sigma'}{D(u,v)} + 2\,\frac{d^2\mathrm{P}}{d\rho^2}\,\frac{\mathrm{Q}}{\sqrt{\rho}}\,\frac{\tau_1 \tau Y}{2m+1},$$

$$(\tau, \tau, \tau, \tau) = \frac{1}{48\pi} \lim \frac{\partial^3}{\partial v^3} \int \frac{G(v)\,\tau'^4\,d\sigma'}{D(u,v)} + \frac{\tau}{12\pi} \lim \frac{\partial^3}{\partial v^2\,\partial u} \int \frac{G(v)\,\tau'^3\,d\sigma'}{D(u,v)}$$

$$+ \frac{\tau^2}{8\pi} \lim \frac{\partial^3}{\partial v\,\partial u^2} \int \frac{G(v)\,\tau'^2\,d\sigma'}{D(u,v)} + \frac{1}{3}\,\frac{d^3\mathrm{P}}{d\rho^3}\,\frac{\mathrm{Q}}{\sqrt{\rho}}\,\frac{\tau^3 Y}{2m+1},$$

et W_{40} sera la somme de ces quatre expressions.

Cela posé, soient

$$J_0 = \left(2\,\frac{d\mathrm{P}}{d\rho}\,\tau_2 + 2\,\frac{d^2\mathrm{P}}{d\rho^2}\,\tau_1\tau + \frac{1}{3}\,\frac{d^3\mathrm{P}}{d\rho^3}\,\tau^3\right) \frac{\mathrm{Q}}{\sqrt{\rho}}\,\frac{Y}{2m+1},$$

$$J' = \frac{1}{2\pi} \lim \frac{\partial}{\partial u} \left\{ \int \frac{G(v)\,\tau_2'\,d\sigma'}{D(u,v)} + \frac{\partial}{\partial v} \int \frac{G(v)\,\tau_1'\,\tau'\,d\sigma'}{D(u,v)} + \frac{1}{6}\,\frac{\partial^2}{\partial v^2} \int \frac{G(v)\,\tau'^3\,d\sigma'}{D(u,v)} \right\},$$

$$J_1' = \frac{1}{4\pi} \lim \frac{\partial}{\partial u} \left\{ 2 \int \frac{G(v)\,\tau_1'\,d\sigma'}{D(u,v)} + \frac{\partial}{\partial v} \int \frac{G(v)\,\tau'^2\,d\sigma'}{D(u,v)} \right\},$$

$$J_1'' = \frac{1}{4\pi} \lim \frac{\partial^2}{\partial u^2} \left\{ 2 \int \frac{G(v)\,\tau_1'\,d\sigma'}{D(u,v)} + \frac{\partial}{\partial v} \int \frac{G(v)\,\tau'^2\,d\sigma'}{D(u,v)} \right\},$$

$$I = \frac{1}{4\pi} \lim \frac{\partial}{\partial v} \int \frac{G(v)\,\tau_1'^2\,d\sigma'}{D(u,v)} + \frac{1}{2\pi} \lim \frac{\partial}{\partial v} \int \frac{G(v)\,\tau_2'\,\tau'\,d\sigma'}{D(u,v)}$$

$$+ \frac{1}{4\pi} \lim \frac{\partial^2}{\partial v^2} \int \frac{G(v)\,\tau_1'\,\tau'^2\,d\sigma'}{D(u,v)} + \frac{1}{48\pi} \lim \frac{\partial^3}{\partial v^3} \int \frac{G(v)\,\tau'^4\,d\sigma'}{D(u,v)}.$$

Alors il viendra

$$W_{40} = J_0 + \tau J' + \tau_1 J_1' + \frac{\tau^2}{2} J_1'' + I.$$

Voyons donc à quoi se réduiront toutes ces expressions.

77. En commençant par J_0, substituons-y les expressions obtenues de τ_1 et de τ_2, que l'on peut écrire comme il suit:

$$\tau_1 = \frac{1}{\mathsf{P}} \frac{d\mathsf{P}}{d\rho} \tau^2 + \sum \alpha_i \frac{Y_i}{\rho + \mu^2},$$

$$\tau_2 = \frac{1}{6\mathsf{P}^3} \frac{d^2\mathsf{P}^3}{d\rho^2} \tau^3 + \tau \sum \frac{\alpha_i}{\mathsf{P}\mathsf{P}_{(i)}} \frac{d\mathsf{P}\mathsf{P}_{(i)}}{d\rho} \frac{Y_i}{\rho + \mu^2} + \sum{}' \beta_j \frac{Y_{j1}}{\rho + \mu^2},$$

α_i et β_j étant donnés par les formules

$$(20) \qquad \begin{cases} \alpha_i = \dfrac{\sqrt{\rho}}{2\mathsf{P}^2} \dfrac{\mathsf{P}_{(i)}}{4N_i + 1} \dfrac{q_i}{T_{(i)} - T}, \\[2ex] \beta_j = \dfrac{\sqrt{\rho}}{6\mathsf{P}^3} \dfrac{\mathsf{P}_{(j1)}}{2N_{j1} + 1} \dfrac{b_j' + h_j}{T_{(j1)} - T}. \end{cases}$$

Alors, en remarquant que

$$\frac{1}{3\mathsf{P}^3} \frac{d\mathsf{P}}{d\rho} \frac{d^2\mathsf{P}^3}{d\rho^2} + \frac{2}{\mathsf{P}} \frac{d\mathsf{P}}{d\rho} \frac{d^2\mathsf{P}}{d\rho^2} + \frac{1}{3} \frac{d^3\mathsf{P}}{d\rho^3} = \frac{1}{12\mathsf{P}^3} \frac{d^3\mathsf{P}^4}{d\rho^3},$$

et que

$$\frac{\mathsf{P}\mathsf{Q}}{2m+1} = R - T,$$

nous aurons

$$J_0 = \frac{R - T}{\sqrt{\rho}} \frac{1}{12\mathsf{P}^4} \frac{d^3\mathsf{P}^4}{d\rho^3} \tau^3 Y + \frac{R - T}{\sqrt{\rho}} \frac{2}{\mathsf{P}} \frac{d\mathsf{P}}{d\rho} \tau \sum{}' \beta_j Y_{j1}$$
$$+ \frac{R - T}{\sqrt{\rho}} \tau^2 \sum \left(\frac{2}{\mathsf{P}^2\mathsf{P}_{(i)}} \frac{d\mathsf{P}}{d\rho} \frac{d\mathsf{P}\mathsf{P}_{(i)}}{d\rho} + \frac{2}{\mathsf{P}} \frac{d^2\mathsf{P}}{d\rho^2} \right) \alpha_i Y_i.$$

Passant ensuite aux expressions J_1' et J_1'', nous remarquons que, si l'on pose

$$\frac{1}{4\pi} \left\{ 2 \int \frac{G(v)\,\tau_1' \, d\sigma'}{D(u, v)} + \frac{\partial}{\partial v} \int \frac{G(v)\,\tau'^2 \, d\sigma'}{D(u, v)} \right\} = J_1,$$

il viendra

$$J_1' = \lim \frac{\partial J_1}{\partial u}, \qquad J_1'' = \lim \frac{\partial^2 J_1}{\partial u^2}.$$

Or, v devant être remplacé après la différentiation par ρ, on peut écrire

$$J_1 = \frac{1}{2\pi\sqrt{\rho}}\left\{\int \frac{(\rho+\mu'^2)\,\tau_1'\,d\sigma'}{D(u,\rho)} - \frac{1}{\mathsf{P}}\frac{d\mathsf{P}}{d\rho}\int \frac{(\rho+\mu'^2)\,\tau'^2 d\sigma'}{D(u,\rho)}\right\} + \frac{1}{4\pi\mathsf{P}^2}\frac{\partial}{\partial v}\left\{\frac{[\mathsf{P}(v)]^2}{\sqrt{v}}\int \frac{(v+\mu'^2)\,\tau'^2 d\sigma'}{D(u,v)}\right\},$$

où d'ailleurs la dérivée se met sous la forme

$$\frac{\partial}{\partial v}\left\{\frac{[\mathsf{P}(v)]^2}{\sqrt{v}}\int \frac{\tau' Y'\,d\sigma'}{D(u,v)}\right\} - \frac{\partial}{\partial \rho}\left\{\frac{[\mathsf{P}(v)]^2}{\sqrt{v}}\int \frac{\tau' Y'\,d\sigma'}{D(u,v)}\right\}.$$

D'après cela, en remplaçant τ_1 par son expression et en faisant usage du développement

$$\tau Y = \sum a_i Y_i,$$

nous obtenons

$$J_1 = \frac{2}{\sqrt{\rho}}\sum \frac{\mathsf{P}_{(i)}(u)\,\mathsf{Q}_{(i)}}{4N_i+1}\,\alpha_i Y_i + \frac{1}{\mathsf{P}^2}\sum \frac{\mathsf{P}_{(i)}(u)}{4N_i+1}\left(a_i\frac{d}{d\rho}\frac{\mathsf{P}^2\mathsf{Q}_{(i)}}{\sqrt{\rho}} - \frac{da_i}{d\rho}\frac{\mathsf{P}^2\mathsf{Q}_{(i)}}{\sqrt{\rho}}\right) Y_i;$$

ce qui, en remarquant que

$$a_i\frac{d}{d\rho}\frac{\mathsf{P}^2\mathsf{Q}_{(i)}}{\sqrt{\rho}} - \frac{da_i}{d\rho}\frac{\mathsf{P}^2\mathsf{Q}_{(i)}}{\sqrt{\rho}} = q_i = \frac{2\mathsf{P}^2}{\sqrt{\rho}}\frac{4N_i+1}{\mathsf{P}_{(i)}}(T_{(i)}-T)\,\alpha_i,$$

se réduit à

$$J_1 = \frac{2}{\sqrt{\rho}}\sum \frac{\mathsf{P}_{(i)}(u)}{\mathsf{P}_{(i)}}\left(\frac{\mathsf{P}_{(i)}\mathsf{Q}_{(i)}}{4N_i+1} + T_{(i)} - T\right)\alpha_i Y_i,$$

ou bien enfin,

$$J_1 = \frac{2}{\sqrt{\rho}}(R-T)\sum \frac{\mathsf{P}_{(i)}(u)}{\mathsf{P}_{(i)}}\,\alpha_i Y_i.$$

Par suite, on a

$$J_1' = \frac{2}{\sqrt{\rho}}(R-T)\sum \frac{1}{\mathsf{P}_{(i)}}\frac{d\mathsf{P}_{(i)}}{d\rho}\,\alpha_i Y_i,$$

$$J_1'' = \frac{2}{\sqrt{\rho}}(R-T)\sum \frac{1}{\mathsf{P}_{(i)}}\frac{d^2\mathsf{P}_{(i)}}{d\rho^2}\,\alpha_i Y_i.$$

Venons maintenant à J' et posons

$$\frac{1}{2\pi}\left\{\int \frac{G(v)\,\tau_2'\,d\sigma'}{D(u,v)} + \frac{\partial}{\partial v}\int \frac{G(v)\,\tau_1'\,\tau'\,d\sigma'}{D(u,v)} + \frac{1}{6}\frac{\partial^2}{\partial v^2}\int \frac{G(v)\,\tau'^3\,d\sigma'}{D(u,v)}\right\} = J.$$

Nous aurons

$$J' = \lim \frac{\partial J}{\partial u},$$

et pour ce qui concerne J, qu'il faudra considérer dans l'hypothèse $v = \rho$, nous pourrons écrire

$$\begin{aligned} J = & \frac{1}{2\pi}\left\{\int \frac{G(v)\,\tau_2'\,d\sigma'}{D(u,v)} - \frac{1}{6\mathsf{P}^3}\frac{d^2\mathsf{P}^3}{d\rho^2}\int \frac{G(v)\,\tau'^3\,d\sigma'}{D(u,v)}\right\} \\ & + \frac{1}{2\pi}\left\{\frac{\partial}{\partial v}\int \frac{G(v)\,\tau_1'\,\tau'\,d\sigma'}{D(u,v)} - \frac{1}{\mathsf{P}}\frac{d\mathsf{P}}{d\rho}\frac{\partial}{\partial v}\int \frac{G(v)\,\tau'^3\,d\sigma'}{D(u,v)}\right\} \\ & + \frac{1}{12\pi\mathsf{P}^3}\frac{\partial^2}{\partial v^2}\left\{[\mathsf{P}(v)]^3\int \frac{G(v)\,\tau'^3\,d\sigma'}{D(u,v)}\right\}; \end{aligned}$$

d'où l'on voit que, si l'on remplace τ_2 et τ_1 par leurs expressions, il viendra

$$\begin{aligned} J = & \frac{1}{2\pi}\sum \frac{\alpha_i}{\mathsf{P}\mathsf{P}_{(i)}}\frac{d\mathsf{P}\mathsf{P}_{(i)}}{d\rho}\int \frac{G(v)\,\tau'\,Y_i'\,d\sigma'}{(\rho+\mu'^2)\,D(u,v)} + \frac{2}{\sqrt{\rho}}\sum{}' \frac{\mathsf{P}_{(j1)}(u)\,\mathsf{Q}_{(j1)}}{2N_{j1}+1}\,\beta_j\,Y_{j1} \\ & + \frac{1}{2\pi}\sum \alpha_i\frac{\partial}{\partial v}\int \frac{G(v)\,\tau'\,Y_i'\,d\sigma'}{(\rho+\mu'^2)\,D(u,v)} + \frac{1}{12\pi\mathsf{P}^3}\frac{\partial^2}{\partial v^2}\left\{[\mathsf{P}(v)]^3\int \frac{G(v)\,\tau'^3\,d\sigma'}{D(u,v)}\right\}. \end{aligned}$$

Or les deux sommes dépendant des α_i se réunissent en une seule, qu'on peut mettre sous la forme

$$\frac{1}{2\pi}\sum \frac{\alpha_i}{\mathsf{P}\mathsf{P}_{(i)}}\frac{\partial}{\partial v}\left\{\mathsf{P}(v)\,\mathsf{P}_{(i)}(v)\int \frac{G(v)\,\tau'\,Y_i'\,d\sigma'}{(\rho+\mu'^2)\,D(u,v)}\right\}.$$

D'autre part, en employant, pour abréger, une notation symbolique, on a

$$\frac{\partial}{\partial v}\left\{\mathsf{P}(v)\,\mathsf{P}_{(i)}(v)\int \frac{G(v)\,\tau'\,Y_i'\,d\sigma'}{(\rho+\mu'^2)\,D(u,v)}\right\} = \left(\frac{\partial}{\partial v} - \frac{\partial}{\partial \rho}\right)\left\{\frac{\mathsf{P}(v)\,\mathsf{P}_{(i)}(v)}{\sqrt{v}}\int \frac{\tau'\,Y_i'\,d\sigma'}{D(u,v)}\right\},$$

$$\frac{\partial^2}{\partial v^2}\left\{[\mathsf{P}(v)]^3\int \frac{G(v)\,\tau'^3\,d\sigma'}{D(u,v)}\right\} = \left(\frac{\partial^3}{\partial v\,\partial \rho^2} - \frac{\partial^3}{\partial v^2\,\partial \rho}\right)\left\{\frac{[\mathsf{P}(v)]^3}{\sqrt{v}}\int \frac{\tau'\,Y'^2\,d\sigma'}{D(u,v)}\right\},$$

ce qui, en développant $\tau' Y_i'$ et $\tau' Y'^2$ d'après les formules (5) et (11), et en faisant usage des notations (9) et (14), se réduit à

$$\frac{\partial}{\partial v}\left\{\mathsf{P}(v)\,\mathsf{P}_{(i)}(v)\int \frac{G(v)\,\tau'\,Y_i'\,d\sigma'}{(\rho+\mu'^2)\,D(u,v)}\right\} = 4\pi\sum_{(j)} \frac{\mathsf{P}_{(j1)}(u)}{2N_{j1}+1}\,a_{ij}'\,Y_{j1},$$

$$\frac{\partial^2}{\partial v^2}\left\{[\mathsf{P}(v)]^3\int \frac{G(v)\,\tau'^3\,d\sigma'}{D(u,v)}\right\} = 4\pi\sum_{(j)} \frac{\mathsf{P}_{(j1)}(u)}{2N_{j1}+1}\,b_j'\,Y_{j1}.$$

Par suite, il vient

$$J = 2\sum_{(i)} \frac{\alpha_i}{\mathsf{PP}_{(i)}} \sum_{(j)} \frac{\mathsf{P}_{(j1)}(u)}{2N_{j1}+1}\, \mathfrak{a}'_{ij}\, Y_{j1} + \frac{1}{3\mathsf{P}^3}\sum \frac{\mathsf{P}_{(j1)}(u)}{2N_{j1}+1}\, b'_j\, Y_{j1} + \frac{2}{\sqrt{\rho}}\sum{}' \frac{\mathsf{P}_{(j1)}(u)\,\mathsf{Q}_{(j1)}}{2N_{j1}+1}\, \beta_j\, Y_{j1}.$$

Or, en tenant compte de la valeur de α_i [formules (20)], on obtient, d'après (10),

$$2\sum_{(i)} \frac{\alpha_i}{\mathsf{PP}_{(i)}}\, \mathfrak{a}'_{ij} = \frac{1}{\mathsf{P}^3}\sum_{(i)} \frac{\sqrt{\rho}}{T_{(i)}-T}\, \frac{q_i\, \mathfrak{a}'_{ij}}{4N_i+1} = \frac{h_j}{3\mathsf{P}^3}.$$

On a donc

$$J = \frac{1}{3\mathsf{P}^3}\sum \frac{\mathsf{P}_{(j1)}(u)}{2N_{j1}+1}\,(b'_j + h_j)\, Y_{j1} + \frac{2}{\sqrt{\rho}}\sum{}' \frac{\mathsf{P}_{(j1)}(u)\,\mathsf{Q}_{(j1)}}{2N_{j1}+1}\, \beta_j\, Y_{j1},$$

et l'on en conclut

$$J' = \frac{1}{3\mathsf{P}^3}\sum \frac{d\mathsf{P}_{(j1)}}{d\rho}\, \frac{b'_j + h_j}{2N_{j1}+1}\, Y_{j1} + \frac{2}{\sqrt{\rho}}\sum{}' \frac{d\mathsf{P}_{(j1)}}{d\rho}\, \frac{\mathsf{Q}_{(j1)}}{2N_{j1}+1}\, \beta_j\, Y_{j1}.$$

Cela posé, rappelons que l'accent, dont est affecté le signe de la seconde somme, sert à indiquer que cette somme ne contient pas le terme où $Y_{j1} = Y$. Quant à la première somme, elle renfermera un pareil terme, et il est facile de voir à quoi s'y réduira le coefficient de Y.

Comme, pour la valeur de j qui donne $Y_{j1} = Y$, on a $\mathsf{P}_{(j1)} = \mathsf{P}$, $N_{j1} = m$, il n'y a qu'à rechercher ce que représente alors la quantité $b'_j + h_j$.

Or, en nous reportant à l'expression que nous avons trouvée au n° 72 pour les coefficients $\bar{b}_j$ du développement

$$2\,(\tau_1, \tau) + (\tau, \tau, \tau) = \sum \bar{b}_j\, Y_{j1},$$

et en y attribuant à j la valeur en question, nous obtenons

$$\bar{b}_j = \frac{1}{3\mathsf{P}^2}\, \frac{h_j + b'_j}{2m+1},$$

puisque, pour cette valeur de j, on a $T_{(j1)} - T = 0$.

Par suite, le coefficient de Y dans le développement ci-dessus étant égal à $\frac{2}{\sqrt{\rho}} L_{20}$ (n° 69), nous aurons, pour la valeur considérée de j,

$$\frac{1}{3\mathsf{P}^2}\, \frac{b'_j + h_j}{2m+1} = \frac{2}{\sqrt{\rho}}\, L_{20}.$$

Ainsi l'on voit que le terme en Y dans l'expression de J' se réduit à

$$\frac{2}{\sqrt{\rho}\,\mathsf{P}}\frac{d\mathsf{P}}{d\rho}L_{20}Y.$$

Écrivons ce terme à part et réduisons les autres termes, en remarquant que, d'après la seconde des formules (20), on a

$$\frac{1}{3\mathsf{P}^3}\frac{b'_j+h_j}{2N_{j1}+1}=\frac{2}{\sqrt{\rho}}\frac{T_{(j1)}-T}{\mathsf{P}_{(j1)}}\beta_j=\frac{2}{\sqrt{\rho}}\left[\frac{R-T}{\mathsf{P}_{(j1)}}-\frac{\mathsf{Q}_{(j1)}}{2N_{j1}+1}\right]\beta_j.$$

Alors il viendra

$$J'=\frac{2}{\sqrt{\rho}}(R-T)\sum{}'\frac{1}{\mathsf{P}_{(j1)}}\frac{d\mathsf{P}_{(j1)}}{d\rho}\beta_j Y_{j1}+\frac{2}{\sqrt{\rho}\,\mathsf{P}}\frac{d\mathsf{P}}{d\rho}L_{20}Y.$$

78. Il nous reste encore à rechercher la quantité I. Mais, avant de le faire, réduisons d'après les formules obtenues l'expression

$$J_0+\tau J'+\tau_1 J_1'+\frac{\tau^2}{2}J_1'',$$

laquelle, en y remplaçant τ_1 par sa valeur, prend la forme

$$J_0+J'\tau+\left(\frac{1}{\mathsf{P}}\frac{d\mathsf{P}}{d\rho}J_1'+\frac{1}{2}J_1''\right)\tau^2+J_1'\sum\frac{\alpha_i Y_i}{\rho+\mu^2}.$$

En substituant les expressions trouvées de J_0, J', J_1' et J_1'', nous pourrons écrire cette expression comme il suit:

$$\frac{2}{\sqrt{\rho}}(R-T)\left(\frac{1}{24\mathsf{P}^4}\frac{d^3\mathsf{P}^4}{d\rho^3}\tau^3 Y+\frac{\tau^2}{2}\sum \mathrm{A}_i\alpha_i Y_i+\tau\sum{}'\mathrm{B}_j\beta_j Y_{j1}\right)$$

$$+\frac{2}{\sqrt{\rho}}(R-T)\left(\sum\frac{\alpha_i Y_i}{\rho+\mu^2}\right)\left(\sum\frac{1}{\mathsf{P}_{(i)}}\frac{d\mathsf{P}_{(i)}}{d\rho}\alpha_i Y_i\right)+\frac{2}{\sqrt{\rho}\,\mathsf{P}}\frac{d\mathsf{P}}{d\rho}L_{20}\tau Y,$$

où

$$\mathrm{A}_i=\frac{2}{\mathsf{P}^2\mathsf{P}_{(i)}}\frac{d\mathsf{P}}{d\rho}\frac{d\mathsf{P}\mathsf{P}_{(i)}}{d\rho}+\frac{2}{\mathsf{P}}\frac{d^2\mathsf{P}}{d\rho^2}+\frac{2}{\mathsf{P}\mathsf{P}_{(i)}}\frac{d\mathsf{P}}{d\rho}\frac{d\mathsf{P}_{(i)}}{d\rho}+\frac{1}{\mathsf{P}_{(i)}}\frac{d^2\mathsf{P}_{(i)}}{d\rho^2},$$

$$\mathrm{B}_j=\frac{1}{\mathsf{P}}\frac{d\mathsf{P}}{d\rho}+\frac{1}{\mathsf{P}_{(j1)}}\frac{d\mathsf{P}_{(j1)}}{d\rho}=\frac{1}{\mathsf{P}\mathsf{P}_{(j1)}}\frac{d\mathsf{P}\mathsf{P}_{(j1)}}{d\rho},$$

et l'on voit que A_i se réduit à

$$A_i = \frac{1}{P^2 P_{(i)}} \frac{d^2 P^2 P_{(i)}}{d\rho^2}.$$

Cela posé, si nous introduisons la fonction φ définie par la formule

$$(21) \qquad \varphi = \frac{1}{24 P^4} \frac{d^3 P^4}{d\rho^3} \tau^4 + \frac{\tau^2}{2} \sum \frac{1}{P^2 P_{(i)}} \frac{d^2 P^2 P_{(i)}}{d\rho^2} \frac{\alpha_i Y_i}{\rho + \mu^2}$$

$$+ \tau \sum' \frac{1}{P P_{(j1)}} \frac{d P P_{(j1)}}{d\rho} \frac{\beta_j Y_{j1}}{\rho + \mu^2} + \left(\sum \frac{\alpha_i Y_i}{\rho + \mu^2}\right)\left(\sum \frac{1}{P_{(i)}} \frac{dP_{(i)}}{d\rho} \frac{\alpha_i Y_i}{\rho + \mu^2}\right),$$

notre expression prendra la forme

$$\frac{2}{\sqrt{\rho}} (R - T)(\rho + \mu^2) \varphi + \frac{2}{\sqrt{\rho}\, P} \frac{dP}{d\rho} L_{20} \tau Y.$$

Par suite, en revenant à l'expression de W_{40} obtenue au nº 76, nous aurons

$$\frac{\sqrt{\rho}}{2} W_{40} - L_{20}(\rho + \mu^2)\tau_1$$
$$= (R - T)(\rho + \mu^2)\varphi + L_{20}\left[\frac{1}{P}\frac{dP}{d\rho} \tau Y - (\rho + \mu^2)\tau_1\right] + \frac{\sqrt{\rho}}{2} I,$$

ce qui se réduit à

$$(22) \qquad \frac{\sqrt{\rho}}{2} W_{40} - L_{20}(\rho + \mu^2)\tau_1 = (R - T)(\rho + \mu^2)\varphi - L_{20} \sum \alpha_i Y_i + \frac{\sqrt{\rho}}{2} I.$$

79. Venons enfin à I, et remplaçons-y τ_1 et τ_2 par leurs valeurs. En posant, pour abréger,

$$\frac{1}{4\pi} \int \frac{G(v)\tau'^4 d\sigma'}{D(u, v)} = Z,$$

$$\frac{1}{4\pi} \int \frac{G(v)\tau'^2 Y_i' d\sigma'}{(\rho + \mu'^2) D(u, v)} = Z_i,$$

$$\frac{1}{4\pi} \int \frac{G(v)\tau' Y_{j1}' d\sigma'}{(\rho + \mu'^2) D(u, v)} = Z_j^1,$$

$$\frac{1}{4\pi} \int \frac{G(v) Y_i' Y_{i'}' d\sigma'}{(\rho + \mu'^2)^2 D(u, v)} = Z_{ii'},$$

nous aurons

$$I = I_0 + I_1 + I_2 + I_3,$$

où

$$I_0 = \lim \left\{ \left[\frac{1}{\mathbf{P}^2} \left(\frac{d\mathbf{P}}{d\rho} \right)^2 + \frac{1}{3\mathbf{P}^3} \frac{d^2\mathbf{P}^3}{d\rho^2} \right] \frac{\partial Z}{\partial v} + \frac{1}{\mathbf{P}} \frac{d\mathbf{P}}{d\rho} \frac{\partial^2 Z}{\partial v^2} + \frac{1}{12} \frac{\partial^3 Z}{\partial v^3} \right\},$$

$$I_1 = \sum \alpha_i \lim \left\{ \left[\frac{2}{\mathbf{P}} \frac{d\mathbf{P}}{d\rho} + \frac{2}{\mathbf{P}\mathbf{P}_{(i)}} \frac{d\mathbf{P}\mathbf{P}_{(i)}}{d\rho} \right] \frac{\partial Z_i}{\partial v} + \frac{\partial^2 Z_i}{\partial v^2} \right\},$$

$$I_2 = 2 \sum{}' \beta_j \lim \frac{\partial Z_j^1}{\partial v},$$

$$I_3 = \sum_{(i)} \sum_{(i')} \alpha_i \alpha_{i'} \lim \frac{\partial Z_{ii'}}{\partial v}.$$

Commençons par I_0, qui se réduit évidemment à

$$I_0 = \lim \left(\frac{1}{4\mathbf{P}^4} \frac{d^2\mathbf{P}^4}{d\rho^2} \frac{\partial Z}{\partial v} + \frac{1}{\mathbf{P}} \frac{d\mathbf{P}}{d\rho} \frac{\partial^2 Z}{\partial v^2} + \frac{1}{12} \frac{\partial^3 Z}{\partial v^3} \right),$$

et posons

$$\frac{1}{4\pi\sqrt{v}} \int \frac{Y'^4\, d\sigma'}{(\rho + \mu'^2)\, D(u, v)} = V.$$

Alors, en tenant compte de ce qu'on doit faire après la différentiation $v = \rho$, on aura

$$\frac{\partial Z}{\partial v} = \frac{1}{2} \frac{\partial^3 V}{\partial v\, \partial \rho^2} - \frac{1}{6} \frac{\partial^3 V}{\partial \rho^3},$$

$$\frac{\partial^2 Z}{\partial v^2} = \frac{1}{2} \frac{\partial^4 V}{\partial v^2\, \partial \rho^2} - \frac{1}{3} \frac{\partial^4 V}{\partial v\, \partial \rho^3},$$

$$\frac{\partial^3 Z}{\partial v^3} = \frac{1}{2} \frac{\partial^5 V}{\partial v^3\, \partial \rho^2} - \frac{1}{2} \frac{\partial^5 V}{\partial v^2\, \partial \rho^3}.$$

De là on voit que I_0 pourra être présenté sous la forme

$$I_0 = \frac{1}{24\mathbf{P}^4} \lim \left(\frac{\partial^5 \mathbf{P}^4(v) V}{\partial v^3\, \partial \rho^2} - \frac{\partial^5 \mathbf{P}^4(v) V}{\partial v^2\, \partial \rho^3} \right) - \frac{1}{24\mathbf{P}^4} \frac{d^3\mathbf{P}^4}{d\rho^3} \lim \frac{\partial^2 V}{\partial \rho^2}.$$

Passons ensuite à I_1, que nous pouvons écrire ainsi:

$$I_1 = \sum \alpha_i \lim \left(\frac{2}{\mathbf{P}^2\mathbf{P}_{(i)}} \frac{d\mathbf{P}^2\mathbf{P}_{(i)}}{d\rho} \frac{\partial Z_i}{\partial v} + \frac{\partial^2 Z_i}{\partial v^2} \right).$$

En posant

$$\frac{1}{4\pi\sqrt{v}}\int\frac{Y'^2 Y_i'\,d\sigma'}{(\rho+\mu'^2)D(u,v)}=V_i,$$

nous aurons, pour $v=\rho$,

$$\frac{\partial Z_i}{\partial v}=\frac{1}{2}\frac{\partial^2 V_i}{\partial\rho^2}-\frac{\partial^2 V_i}{\partial v\,\partial\rho},$$

$$\frac{\partial^2 Z_i}{\partial v^2}=\frac{\partial^3 V_i}{\partial v\,\partial\rho^2}-\frac{\partial^3 V_i}{\partial v^2\partial\rho};$$

et l'on en conclut que I_1 se réduit à

$$I_1=\sum\frac{\alpha_i}{\mathbf{P}^2\mathbf{P}_{(i)}}\lim\left(\frac{\partial^3\mathbf{P}^2(v)\mathbf{P}_{(i)}(v)V_i}{\partial v\,\partial\rho^2}-\frac{\partial^3\mathbf{P}^2(v)\mathbf{P}_{(i)}(v)V_i}{\partial v^2\partial\rho}\right)+\sum\frac{\alpha_i}{\mathbf{P}^2\mathbf{P}_{(i)}}\frac{d^2\mathbf{P}^2\mathbf{P}_{(i)}}{d\rho^2}\lim\frac{\partial V_i}{\partial\rho}.$$

Traitons enfin de même I_2 et I_3.

En faisant

$$\frac{1}{4\pi\sqrt{v}}\int\frac{Y'\,Y_{j1}'\,d\sigma'}{(\rho+\mu'^2)D(u,v)}=V_j^1,$$

$$\frac{1}{4\pi\sqrt{v}}\int\frac{Y_i'\,Y_{i'}'\,d\sigma'}{(\rho+\mu'^2)D(u,v)}=V_{ii'},$$

nous aurons tout de suite

$$I_2=2\sum{}'\frac{\beta_j}{\mathbf{P}\mathbf{P}_{(j1)}}\lim\left(\frac{\partial\mathbf{P}(v)\mathbf{P}_{(j1)}(v)V_j^1}{\partial v}-\frac{\partial\mathbf{P}(v)\mathbf{P}_{(j1)}(v)V_j^1}{\partial\rho}\right)-2\sum{}'\frac{\beta_j}{\mathbf{P}\mathbf{P}_{(j1)}}\frac{d\mathbf{P}\mathbf{P}_{(j1)}}{d\rho}\lim V_j^1,$$

$$I_3=\sum_{(i)}\sum_{(i')}\frac{\alpha_i\alpha_{i'}}{\mathbf{P}_{(i)}\mathbf{P}_{(i')}}\lim\left(\frac{\partial\mathbf{P}_{(i)}(v)\mathbf{P}_{(i')}(v)V_{ii'}}{\partial v}-\frac{\partial\mathbf{P}_{(i)}(v)\mathbf{P}_{(i')}(v)V_{ii'}}{\partial\rho}\right)$$
$$-\sum_{(i)}\sum_{(i')}\frac{\alpha_i\alpha_{i'}}{\mathbf{P}_{(i)}\mathbf{P}_{(i')}}\frac{d\mathbf{P}_{(i)}\mathbf{P}_{(i')}}{d\rho}\lim V_{ii'}.$$

Cela étant, nous remarquons que

$$\lim\frac{\partial^2 V}{\partial\rho^2}=\frac{1}{2\pi\sqrt{\rho}}\int\frac{(\rho+\mu'^2)\tau'^4}{D}\,d\sigma',$$

$$-\lim\frac{\partial V_i}{\partial\rho}=\frac{1}{4\pi\sqrt{\rho}}\int\frac{\tau'^2 Y_i'}{D}\,d\sigma',$$

$$\lim V_j^1=\frac{1}{4\pi\sqrt{\rho}}\int\frac{\tau' Y_{j1}'}{D}\,d\sigma',$$

$$\lim V_{ii'}=\frac{1}{4\pi\sqrt{\rho}}\int\frac{Y_i'\,Y_{i'}'}{(\rho+\mu'^2)D}\,d\sigma',$$

et que la somme

$$\sum_{(i)}\sum_{(i')}\frac{\alpha_i\alpha_{i'}}{\mathsf{P}_{(i)}\mathsf{P}_{(i')}}\frac{d\mathsf{P}_{(i)}\mathsf{P}_{(i')}}{d\rho}\lim V_{ii'},$$

en posant

$$\sum\frac{\alpha_i Y_i}{\rho+\mu^2}=S,\qquad \sum\frac{1}{\mathsf{P}_{(i)}}\frac{d\mathsf{P}_{(i)}}{d\rho}\frac{\alpha_i Y_i}{\rho+\mu^2}=S_1,$$

se réduit à

$$\frac{1}{2\pi\sqrt{\rho}}\int\frac{(\rho+\mu'^2)S'S'_1}{D}d\sigma',$$

les accents servant, comme toujours, à indiquer que μ et ψ doivent être remplacés par μ' et ψ'.

D'après cela, en nous reportant à la formule (21), nous concluons que l'expression

$$\frac{1}{24\mathsf{P}^4}\frac{d^3\mathsf{P}^4}{d\rho^3}\lim\frac{\partial^2 V}{\partial\rho^2}-\sum\frac{\alpha_i}{\mathsf{P}^2\mathsf{P}_{(i)}}\frac{d^2\mathsf{P}^2\mathsf{P}_{(i)}}{d\rho^2}\lim\frac{\partial V_i}{\partial\rho}$$
$$+\sum{}'\frac{2\beta_j}{\mathsf{P}\mathsf{P}_{(j1)}}\frac{d\mathsf{P}\mathsf{P}_{(j1)}}{d\rho}\lim V_j^1+\sum_{(i)}\sum_{(i')}\frac{\alpha_i\alpha_{i'}}{\mathsf{P}_{(i)}\mathsf{P}_{(i')}}\frac{d\mathsf{P}_{(i)}\mathsf{P}_{(i')}}{d\rho}\lim V_{ii'},$$

en faisant usage de la fonction φ du numéro précédent, peut être mise sous la forme

$$\frac{1}{2\pi\sqrt{\rho}}\int\frac{(\rho+\mu'^2)\varphi'}{D}d\sigma'.$$

Par suite, en posant, avec les notations symboliques déjà employées,

$$\mathbf{X}_0=\frac{\sqrt{\rho}}{48\mathsf{P}^4}\lim\left(\frac{\partial^5}{\partial v^3\partial\rho^2}-\frac{\partial^5}{\partial v^2\partial\rho^3}\right)\frac{\mathsf{P}^4(v)}{4\pi\sqrt{v}}\int\frac{Y'^4\,d\sigma'}{(\rho+\mu'^2)D(u,v)},$$

$$\mathbf{X}_1=\frac{\sqrt{\rho}}{2\mathsf{P}^2}\sum\frac{\alpha_i}{\mathsf{P}_{(i)}}\lim\left(\frac{\partial^3}{\partial v\partial\rho^2}-\frac{\partial^3}{\partial v^2\partial\rho}\right)\frac{\mathsf{P}^2(v)\mathsf{P}_{(i)}(v)}{4\pi\sqrt{v}}\int\frac{Y'^2Y'_i\,d\sigma'}{(\rho+\mu'^2)D(u,v)},$$

$$\mathbf{X}_2=\frac{\sqrt{\rho}}{\mathsf{P}}\sum{}'\frac{\beta_j}{\mathsf{P}_{(j1)}}\lim\left(\frac{\partial}{\partial v}-\frac{\partial}{\partial\rho}\right)\frac{\mathsf{P}(v)\mathsf{P}_{(j1)}(v)}{4\pi\sqrt{v}}\int\frac{Y'Y'_{j1}\,d\sigma'}{(\rho+\mu'^2)D(u,v)},$$

$$\mathbf{X}_3=\frac{\sqrt{\rho}}{2}\sum_{(i)}\sum_{(i')}\frac{\alpha_i\alpha_{i'}}{\mathsf{P}_{(i)}\mathsf{P}_{(i')}}\lim\left(\frac{\partial}{\partial v}-\frac{\partial}{\partial\rho}\right)\frac{\mathsf{P}_{(i)}(v)\mathsf{P}_{(i')}(v)}{4\pi\sqrt{v}}\int\frac{Y'_iY'_{i'}\,d\sigma'}{(\rho+\mu'^2)D(u,v)},$$

nous obtenons

$$I = \frac{2}{\sqrt{\rho}}\left[X_0 + X_1 + X_2 + X_3 - \frac{1}{4\pi}\int \frac{(\rho+\mu'^2)\varphi'}{D}\,d\sigma'\right].$$

80. Substituons maintenant l'expression obtenue de I dans la formule (22).

Nous aurons ainsi, pour le second membre de l'équation que doit vérifier la fonction τ_3 (nº 75), l'expression suivante:

$$(R-T)(\rho+\mu^2)\varphi - \frac{1}{4\pi}\int \frac{(\rho+\mu'^2)\varphi'}{D}\,d\sigma' - L_{20}\sum \alpha_i Y_i + X_0 + X_1 + X_2 + X_3.$$

De là on voit que cette fonction sera de la forme

$$\tau_3 = \varphi - L_{20}\sum \frac{\alpha_i}{T_{(i)}-T}\,\frac{Y_i}{\rho+\mu^2} + \chi, \tag{23}$$

χ étant une fonction définie par l'équation

$$(R-T)(\rho+\mu^2)\chi - \frac{1}{4\pi}\int \frac{(\rho+\mu'^2)\chi'}{D}\,d\sigma' = X_0 + X_1 + X_2 + X_3,$$

et, d'après cette équation, on aura tout de suite le développement de $(\rho+\mu^2)\chi$ suivant les fonctions sphériques, dès qu'on aura trouvé les développements des fonctions

$$\frac{Y^4}{\rho+\mu^2},\qquad \frac{Y^2 Y_i}{\rho+\mu^2},\qquad \frac{YY_{j1}}{\rho+\mu^2},\qquad \frac{Y_i Y_{i'}}{\rho+\mu^2};$$

car de ces derniers développements on déduira à l'instant ceux des fonctions X_0, X_1, X_2, X_3.

Il est clair que ces développements ne renfermeront que les fonctions sphériques de l'une des trois espèces:

$$P_{2n}(\mu),\qquad P_{2n+2k,2k}(\mu)\cos 2k\psi,\qquad P_{2n+4k,4k}(\mu)\cos 4k\psi.$$

Soient, d'une manière générale, Y_{l2} une de ces fonctions et $2N_{l2}$ son ordre, qui sera toujours pair.

Nous poserons

$$\frac{Y^4}{\rho+\mu^2}=\sum c_l Y_{l2},\qquad \frac{Y^2 Y_i}{\rho+\mu^2}=\sum_{(l)} \mathrm{b}_{il} Y_{l2},$$

$$\frac{YY_{j1}}{\rho+\mu^2}=\sum_{(l)} a_{jl} Y_{l2},\qquad \frac{Y_i Y_{i'}}{\rho+\mu^2}=\sum_{(l)} a_{ii'l} Y_{l2}$$

et, d'une façon générale, pour $s=0, 1, 2, 3$,

$$X_s=\sum_{(l)} K_{s,l} Y_{l2}.$$

Alors, en faisant, pour abréger,

$$(24)\quad \begin{cases} \dfrac{d^2 c_l}{d\rho^2}\dfrac{d^3}{d\rho^3}\dfrac{\mathbf{P}^4\mathbf{Q}_{(l2)}}{\sqrt{\rho}}-\dfrac{d^3 c_l}{d\rho^3}\dfrac{d^2}{d\rho^2}\dfrac{\mathbf{P}^4\mathbf{Q}_{(l2)}}{\sqrt{\rho}}=c'_l, \\ \dfrac{d^2\mathrm{b}_{il}}{d\rho^2}\dfrac{d}{d\rho}\dfrac{\mathbf{P}^2\mathbf{P}_{(i)}\mathbf{Q}_{(l2)}}{\sqrt{\rho}}-\dfrac{d\mathrm{b}_{il}}{d\rho}\dfrac{d^2}{d\rho^2}\dfrac{\mathbf{P}^2\mathbf{P}_{(i)}\mathbf{Q}_{(l2)}}{\sqrt{\rho}}=\mathrm{b}'_{il}, \\ a_{jl}\dfrac{d}{d\rho}\dfrac{\mathbf{P}\mathbf{P}_{(j1)}\mathbf{Q}_{(l2)}}{\sqrt{\rho}}-\dfrac{da_{jl}}{d\rho}\dfrac{\mathbf{P}\mathbf{P}_{(j1)}\mathbf{Q}_{(l2)}}{\sqrt{\rho}}=a'_{jl}, \\ a_{ii'l}\dfrac{d}{d\rho}\dfrac{\mathbf{P}_{(i)}\mathbf{P}_{(i')}\mathbf{Q}_{(l2)}}{\sqrt{\rho}}-\dfrac{da_{ii'l}}{d\rho}\dfrac{\mathbf{P}_{(i)}\mathbf{P}_{(i')}\mathbf{Q}_{(l2)}}{\sqrt{\rho}}=a'_{ii'l}, \end{cases}$$

nous aurons

$$(25)\quad \begin{cases} K_{0,l}=\dfrac{\sqrt{\rho}}{48\,\mathbf{P}^4}\dfrac{\mathbf{P}_{(l2)}}{4N_{l2}+1}c'_l, \\ K_{1,l}=\dfrac{\sqrt{\rho}}{2\mathbf{P}^2}\dfrac{\mathbf{P}_{(l2)}}{4N_{l2}+1}\sum_{(i)}\dfrac{\alpha_i}{\mathbf{P}_{(i)}}\mathrm{b}'_{il}, \\ K_{2,l}=\dfrac{\sqrt{\rho}}{\mathbf{P}}\dfrac{\mathbf{P}_{(l2)}}{4N_{l2}+1}\sum_{(j)}{}'\dfrac{\beta_j}{\mathbf{P}_{(j1)}}a'_{jl}, \\ K_{3,l}=\dfrac{\sqrt{\rho}}{2}\dfrac{\mathbf{P}_{(l2)}}{4N_{l2}+1}\sum_{(i)}\sum_{(i')}\dfrac{\alpha_i\alpha_{i'}}{\mathbf{P}_{(i)}\mathbf{P}_{(i')}}a'_{ii'l}, \end{cases}$$

$\mathbf{P}_{(l2)}$, $\mathbf{Q}_{(l2)}$ étant les fonctions $\mathbf{P}_{n,s}$, $\mathbf{Q}_{n,s}$ correspondantes à Y_{l2}.

Les $K_{s,l}$ étant ainsi déterminés, il viendra

$$(26)\qquad \chi=\sum\frac{K_{0,l}+K_{1,l}+K_{2,l}+K_{3,l}}{T_{(l2)}-T}\frac{Y_{l2}}{\rho+\mu^2},$$

où $T_{(l2)}=R-\dfrac{\mathbf{P}_{(l2)}\mathbf{Q}_{(l2)}}{4N_{l2}+1}$.

L'évaluation de la fonction τ_8 est donc achevée.

Voyons quelle sera la forme de cette fonction.

81. Considérons d'abord la fonction φ, qui est définie par la formule (21), les α_i et les β_j ayant les valeurs (20).

D'après ce que nous avons vu au nº 74, α_i se réduira à zéro, toutes les fois que l'ordre $2N_i$ de la fonction sphérique Y_i deviendra plus grand que $2(m-1)$, et β_j s'annulera, toutes les fois que l'ordre N_{j1} de la fonction sphérique Y_{j1} sera plus grand que $3m-4$.

Par suite, la formule (21) représentera une expression finie, et l'on voit que cette expression est réductible à la forme

$$\frac{\Phi_0(\mu)+\Phi_1(\mu)(1-\mu^2)^k\cos 2k\psi+\Phi_2(\mu)(1-\mu^2)^{2k}\cos 4k\psi}{(\rho+\mu^2)^4}, \tag{27}$$

où $\Phi_0(\mu)$, $\Phi_1(\mu)$, $\Phi_2(\mu)$ désignent des fonctions entières (et paires) de μ respectivement des degrés $4m$, $4m-2k$, $4m-4k$.

Telle sera donc la forme de φ et, par conséquent, aussi de l'expression

$$\varphi - L_{20}\sum \frac{\alpha_i}{T_{(i)}-T}\,\frac{Y_i}{\rho+\mu^2}.$$

Il ne reste donc à examiner que le dernier terme χ de la formule (23).

A cet effet envisageons de plus près les expressions des $K_{s,l}$.

Ces expressions dépendent des coefficients des développements que nous avons introduits au numéro précédent, et, pour ces coefficients, on a

$$c_l = \frac{1}{\gamma_{l_2}}\int \frac{Y^4 Y_{l_2}}{\rho+\mu^2}\,d\sigma, \qquad \mathrm{b}_{il} = \frac{1}{\gamma_{l_2}}\int \frac{Y^2 Y_i Y_{l_2}}{\rho+\mu^2}\,d\sigma,$$

$$a_{jl} = \frac{1}{\gamma_{l_2}}\int \frac{Y Y_{j_1} Y_{l_2}}{\rho+\mu^2}\,d\sigma, \qquad a_{ii'l} = \frac{1}{\gamma_{l_2}}\int \frac{Y_i Y_{i'} Y_{l_2}}{\rho+\mu^2}\,d\sigma,$$

où $\gamma_{l_2} = \int (Y_{l_2})^2\,d\sigma$.

Or, en effectuant l'intégration par rapport à ψ et en appliquant ensuite la formule (18) du nº 74, on aura

$$c_l = \lambda_0\left(\frac{\mathrm{P}^4\mathrm{Q}_{(l_2)}}{\sqrt{\rho}} - \mathrm{E}\,\frac{\mathrm{P}^4\mathrm{Q}_{(l_2)}}{\sqrt{\rho}}\right), \qquad \mathrm{b}_{il} = \lambda_1\left(\frac{\mathrm{P}^2\mathrm{P}_{(i)}\mathrm{Q}_{(l_2)}}{\sqrt{\rho}} - \mathrm{E}\,\frac{\mathrm{P}^2\mathrm{P}_{(i)}\mathrm{Q}_{(l_2)}}{\sqrt{\rho}}\right),$$

$$a_{jl} = \lambda_2\left(\frac{\mathrm{P}\mathrm{P}_{(j_1)}\mathrm{Q}_{(l_2)}}{\sqrt{\rho}} - \mathrm{E}\,\frac{\mathrm{P}\mathrm{P}_{(j_1)}\mathrm{Q}_{(l_2)}}{\sqrt{\rho}}\right), \qquad a_{ii'l} = \lambda_3\left(\frac{\mathrm{P}_{(i)}\mathrm{P}_{(i')}\mathrm{Q}_{(l_2)}}{\sqrt{\rho}} - \mathrm{E}\,\frac{\mathrm{P}_{(i)}\mathrm{P}_{(i')}\mathrm{Q}_{(l_2)}}{\sqrt{\rho}}\right),$$

$\lambda_0, \lambda_1, \lambda_2, \lambda_3$ étant certains coefficients numériques indépendants de ρ (mais pouvant dépendre des indices, dont sont affectés les lettres a, b, c).

D'après cela, en nous reportant aux formules (24), nous concluons que a'_{jl} et $a'_{ii'l}$ se réduiront à zéro, toutes les fois que les fonctions

$$\frac{\mathrm{P}\mathrm{P}_{(j1)}\mathrm{Q}_{(l2)}}{\sqrt{\rho}} \quad \text{et} \quad \frac{\mathrm{P}_{(i)}\mathrm{P}_{(i')}\mathrm{Q}_{(l2)}}{\sqrt{\rho}}$$

n'ont pas de parties entières; que b'_{il} s'annulera, toutes les fois que la partie entière de la fonction

$$\frac{\mathrm{P}^2\mathrm{P}_{(i)}\mathrm{Q}_{(l2)}}{\sqrt{\rho}}$$

se réduit à une constante, et que c'_l s'annulera, toutes les fois que la partie entière de la fonction

$$\frac{\mathrm{P}^4\mathrm{Q}_{(l2)}}{\sqrt{\rho}}$$

est au plus de premier degré.

Or, en développant ces fonctions suivant les puissances décroissantes de ρ, on trouve que l'exposant de ρ dans le premier terme est égal:

pour la fonction	$\frac{\mathrm{P}^4\mathrm{Q}_{(l2)}}{\sqrt{\rho}}$,	à	$2m - N_{l2} - 1$,
„ „ „	$\frac{\mathrm{P}^3\mathrm{P}_{(i)}\mathrm{Q}_{(l2)}}{\sqrt{\rho}}$,	„	$m + N_i - N_{l2} - 1$,
„ „ „	$\frac{\mathrm{P}\mathrm{P}_{(j1)}\mathrm{Q}_{(l2)}}{\sqrt{\rho}}$,	„	$\frac{1}{2}(m + N_{j1}) - N_{l2} - 1$,
„ „ „	$\frac{\mathrm{P}_{(i)}\mathrm{P}_{(i')}\mathrm{Q}_{(l2)}}{\sqrt{\rho}}$,	„	$N_i + N_{i'} - N_{l2} - 1$.

On aura donc

$c'_l = 0$,	dès que	$N_{l2} > 2m - 3$,
$\mathrm{b}'_{il} = 0$,	„ „	$N_{l2} > m + N_i - 2$,
$a'_{jl} = 0$,	„ „	$N_{l2} > \frac{1}{2}(m + N_{j1}) - 1$,
$a'_{ii'l} = 0$,	„ „	$N_{l2} > N_i + N_{i'} - 1$.

De là, en se reportant aux formules (25), on peut conclure que tous les $K_{s,l}$ se réduiront à zéro, dès que N_{l2} deviendra plus grand que $2m-3$.

En effet, pour ce qui concerne $K_{0,l}$, on le voit immédiatement et, pour les autres $K_{s,l}$, on s'en assure en tenant compte de ce que α_i s'annule si $N_i > m-1$, et que β_j s'annule si $N_{j1} > 3m-4$.

Cela posé, on parvient à la conclusion que la somme dans la formule (26) ne contiendra qu'un nombre limité de termes, et que l'ordre des fonctions sphériques qui y figurent ne dépassera pas $4m-6$.

Or, de cette dernière circonstance, il résulte que la fonction χ est susceptible d'être mise sous la forme (27), à laquelle se réduit l'ensemble des autres termes de la formule (23).

Donc, en résumé, la formule (23) donne pour τ_3 une expression finie, réductible à la forme (27), avec la signification indiquée de $\Phi_0(\mu)$, $\Phi_1(\mu)$, $\Phi_2(\mu)$.

82. Nous avons calculé les quatre premières fonctions de la suite

$$\zeta_{10}, \quad \zeta_{20}, \quad \zeta_{30}, \quad \zeta_{40}, \quad \ldots,$$

et nous avons trouvé des expressions finies, embrassées par cette formule générale:

$$\zeta_{r0} = \frac{F_r(\sin\theta, \cos k\psi)}{(\rho+\cos^2\theta)^r}, \tag{28}$$

où le numérateur représente une fonction entière des deux arguments indiqués, qui est par rapport à $\sin\theta$ de degré rm et par rapport à $\cos k\psi$ de degré r. Cette fonction se réduit d'ailleurs à une fonction entières des arguments $\cos^2\theta$ et $\sin^k\theta\cos k\psi$, dont le second ne figure qu'à des puissances paires ou impaires, suivant que r est un nombre pair ou impair.

Nos expressions des ζ_{r0} ne sont que particulières, puisque nous les avons obtenues en faisant certaines hypothèses particulières au sujet des constantes arbitraires s'introduisant pendant les calculs.

Or les expressions générales des ζ_{r0}, correspondant à des valeurs quelconques de ces constantes, s'en déduisent aisément, et l'on peut montrer qu'elles seront encore de la forme précédente; seulement l'argument $\sin^k\theta\cos k\psi$ y figurera, pour chaque valeur de r, tant à des puissances paires qu'à des puissances impaires.

Pour obtenir ces expressions générales, on peut faire usage de la transformation du nº 39.

On partira, pour cela, des expressions particulières obtenues

$$\zeta_{10} = \tau, \quad \zeta_{20} = \tau_1, \quad \zeta_{30} = \tau_2, \quad \zeta_{40} = \tau_3,$$

que l'on considérera comme des fonctions de μ^2, en faisant abstraction de l'angle ψ, qui ne jouera aucun rôle dans la trasformation.

Si l'on pose alors

$$\tau_{i-1} = \frac{\varphi_i(\mu^2)}{(\rho + \mu^2)^i},$$

le numérateur représentera, pour i pair, une fonction entière de μ^2 et, pour i impair, soit encore une fonction entière (si k est pair), soit le produit d'une fonction entière par $\sqrt{1-\mu^2}$ (si k est impair).

Cela étant, on posera dans les équations (4) du n° 39

$$Z = \frac{\varphi_1(M^2)}{\rho + M^2} A + \frac{\varphi_2(M^2)}{(\rho + M^2)^2} A^2 + \frac{\varphi_3(M^2)}{(\rho + M^2)^3} A^3 + \frac{\varphi_4(M^2)}{(\rho + M^2)^4} A^4 = \Phi(M^2),$$

$$A = c_1 \alpha + c_2 \alpha^2 + c_3 \alpha^3 + c_4 \alpha^4,$$

$$\varepsilon = \varepsilon_1 \alpha + \varepsilon_2 \alpha^2 + \varepsilon_3 \alpha^3 + \varepsilon_4 \alpha^4,$$

en entendant par les c_i et les ε_i des constantes arbitraires.

En traitant ensuite ces équations comme au numéro cité, on en déduira ζ en fonction de μ^2 et α, et l'on développera cette fonction suivant les puissances de α jusqu'au terme en α^4.

Alors, ce développement étant

$$\zeta = \xi_1 \alpha + \xi_2 \alpha^2 + \xi_3 \alpha^3 + \xi_4 \alpha^4 + \cdots,$$

les quatre premiers ξ_i représenteront les expressions générales cherchées des ζ_{i0} correspondants.

Nous avons du reste trouvé l'expression dont il s'agit de ζ (page 101): elle est donnée par la formule

$$\zeta = \frac{\varepsilon\rho(\rho+1)}{\rho+\mu^2} + (1+\varepsilon)\,\Phi(\mu^2) + \frac{\varepsilon\mu^2(1-\mu^2)}{\rho+\mu^2} S,$$

où S désigne la somme

$$\sum \frac{1}{i!}\left[\frac{\varepsilon\mu^2(1-\mu^2)}{1+\varepsilon}\right]^{i-1} \left\{ \frac{d^{i-1}}{du^{i-1}} \frac{\Phi(u) + (\rho+u)\Phi'(u)}{[\rho+\mu^2+\Phi(u)]^i} \right\}_{u=\mu^2},$$

dans laquelle il n'y aura ici à considérer que les trois premiers termes, correspondant à $i = 1, 2, 3$.

Cette formule permet de conclure à l'instant que les ξ_i seront des fonctions rationnelles de $\sqrt{1-\mu^2}=\sin\theta$, dont les dénominateurs se réduiront à des puissances de $\rho+\mu^2$.

On voit d'ailleurs immédiatement que les dénominateurs de ξ_1 et de ξ_2 seront respectivement $\rho+\mu^2$ et $(\rho+\mu^2)^2$.

Quant à deux autres ξ_i, la puissance de $\rho+\mu^2$ au dénominateur semble dépasser la $i^{\text{ème}}$.

On peut toutefois montrer que les expressions de ces ξ_i sont susceptibles de réduction, et qu'après la réduction le dénominateur deviendra précisément égal à $(\rho+\mu^2)^i$. Mais pour cela il faut entrer dans quelques détails et tenir compte de certains termes des expressions des τ_i.

Par l'expression ci-dessus de ζ on voit que la question se réduit à examiner la somme désignée par S. En la développant suivant les puissances croissantes de α et en considérant les coefficients des trois premières puissances, on devra montrer que les produits, obtenus en multipliant ces coefficients par les mêmes puissances de $\rho+\mu^2$, ne deviendront pas infinis pour $\mu^2=-\rho$.

Posons, pour abréger,

$$(\rho+\mu^2)^{i-1}\left\{\frac{d^{i-1}}{du^{i-1}}\frac{\Phi(u)+(\rho+u)\Phi'(u)}{[\rho+\mu^2+\Phi(u)]^i}\right\}_{u=\mu^2}=\Omega_i,$$

de sorte qu'il viendra

$$S=\Omega_1+\frac{1}{2}\frac{\varepsilon\mu^2(1-\mu^2)}{(1+\varepsilon)(\rho+\mu^2)}\Omega_2+\frac{1}{6}\left[\frac{\varepsilon\mu^2(1-\mu^2)}{(1+\varepsilon)(\rho+\mu^2)}\right]^2\Omega_3+\cdots.$$

Puis, en développant Ω_i suivant les puissances de A, supposons qu'on ait

$$\Omega_i=\Omega_{i1}A+\Omega_{i2}A^2+\Omega_{i3}A^3+\cdots.$$

Nous n'aurons évidemment à retenir que les six coefficients suivants:

$$\Omega_{11},\quad \Omega_{12},\quad \Omega_{13},\quad \Omega_{21},\quad \Omega_{22},\quad \Omega_{31},$$

où la somme des indices ne surpasse pas 4.

Cela posé, nous remarquons que les coefficients de l'expression de ε en fonction de α sont des constantes arbitraires, qui ne se trouvent en aucune relation avec les coefficients de l'expression de A.

Par suite, pour que les coefficients du développement de S jouissent de la propriété requise, il faut et il suffit que les produits

$$(\rho+\mu^2)^j\,\Omega_{ij},$$

pour lesquels $i+j\leq 4$, restent finis quand on fait tendre μ^2 vers $-\rho$.

Voyons donc quelles sont les expressions des Ω_{ij}.

En les calculant et en écrivant, pour plus de simplicité, u au lieu de μ^2, on trouve

$$\Omega_{11} = \frac{\varphi_1'(u)}{\rho + u},$$

$$\Omega_{12} = \frac{\varphi_2'(u)}{(\rho+u)^2} - \frac{\varphi_2(u) + \varphi_1(u)\varphi_1'(u)}{(\rho+u)^3},$$

$$\Omega_{13} = \frac{\varphi_3'(u)}{(\rho+u)^3} - \frac{2}{(\rho+u)^4}\left\{\varphi_3(u) - \frac{1}{6}\frac{d^2[\varphi_1(u)]^3}{du^2}\right\} - \frac{1}{(\rho+u)^3}\frac{d}{du}\frac{\varphi_1(u)[\varphi_2(u) + \varphi_1(u)\varphi_1'(u)]}{\rho+u},$$

$$\Omega_{21} = \frac{\varphi_1''(u)}{\rho+u},$$

$$\Omega_{22} = \frac{\varphi_2''(u)}{(\rho+u)^2} - \frac{2}{(\rho+u)^2}\frac{d}{du}\frac{\varphi_2(u) + \varphi_1(u)\varphi_1'(u)}{\rho+u},$$

$$\Omega_{31} = \frac{\varphi_1'''(u)}{\rho+u}.$$

Par ces formules on voit que la condition qui vient d'être énoncée est équivalente à ce que les fonctions

$$\varphi_2(u) + \varphi_1(u)\varphi_1'(u) \qquad \text{et} \qquad \varphi_3(u) - \frac{1}{6}\frac{d^2[\varphi_1(u)]^3}{du^2}$$

se réduisent à zéro quand on y pose $u = -\rho$, de sorte qu'on ait

$$(29) \qquad \begin{cases} \varphi_2(-\rho) = -\dfrac{1}{2}\left\{\dfrac{d[\varphi_1(u)]^2}{du}\right\}_{u=-\rho}, \\[2ex] \varphi_3(-\rho) = \dfrac{1}{6}\left\{\dfrac{d^2[\varphi_1(u)]^3}{du^2}\right\}_{u=-\rho}. \end{cases}$$

Or ces égalités ont effectivement lieu, comme le montrent les expressions que nous avons obtenues pour les fonctions τ_1 et τ_2.

En effet, ces expressions (ainsi que celle de τ_3) sont de la forme

$$\tau_{i-1} = \frac{1}{i!}\frac{d^{i-1}\mathrm{P}^i}{d\rho^{i-1}}\left(\frac{\tau}{\mathrm{P}}\right)^i + \frac{\Phi_i}{(\rho+\mu^2)^{i-1}},$$

Φ_i étant une fonction entière de $\sqrt{1-\mu^2}$ et de $\cos k\psi$, et de là il vient

$$\varphi_i(\mu^2) = \frac{1}{i!}\frac{d^{i-1}\mathrm{P}^i}{d\rho^{i-1}}\left(\frac{\varphi_1(\mu^2)}{\mathrm{P}}\right)^i + (\rho+\mu^2)\Phi_i.$$

On a donc

$$\varphi_i(-\rho) = \frac{1}{i!}\frac{d^{i-1}\mathsf{P}^i}{d\rho^{i-1}}\left(\frac{\varphi_1(-\rho)}{\mathsf{P}}\right)^i$$

et, comme de l'égalité

$$\varphi_1(\mu^2) = P(\mu)\cos k\psi$$

on tire

$$\varphi_1(-\rho) = (-1)^{\frac{m-k}{2}}\mathsf{P}\cos k\psi,$$

cela se réduit à

$$\varphi_i(-\rho) = \frac{1}{i!}\frac{d^{i-1}[\varphi_1(-\rho)]^i}{d\rho^{i-1}}.$$

Par suite, la fonction $\varphi_1(u)$ ne dépendant pas de ρ, on aura bien les égalités (29).

De cette façon il se trouve établi que les fonctions

$$\zeta_{10},\quad \zeta_{20},\quad \zeta_{30},\quad \zeta_{40},$$

quelles que soient les valeurs attribuées pendant les calculs aux constantes arbitraires, seront toujours de la forme (28), où F_r sera une fonction entière des arguments $\sin\theta$ et $\cos k\psi$ (se réduisant à une fonction entière de $\cos^2\theta$ et de $\sin^k\theta\cos k\psi$). Quant au degré de cette fonction, il sera, comme auparavant, rm par rapport à $\sin\theta$ et r par rapport à $\cos k\psi$, ce dont on peut se convaincre en employant le procédé du nº 39.

83. Supposons qu'on ait calculé tous les ζ_{r0}, pour lesquels r ne dépasse pas un certain nombre n.

Alors, si les calculs ont été effectués sans tenir compte de l'équation $T=0$, on pourra écrire à l'instant les expressions de tous les autres ζ_{rs}, pour lesquels $r\leqq n$.

En effet, d'après le nº 65, on peut alors poser

$$\zeta_{rs} = \frac{1}{1\cdot 2\cdots s}\frac{d^s\zeta_{r0}}{d\Omega^s},$$

en traitant ρ dans l'expression de ζ_{r0} comme fonction de Ω, définie par l'équation

$$(3\rho+1)\sqrt{\rho}\,\mathrm{arc}\cot\sqrt{\rho} - 3\rho = \Omega.$$

D'autre part, connaissant les ζ_{r0} pour lesquels $r\leqq n$, on connaîtra tous les

L_{r0} pour lesquels $r \leqq n - 1$, et l'on pourra calculer l'intégrale

$$\int W_{r0} Y d\sigma,$$

ce qui donnera la valeur de L_{n0}; après quoi, par la formule (21) du n° 65, savoir

$$L_{rs} = \frac{\sqrt{\rho}}{1.2\cdots s} \frac{d^s}{d\Omega^s} \frac{L_{r0}}{\sqrt{\rho}},$$

on obtiendra tous les autres L_{rs} pour lesquels r ne dépasse pas n.

En supposant ensuite $T = 0$ et en considérant l'équation

$$L = 0,$$

on en déduira η en fonction de α sous forme d'une série entière,

$$\eta = \eta_2 \alpha^2 + \eta_3 \alpha^3 + \eta_4 \alpha^4 + \cdots,$$

où l'on pourra calculer tous les coefficients η_i dont les indices ne dépassent pas n.

Enfin, en substituant cette expression de η dans la série

$$\sum \zeta_{rs} \alpha^r \eta^s$$

et en développant le résultat suivant les puissances de α, on aura l'expression de ζ, correspondant à la figure d'équilibre cherchée, et dans cette expression, qui sera de la forme

$$\zeta = \zeta_1 \alpha + \zeta_2 \alpha^2 + \zeta_3 \alpha^3 + \cdots,$$

on connaîtra tous les ζ_r pour lesquels r ne dépasse pas n.

Cela posé, on voit que, si les ζ_{r0}, pour lesquels $r \leqq n$, se présentent sous une forme finie, il en sera de même de tous les ζ_{rs} et de tous les ζ_r qui correspondent à $r \leqq n$.

En particulier, si les ζ_{r0} sont de la forme (28), les ζ_{rs} seront de la forme

$$\zeta_{rs} = \frac{F_{rs}(\sin\theta, \cos k\psi)}{(\rho + \cos^2\theta)^{r+s}},$$

F_{rs} étant une fonction entière de $\sin\theta$ et $\cos k\psi$ de degré $mr + 2s$ (au plus), par rapport à $\sin\theta$, et r, par rapport à $\cos k\psi$. Quant aux ζ_r, ils seront encore de la forme (28).

Tels seront donc, d'après les calculs précédents, les ζ_{rs} et les ζ_r, tant que $r \leqq 4$. Mais quelles seront ces fonctions au delà de $r=4$?

Tout ce qui est évident à priori, c'est que ce seront des polynômes entiers de degré r en $\sin^k\theta\cos k\psi$, dont les coefficients représenteront des fonctions uniformes de $\cos^2\theta$.

Mais ces fonctions uniformes continueront-elles à être rationnelles, et, si c'est le cas, seront-elles de la même forme que pour $r \leqq 4$?

Nos calculs, quoiqu'ils n'aient pas été poussés au delà de $r=4$, semblent indiquer qu'il en sera bien ainsi.

En effet, nous sommes parvenus à nos expressions des ζ_{r0} grâce à certaines réductions, qui, à chaque nouveau pas, se reproduisaient sous une même forme, bien que les calculs se compliquassent de plus en plus à mesure que nous avancions. Il est donc permis de s'attendre que ces réductions continueront à se présenter, si l'on pousse les calculs plus loin.

D'autre part, nous savons que les calculs de même nature, qu'on a à effectuer dans le cas des figures d'équilibre de révolution, conduisent certainement à des expressions de la forme signalée, quelque grand que soit r.

Tout donc porte à croire que la même chose se présentera aussi pour les figures d'équilibre qui ne sont pas de révolution, et que la forme, sous laquelle nous avons obtenu nos expressions des ζ_{r0}, sera conservée, quelque loin qu'on pousse les calculs.

Toutefois, faute de démonstration générale, nous ne pouvons pas l'affirmer avec certitude, et la question reste, par suite, ouverte.

Quand nous étudierons les figures d'équilibre dérivées des ellipsoïdes de Jacobi, nous rencontrerons des circonstances tout analogues. Peut-être alors, en examinant la question à un point de vue plus général, pourrons-nous arriver à la démonstration requise.

ERRATA

DE LA PREMIÈRE PARTIE.

Page	Ligne	*Au lieu de:*	*Lisez:*
4	11	n'excluera	n'exclura
46	7	$Z = Z_0 + Z_1 + Z_2 + \cdots$	$Z_0 + Z_1 + Z_2 + \cdots$
»	19	$\left\| \dfrac{d^i \mathsf{E}_{n,s}(u)}{du^j} \right.$	$\left\| \dfrac{d^i \mathsf{E}_{n,s}(u)}{du^i} \right.$
52	2	n'exclue-	n'exclu-
66	10	$\dfrac{R\rho}{\sqrt{\rho+1}} < \dfrac{1}{3}\sqrt{\dfrac{\rho}{\rho+1}}$	$\dfrac{R\rho}{\sqrt{\rho+1}} < \dfrac{1}{3}\sqrt{\dfrac{\rho}{\rho+q}}$
80	2 (en remontant)	$\Big[(2l\varepsilon +$	$\Big[2l\varepsilon +$
82	8	en crochets	en parenthèses
94	2 (en remontant)	encore	non plus
97	**17**	$n^2 + n - l \geqq m^2 + m - k$	$n^2 + n - l^2 \geqq m^2 + m - k^2$
98	6 (en remontant)	encore	non plus
139	9	$(\rho + \cos^2\psi + q\sin^2\theta + \overline{\zeta})$	$(\rho + \cos^2\psi + q\sin^2\psi + \overline{\zeta})$
147	7	excluerons	exclurons
153	15	crochets	parenthèses
160	9	$+ \dfrac{t}{T^2(\rho_0 + q_0 + \zeta_0')}$	$+ \dfrac{t^2}{T^2(\rho_0 + q_0 + \zeta_0')}$
161	2	$+ u'^2 - u^2 \| <$	$+ \| u'^2 - u^2 \| <$
218	dernière	crochets	parenthèses

Цѣна: 2 руб. 90 коп.; Prix: 6 Mrk. 45 Pf.

Продается у коммиссіонеровъ Императорской Академіи Наукъ:
И. И. Глазунова и К. Л. Риккера въ С.-Петербургѣ, Н. П. Карбасникова въ С.-Петерб., Москвѣ, Варшавѣ и Вильнѣ, Н. Я. Оглоблина въ С.-Петербургѣ и Кіевѣ, Н. Киммеля въ Ригѣ, Фоссъ (Г. В. Зоргенфрей) въ Лейпцигѣ, Люзакъ и Комп. въ Лондонѣ.

Commissionnaires de l'Académie Impériale des Sciences:
J. Glasounof et C. Ricker à St.-Pétersbourg, N. Karbasnikof à St.-Pétersbourg, Moscou, Varsovie et Vilna, N. Oglobline à St.-Pétersbourg et Kief, N. Kymmel à Riga, Voss' Sortiment (G. W. Sorgenfrey) à Leipsic, Luzac & Cie à Londres.

www.ingramcontent.com/pod-product-compliance
Ingram Content Group UK Ltd.
Pitfield, Milton Keynes, MK11 3LW, UK
UKHW022052190726
13855UKWH00002B/480